普通高等学校创新教材

高 等 数 学 (第2版)

下册

刘保仓　赵中　主编

庞留勇　张振坤　高凤昕　师建国　副主编

电子工业出版社

Publishing House of Electronics Industry

北京·**BEIJING**

内 容 简 介

《高等数学(第 2 版)》是编者团队根据多年教育教学的实践积累,按照新时代教材改革的要求,针对目前高校非数学类理工科及管理类相关专业学生的需要,结合多年的教学经验和体会,对高等数学的相关内容进行合理的取舍和编排,并融入相关的教学研究与实践成果编写而成的.

本书分上下两册.上册共有七章,内容包括:函数、极限、连续,导数与微分,微分中值定理及应用,不定积分,定积分,定积分的应用,常微分方程.下册共有六章,内容包括:空间解析几何与向量代数、多元函数微分学、重积分、曲线积分与曲面积分、无穷级数、MATLAB 的微积分基本运算.上下两册的各章均配有习题,并在书末配有参考答案.

本书可作为高校非数学类理工科学生及管理类相关专业学生的课堂教材,也可以作为非数学专业的工科学生或数学爱好者的参考书.

图书在版编目(CIP)数据

高等数学. 下册 / 刘保仓,赵中主编. -- 2 版.

北京:电子工业出版社,2025.4. -- ISBN 978-7-121
-50202-6

Ⅰ. O13

中国国家版本馆 CIP 数据核字第 2025FJ3636 号

责任编辑:祁玉芹

印　　刷:中国电影出版社印刷厂

装　　订:中国电影出版社印刷厂

出版发行:电子工业出版社

　　　　　北京市海淀区万寿路 173 信箱　　　　邮编:100036

开　　本:787×1092　1/16　　印张:13.75　　　　字数:334 千字

版　　次:2022 年 12 月第 1 版
　　　　　2025 年 4 月第 2 版

印　　次:2025 年 4 月第 1 次印刷

定　　价:38.00 元

凡所购买电子工业出版社图书有缺损问题,请向购买书店调换。若书店售缺,请与本社发行部联系,联系及邮购电话:(010)88254888,88258888。

质量投诉请发邮件至 zlts@ phei.com.cn,盗版侵权举报请发邮件至 dbqq@ phei.com.cn。

本书咨询联系方式:qiyuqin@ phei.com.cn。

前　言

为了满足应用型本科高校人才培养的需要,更好地适应高等数学教育教学改革的大环境,编者团队认真研究了教学目标、学生状况和上级部门及学院的相关要求,规划和设计了本书的大纲、架构及具体内容,之后认真编写和创作了本书.在编写过程中,编者团队努力做好以下几点:一是在内容编排上尽量符合学生思维的特点与发展规律,力求逻辑清晰,重点突出,衔接自然,语言精准.二是在概念处理上,以实例导入,努力呈现数学思想和方法的发展脉络,反映人们学习和应用数学的成长过程与发展规律.三是通过大量的实例将数学方法与处理实际问题紧密关联起来,提高学生分析问题和解决问题的综合能力;注意将信息技术工具与数学知识有效地融合,加深学生对数学世界的理解,使学生真实而有效地体会现代数学工具与应用的紧密融合.四是适当增加了函数、极限概念及数学家简介等数学史料的介绍,以便激发学生的学习兴趣,提升学生的数学素养和文化素养,培养学生的创新思维和科学精神,增强学生的社会责任感.五是针对不同专业、不同学生的不同需求,本书在内容的编排和学习要求上有所区分,在内容安排和学习进程把握上不追求"多、深、快、广",而是遵循"由浅入深""扎实推进""够用实用"的原则,帮助学生做到听得懂、学得会、用得上,有效提升课程教学的综合效果.

书中各章由浅入深地设置了习题练习,既可帮助学生复习和回顾课堂学习内容,也可以具象化地检验学生的学习效果.本书可作为高校非数学类理工科学生及管理类相关专业学生的课堂教材,也可以作为非数学专业的工科学生或数学爱好者的参考书.

本书由刘保仓、赵中担任主编,庞留勇、张振坤、高风昕、师建国担任副主编.具体的分工情况如下:第一章由师建国编写,第二章由李秋英编写,第三章由赵中编写,第四章由庞留勇编写,第五章、第六章由张振坤编写,第七章由高风昕编写,第八章及上册参考答案由周红玲编写,第九章由罗成广编写,第十章及数学家简介由刘保仓编写,第十一章及下册参考答案由王慧敏编写,第十二章由关英子编写,第十三章由陶会强编写.刘保仓、赵中、庞留勇、张振坤、高风昕、师建国负责全书的统稿.最后由刘保仓对全书进行了审阅,并对相关的内容进行了加工.

　　本书在编写过程中借鉴了一些专家和学者的教学与研究成果,本书的出版得到了黄淮学院和电子工业出版社的大力支持与帮助,在此对相关人员和单位一同表示感谢!

　　由于编者水平所限,若有疏漏与不当之处,敬请读者批评指正.

本书编者

2025 年春

目　　录

第八章 空间解析几何与向量代数

解析几何的创立对数学的发展具有划时代的意义,而直角坐标系的建立正是解析几何的基础.直角坐标系在代数和几何之间架起了一座桥梁,它使几何概念和几何图形均可以用代数形式来表示,于是代数和几何就这样有机结合起来.

关于坐标系的建立,有一个流传已久的小故事.据说,法国数学家笛卡儿生病卧床,病情很重,尽管如此他仍反复思考一个问题:几何图形是直观的,而代数方程是抽象的,能不能把几何图形和代数方程结合起来,即能不能用几何图形来表示方程呢?要想达到此目的,关键是如何把组成几何图形的"点"和满足方程的每一组"数"挂上钩.为此,他苦苦思索能把"点"和"数"联系起来的方法.这时,他看见屋顶角上的一只蜘蛛正拉着丝垂下来.一会儿功夫,蜘蛛又顺着丝爬上去,在上边左右拉丝.蜘蛛的"表演"使笛卡儿的思路豁然开朗,他想,可以把蜘蛛看作一个点,既然蜘蛛在屋子里可以上、下、左、右运动,那么能不能把蜘蛛的每一个位置用一组数确定下来呢?他又想,屋子里相邻的两面墙与地面交出了三条线,如果把地面上的墙角作为起点,把交出来的三条线作为三条数轴,那么已知空间中任意一点的位置就可以在这三条数轴上找到有顺序的三个数.反过来,任意给一组三个有顺序的数也可以在空间中找到一点与之对应.同样道理,用一组数可以表示平面上的一个点,平面上的一个点也可以用一组两个有顺序的数来表示,这就是坐标系的雏形.

解析几何的出现,改变了自古希腊以来代数和几何分离的作法,把相互对立的"数"与"形"统一了起来,使几何曲线与代数方程相结合.笛卡儿的这一天才创见,更为微积分的创立奠定了基础,由此开拓了变量数学的广阔领域.正如恩格斯所说:"数学中的转折点是笛卡儿的变数,有了变数,运动进入了数学,有了变数,辩证法进入了数学,有了变数,微分和积分也就立刻成为必要了."下面我们追随笛卡儿的脚步,来学习空间解析几何与向量代数的相关知识.

第一节 向量及其线性运算

一、向量的概念

在自然科学、工程技术等领域有这样一类量,它们既有大小,又有方向,例如位移、速度、加速度、力、力矩等,这一类量叫作向量.在数学上,用一条有方向的线段(称为有向线段)来表示向量.有向线段的长度表示向量的大小,有向线段的方向表示向量的方向.以 A 为起点、B

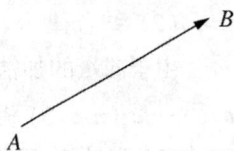

图 8-1

为终点的有向线段所表示的向量记作 $\overrightarrow{AB}$,如图 8-1 所示.向量可用黑体字母表示,也可用上箭头书写体字母表示,例如, $\boldsymbol{a}$、$\boldsymbol{r}$、$\boldsymbol{v}$、$\boldsymbol{F}$ 或 $\vec{a}$、$\vec{r}$、$\vec{v}$、$\vec{F}$.

在实际问题中,有些向量与其起点有关,有些向量与其起点无关.由于一切向量的共性是,它们都有大小和方向,因此,我们首先研究与起点无关的向量,并称这种向量为自由向量(以后简称向量),即只考虑向量的大小和方向,而不考虑它的起点在什么地方,当遇到与起点有关的向量时,再根据实际情况具体分析.

如果向量 $\boldsymbol{a}$ 和 $\boldsymbol{b}$ 的大小相等,且方向相同,则称向量 $\boldsymbol{a}$ 和 $\boldsymbol{b}$ 是相等的,记为 $\boldsymbol{a}=\boldsymbol{b}$.相等的向量经过平移后可以完全重合.

向量的大小叫作向量的模.向量 $\boldsymbol{a}$、$\vec{a}$、$\overrightarrow{AB}$ 的模分别记为 $|\boldsymbol{a}|$、$|\vec{a}|$、$|\overrightarrow{AB}|$.模等于 1 的向量叫作单位向量.模等于 0 的向量叫作零向量,记作 $\boldsymbol{0}$ 或 $\vec{0}$.零向量的起点与终点重合,它的方向可以看作是任意的.

如果两个非零向量的方向相同或相反,则称这两个向量平行.向量 $\boldsymbol{a}$ 与 $\boldsymbol{b}$ 平行,记作 $\boldsymbol{a}\parallel\boldsymbol{b}$.零向量与任何向量都平行.

当两个平行向量的起点放在同一点时,它们的终点和公共的起点在一条直线上.因此,两向量平行又称两向量共线.

类似还有共面的概念.设有 $k(k\geqslant 3)$ 个向量,当把它们的起点放在同一点时,如果 k 个终点和公共起点在一个平面上,则称这 k 个向量共面.

二、向量的线性运算

1.向量的加法

设有两个向量 $\boldsymbol{a}$ 与 $\boldsymbol{b}$ (见图 8-2),平移向量 $\boldsymbol{b}$ 使 $\boldsymbol{b}$ 的起点与 $\boldsymbol{a}$ 的终点重合,此时从 $\boldsymbol{a}$ 的起点到 $\boldsymbol{b}$ 的终点的向量 $\boldsymbol{c}$ 称为向量 $\boldsymbol{a}$ 与向量 $\boldsymbol{b}$ 的和,记作 $\boldsymbol{a}+\boldsymbol{b}$,即 $\boldsymbol{c}=\boldsymbol{a}+\boldsymbol{b}$ (三角形法则).

当向量 $\boldsymbol{a}$ 与 $\boldsymbol{b}$ 不平行时(见图 8-3),平移向量 $\boldsymbol{b}$ 使 $\boldsymbol{a}$ 与 $\boldsymbol{b}$ 的起点重合,以 $\boldsymbol{a}$,$\boldsymbol{b}$ 为邻边作一平行四边形,从公共起点到对角的向量等于向量 $\boldsymbol{a}$ 与向量 $\boldsymbol{b}$ 的和,记作 $\boldsymbol{a}+\boldsymbol{b}$ (平行四边形法则).

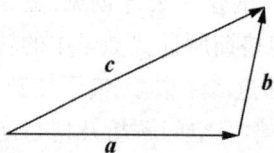

图 8-2

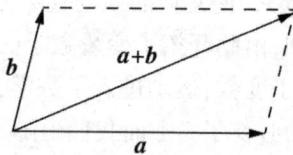

图 8-3

由图 8-4 再结合向量加法的定义,可得出向量的加法满足下列运算规律:

(1) 交换律 $\boldsymbol{a}+\boldsymbol{b}=\boldsymbol{b}+\boldsymbol{a}$;

(2) 结合律 $(\boldsymbol{a}+\boldsymbol{b})+\boldsymbol{c}=\boldsymbol{a}+(\boldsymbol{b}+\boldsymbol{c})$.

由于向量的加法符合交换律与结合律,故 n 个向量 $\boldsymbol{a}_1$,$\boldsymbol{a}_2$,$\cdots$,$\boldsymbol{a}_n(n>3)$ 相加可写成 $\boldsymbol{a}_1+\boldsymbol{a}_2+\cdots+\boldsymbol{a}_n$,并按向量相加的三角形法则,可得 n 个向量相加的法则如下:使前一向量的终点作为次一向量的起点,相继作向量 $\boldsymbol{a}_1+\boldsymbol{a}_2+\cdots+\boldsymbol{a}_n$ 再

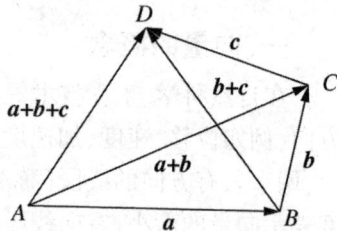

图 8-4

以第一向量的起点为起点,最后一向量的终点为终点作一向量,这个向量即为所求的和.

设 a 为一向量,与 a 的模相等而方向相反的向量叫作 a 的负向量,记为 $-a$.

2.向量的减法

我们规定两个向量 b 与 a 的差为

$$b - a = b + (-a),$$

即把向量 $-a$ 加到向量 b 上,便得到 b 与 a 的差 $b - a$,如图 8-5 所示.

特别地,当 $b = a$ 时,有 $a - a = a + (-a) = \mathbf{0}$.

显然,任给向量 $\overrightarrow{BC}$ 及点 A,有 $\overrightarrow{BC} = \overrightarrow{BA} + \overrightarrow{AC} = \overrightarrow{AC} - \overrightarrow{AB}$,因此,若把向量 a 与 b 移到同一起点 A,则从 a 的终点 B 向 b 的终点 C 所引向量 $\overrightarrow{BC}$ 便是向量 b 与 a 的差 $b - a$,如图 8-6 所示.由三角形两边之和大于第三边的原理,有

$$|a + b| \leqslant |a| + |b| \text{ 及 } |a - b| \leqslant |a| + |b|,$$

其中等号在 a 与 b 同向或反向时成立.

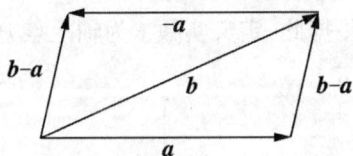

图 8-5

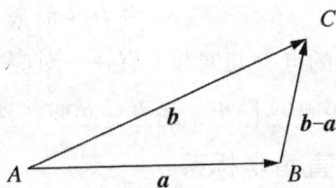

图 8-6

3.向量与数的乘法

向量 a 与实数 λ 的乘积记作 λa,规定 λa 是一个向量,大小为 $|\lambda a|$,它的方向为当 $\lambda > 0$ 时与 a 相同,当 $\lambda < 0$ 时与 a 相反.当 $\lambda = 0$ 时,$|\lambda a| = 0$,即 λa 为零向量,这时它的方向可以是任意的.

特别地,当 $\lambda = \pm 1$ 时,有 $1a = a,(-1)a = -a$.

向量与数的乘积符合下列运算规律:

（1）结合律　$\lambda(\mu a) = \mu(\lambda a) = (\lambda\mu)a,\ (\lambda,\mu \in \mathbf{R})$;

（2）分配律　$(\lambda + \mu)a = \lambda a + \mu a;\lambda(a + b) = \lambda a + \lambda b.$

例 1　证明三角形两边中点的连线平行于第三边,且等于第三边的一半.

证　如图 8-7 所示,AB、AC 两边的中点分别为 D、E,则有 $\overrightarrow{DE} = \overrightarrow{DA} + \overrightarrow{AE}$,而

$$\overrightarrow{DA} = \frac{1}{2}\overrightarrow{BA},\ \overrightarrow{AE} = \frac{1}{2}\overrightarrow{AC},\ \overrightarrow{BA} + \overrightarrow{AC} = \overrightarrow{BC},$$

于是

$$\overrightarrow{DE} = \frac{1}{2}(\overrightarrow{BA} + \overrightarrow{AC}) = \frac{1}{2}\overrightarrow{BC}.$$

即所证结论成立.

向量的单位化:设向量 $a \neq \mathbf{0}$,则向量 $\dfrac{a}{|a|}$ 是与向量 a 同方向的

单位向量,记为 e_a. 于是 $a = |a|e_a$.

定理　设向量 $a \neq \mathbf{0}$,则向量 b 平行于向量 a 的充分必要条件是:存在唯一的实数 λ,使得 $b = \lambda a$.

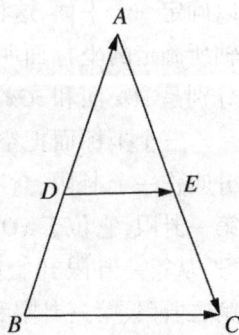

图 8-7

证 充分性是显然的,下面证明必要性.

设 $b /\!/ a$. 取 $|\lambda| = \dfrac{|b|}{|a|}$,当 b 与 a 同向时 λ 取正值,当 b 与 a 反向时 λ 取负值,即 $b = \lambda a$. 这是因为此时 b 与 λa 同向,且

$$|\lambda a| = |\lambda| \, |a| = \frac{|b|}{|a|} |a| = |b|.$$

再证明实数存在的唯一性.设 $b = \lambda a$,又设 $b = \mu a$,两式相减,便得

$$(\lambda - \mu)a = 0, \quad \text{即} \ |\lambda - \mu| \, |a| = 0.$$

因 $|a| \neq 0$,故 $|\lambda - \mu| = 0$,即 $\lambda = \mu$.

给定一个点及一个单位向量就确定了一条数轴.设点 O 及单位向量 i 确定了数轴 Ox,对于轴上任一点 P,对应一个向量 $\overrightarrow{OP}$,由 $\overrightarrow{OP} /\!/ i$,根据定理,必有唯一的实数 x,使 $\overrightarrow{OP} = xi$(实数 x 叫作轴上有向线段 $\overrightarrow{OP}$ 的值),并知 $\overrightarrow{OP}$ 与实数 x 一一对应.于是

$$\text{点 } P \leftrightarrow \text{向量 } \overrightarrow{OP} = xi \leftrightarrow \text{实数 } x.$$

从而轴上的点 P 与实数 x 有一一对应的关系.据此,定义实数 x 为轴上点 P 的坐标.由此可知,轴上点 P 的坐标为 x 的充分必要条件是 $\overrightarrow{OP} = xi$.

三、空间直角坐标系

在空间取定一点 O 和三个两两互相垂直的单位向量 i、j、k,就确定了三条都以 O 为原点的两两垂直的数轴,依次记为 x 轴(横轴)、y 轴(纵轴)、z 轴(竖轴),统称为坐标轴.它们构成一个空间直角坐标系,称为 $Oxyz$ 坐标系.

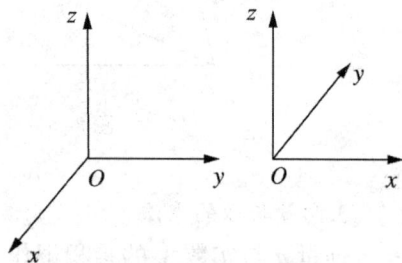

图 8-8

注 (1)通常三条数轴应具有相同的长度单位;

(2)通常把 x 轴和 y 轴配置在水平面上,而 z

(3)数轴的正向通常符合右手规则,即以右手握住 z 轴,当右手的四个手指从正向 x 轴以 $\dfrac{\pi}{2}$ 角度转向 y 轴时,大拇指的指向就是 z 轴的正向,如图 8-8 所示.

在空间直角坐标系中,任意两个坐标轴可以确定一个平面,这种平面称为**坐标面**.x 轴及 y 轴所确定的坐标面叫作 xOy 面,另两个坐标面分别是 yOz 面和 zOx 面.

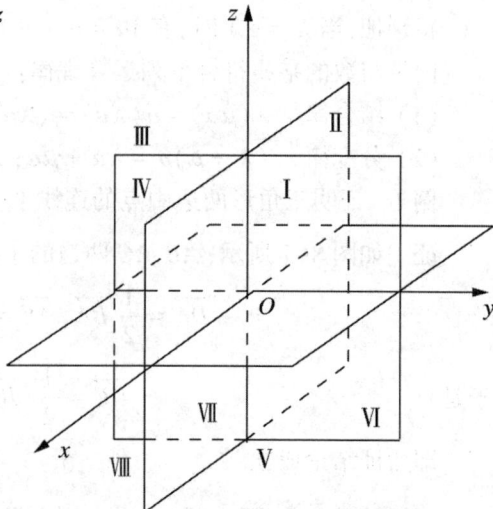

图 8-9

三个坐标面把空间分成八个部分,每一部分叫作一个卦限,含有三个正半轴的卦限叫作第一卦限,它位于 xOy 面的上方.在 xOy 面的上方,从第一卦限开始按逆时针方向依次排列着第二卦限、第三卦限和第四卦限.在 xOy 面的下方,与第一卦限对应的是第五卦限,从第五卦限开始按逆时针方向依次排列着第六卦限、第七卦限和第八卦限.八个卦限分别用罗马数字

I、II、III、IV、V、VI、VII、VIII 表示,如图 8-9 所示.

任给向量 r,有对应点 M,使 $\overrightarrow{OM} = r$,以 $\overrightarrow{OM}$ 为对角线,三条坐标轴为棱作长方体 $RHMK - OPNQ$(如图 8-10),有 $r = \overrightarrow{OM} = xi + yj + zk$ 称为向量 r 的坐标分解式,xi、yj、zk 称为向量 r 沿三个坐标轴方向的分向量.向量 r 与三个有序数 x、y、z 之间有一一对应的关系

$$点\ M \leftrightarrow r = \overrightarrow{OM} = xi + yj + zk \leftrightarrow (x,y,z).$$

有序数 x、y、z 称为向量 r(在坐标系 $Oxyz$ 中)的坐标,记作 $r = (x,y,z)$;有序数 x、y、z 也称为点 M(在坐标系 $Oxyz$ 中)的坐标,记为 $M(x,y,z)$.

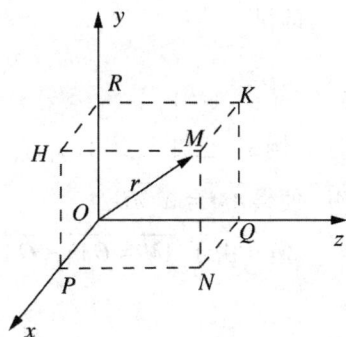

图 8-10

向量 $r = \overrightarrow{OM}$ 称为点 M 关于原点 O 的向径.上述定义表明,一个点与该点的向径有相同的坐标.记号 (x,y,z) 既表示点 M,又表示向量 $\overrightarrow{OM}$.

坐标面上和坐标轴上的点,其坐标各有一定的特征.例如,点 M 在 yOz 面上,则 $x = 0$;同样在 zOx 面上的点,$y = 0$;在 xOy 面上的点,$z = 0$.如果点 M 在 x 轴上,则 $y = z = 0$;同样在 y 轴上的点,有 $z = x = 0$;在 z 轴上的点,有 $x = y = 0$;如果点 M 为原点,则 $x = y = z = 0$.

四、利用坐标进行向量的线性运算

设 $a = (a_x, a_y, a_z)$,$b = (b_x, b_y, b_z)$,

即

$$a = a_x i + a_y j + a_z k,\ b = b_x i + b_y j + b_z k,$$

则

$$\begin{aligned}
a + b &= (a_x i + a_y j + a_z k) + (b_x i + b_y j + b_z k) \\
&= (a_x + b_x)i + (a_y + b_y)j + (a_z + b_z)k \\
&= (a_x + b_x, a_y + b_y, a_z + b_z).
\end{aligned}$$

$$\begin{aligned}
a - b &= (a_x i + a_y j + a_z k) - (b_x i + b_y j + b_z k) \\
&= (a_x - b_x)i + (a_y - b_y)j + (a_z - b_z)k \\
&= (a_x - b_x, a_y - b_y, a_z - b_z).
\end{aligned}$$

$$\begin{aligned}
\lambda a &= \lambda(a_x i + a_y j + a_z k) \\
&= (\lambda a_x)i + (\lambda a_y)j + (\lambda a_z)k \\
&= (\lambda a_x, \lambda a_y, \lambda a_z).
\end{aligned}$$

设 $a = (a_x, a_y, a_z) \neq 0$,$b = (b_x, b_y, b_z)$,则有:$b \parallel a \Leftrightarrow b = \lambda a$,即

$$b \parallel a \Leftrightarrow (b_x, b_y, b_z) = \lambda(a_x, a_y, a_z),$$

于是

$$\frac{b_x}{a_x} = \frac{b_y}{a_y} = \frac{b_z}{a_z}.$$

例 2 求解以向量为未知元的线性方程组 $\begin{cases} 5x - 3y = a, \\ 3x - 2y = b, \end{cases}$

其中 $a = (2,1,2)$,$b = (-1,1,-2)$.

解 如同解二元一次线性方程组,可得 $x = 2a - 3b, y = 3a - 5b$. 以 a、b 的坐标表示式代入,即得

$$x = 2(2,1,2) - 3(-1,1,-2) = (7,-1,10),$$
$$y = 3(2,1,2) - 5(-1,1,-2) = (11,-2,16).$$

例 3 已知两点 $A(x_1,y_1,z_1)$ 和 $B(x_2,y_2,z_2)$ 以及实数 $\lambda \neq -1$,在直线 AB 上求一点 M,使得 $\overrightarrow{AM} = \lambda \overrightarrow{MB}$.

解 由于 $\overrightarrow{AM} = \overrightarrow{OM} - \overrightarrow{OA}$,$\overrightarrow{MB} = \overrightarrow{OB} - \overrightarrow{OM}$,因此

$$\overrightarrow{OM} - \overrightarrow{OA} = \lambda(\overrightarrow{OB} - \overrightarrow{OM}),$$

从而

$$\overrightarrow{OM} = \frac{1}{1+\lambda}(\overrightarrow{OA} + \lambda \overrightarrow{OB}) = \left(\frac{x_1 + \lambda x_2}{1+\lambda}, \frac{y_1 + \lambda y_2}{1+\lambda}, \frac{z_1 + \lambda z_2}{1+\lambda}\right),$$

这就是点 M 的坐标.

当 $\lambda = 1$ 时,点 M 是有向线段 $\overrightarrow{AB}$ 的中点,其坐标为

$$x = \frac{x_1 + x_2}{2}, \; y = \frac{y_1 + y_2}{2}, \; z = \frac{z_1 + z_2}{2}.$$

五、向量的模、方向角、投影

1.向量的模与两点间的距离公式

设向量 $r = (x,y,z)$,作 $\overrightarrow{OM} = r$,则 $r = \overrightarrow{OM} = \overrightarrow{OP} + \overrightarrow{OQ} + \overrightarrow{OR}$,如上页图 8-10 所示.按勾股定理可得

$$|r| = |\overrightarrow{OM}| = \sqrt{|\overrightarrow{OP}|^2 + |\overrightarrow{OQ}|^2 + |\overrightarrow{OR}|^2},$$

设 $\overrightarrow{OP} = x\boldsymbol{i}$,$\overrightarrow{OQ} = y\boldsymbol{j}$,$\overrightarrow{OR} = z\boldsymbol{k}$,有 $|\overrightarrow{OP}| = |x|$,$|\overrightarrow{OQ}| = |y|$,$|\overrightarrow{OR}| = |z|$,于是得向量模的坐标表示式

$$|r| = \sqrt{x^2 + y^2 + z^2}.$$

设有点 $A(x_1,y_1,z_1)$、$B(x_2,y_2,z_2)$,则

$$\overrightarrow{AB} = \overrightarrow{OB} - \overrightarrow{OA} = (x_2,y_2,z_2) - (x_1,y_1,z_1) = (x_2 - x_1, y_2 - y_1, z_2 - z_1),$$

于是点 A 与点 B 间的距离为 $|AB| = |\overrightarrow{AB}| = \sqrt{(x_2 - x_1)^2 + (y_2 - y_1)^2 + (z_2 - z_1)^2}$.

例 4 证明以 $M_1(4,3,1)$、$M_2(7,1,2)$、$M_3(5,2,3)$ 三点为顶点的三角形是一个等腰三角形.

解 因为 $|\overrightarrow{M_1M_2}|^2 = (7-4)^2 + (1-3)^2 + (2-1)^2 = 14,$

$$|\overrightarrow{M_2M_3}|^2 = (5-7)^2 + (2-1)^2 + (3-2)^2 = 6,$$
$$|\overrightarrow{M_1M_3}|^2 = (5-4)^2 + (2-3)^2 + (3-1)^2 = 6,$$

所以 $|\overrightarrow{M_2M_3}| = |\overrightarrow{M_1M_3}|$,即 $\triangle M_1M_2M_3$ 为等腰三角形.

例 5 在 x 轴上求点 P,使它与点 $P_0(4,1,2)$ 的距离为 $\sqrt{30}$.

解 设所求的点为 $P(x_0,0,0)$,依题意有

$$|\overrightarrow{P_0P}| = \sqrt{(x_0 - 4)^2 + (0-1)^2 + (0-2)^2} = \sqrt{30},$$

即
$$(x_0 - 4)^2 + (0 - 1)^2 + (0 - 2)^2 = 30 ,$$

解得 $x_0 = 9$ 或 $x_0 = -1$,故所求的点为 $P(9,0,0)$ 或 $P(-1,0,0)$.

例6 已知两点 $A(4,0,5)$ 和 $B(7,1,3)$,求与 $\overrightarrow{AB}$ 方向相同的单位向量 $\boldsymbol{e}$.

解 因为 $\overrightarrow{AB} = (7,1,3) - (4,0,5) = (3,1,-2)$, $|\overrightarrow{AB}| = \sqrt{3^2 + 1^2 + (-2)^2} = \sqrt{14}$,
所以

$$\boldsymbol{e} = \frac{\overrightarrow{AB}}{|\overrightarrow{AB}|} = \frac{1}{\sqrt{14}}(3,1,-2) .$$

2. 方向角与方向余弦

当把两个非零向量 $\boldsymbol{a}$ 与 $\boldsymbol{b}$ 的起点放到同一点时,两个向量之间不超过 π 的夹角称为向量 $\boldsymbol{a}$ 与 $\boldsymbol{b}$ 的夹角,记作 $(\widehat{\boldsymbol{a},\boldsymbol{b}})$ 或 $(\widehat{\boldsymbol{b},\boldsymbol{a}})$.如果向量 $\boldsymbol{a}$ 与 $\boldsymbol{b}$ 中有一个是零向量,则规定它们的夹角可以在 0 与 π 之间任意取值.

类似地,可以规定向量与一轴的夹角或空间两轴的夹角.

非零向量 $\boldsymbol{r}$ 与三条坐标轴的夹角 α、β、γ 称为向量 $\boldsymbol{r}$ 的方向角,如图 8-11 所示.

设 $\boldsymbol{r} = (x,y,z)$, 则
$$x = |\boldsymbol{r}|\cos\alpha, y = |\boldsymbol{r}|\cos\beta, z = |\boldsymbol{r}|\cos\gamma.$$

$\cos\alpha$、$\cos\beta$、$\cos\gamma$ 称为向量 $\boldsymbol{r}$ 的方向余弦.因为

$$\cos\alpha = \frac{x}{|\boldsymbol{r}|} , \cos\beta = \frac{y}{|\boldsymbol{r}|} , \cos\gamma = \frac{z}{|\boldsymbol{r}|} .$$

从而
$$(\cos\alpha, \cos\beta, \cos\gamma) = \frac{1}{|\boldsymbol{r}|}\boldsymbol{r} = \boldsymbol{e}_r .$$

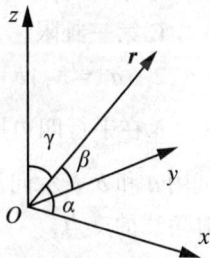

图 8-11

上式表明,以向量 $\boldsymbol{r}$ 的方向余弦为坐标的向量就是与 $\boldsymbol{r}$ 同方向的单位向量 $\boldsymbol{e}_r$.

因此

$$\cos^2\alpha + \cos^2\beta + \cos^2\gamma = 1.$$

例7 已知点 A 的坐标为 $(15,8,z)$, $z < 0$,向量 $\overrightarrow{OA}$ 与 x 轴的夹角为 $\frac{\pi}{6}$,求 $\overrightarrow{OA}$ 的模及方向余弦.

解 由于 $\cos\alpha = \dfrac{15}{\sqrt{15^2 + 8^2 + z^2}} = \cos\dfrac{\pi}{6} = \dfrac{\sqrt{3}}{2}$,故

$$|\overrightarrow{OA}| = \sqrt{15^2 + 8^2 + z^2} = 10\sqrt{3} ,$$

解得 $z = -\sqrt{11}$($z = \sqrt{11}$ 舍去).

于是

$$\cos\alpha = \frac{\sqrt{3}}{2}, \cos\beta = \frac{4}{15}\sqrt{3}, \cos\gamma = -\frac{\sqrt{33}}{30}.$$

3. 向量在轴上的投影

设点 O 及单位向量 $\boldsymbol{e}$ 确定 u 轴.任给向量 $\boldsymbol{r}$,作 $\overrightarrow{OM} = \boldsymbol{r}$,再过点 M 作与 u 轴垂直的平面交 u 轴于点 M'(点 M' 叫作点 M 在 u 轴上的投影),则向量 $\overrightarrow{OM'}$ 称为向量 $\boldsymbol{r}$ 在 u 轴上的分向

量.设 $\overrightarrow{OM} = \lambda e$,则数 λ 称为向量 r 在 u 轴上的投影,记作 $\mathbf{Prj}_u r$ 或 r_u .

按此定义,向量 a 在直角坐标系 $Oxyz$ 中的坐标 a_x , a_y , a_z 就是 a 在三条坐标轴上的投影,即

$$a_x = \mathbf{Prj}_x a , a_y = \mathbf{Prj}_y a , a_z = \mathbf{Prj}_z a .$$

投影的性质:

性质1　 $(a)_u = |a| \cos\varphi$ (即 $\mathbf{Prj}_u a = |a| \cos\varphi$),其中 φ 为向量 a 与 u 轴的夹角;

性质2　 $(a + b)_u = (a)_u + (b)_u$ (即 $\mathbf{Prj}_u (a + b) = \mathbf{Prj}_u a + \mathbf{Prj}_u b$);

性质3　 $(\lambda a)_u = \lambda (a)_u$ (即 $\mathbf{Prj}_u (\lambda a) = \lambda \mathbf{Prj}_u a$).

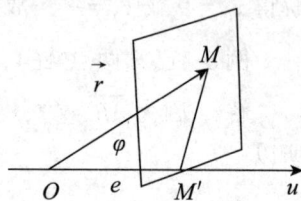

习题 8-1

1.在空间直角坐标系中,点 $(1, -2, 3)$ 在(　　).

A.第一卦限　　　　　　　B.第二卦限

C.第三卦限　　　　　　　D.第四卦限

2. $|a| = 3 , |b| = 4 , |a + b| = 7$,则 $|a - b| =$ ＿＿＿＿＿＿＿ .

3.在平行四边形 $ABCD$ 中(见图8-12),设 $\overrightarrow{AB} = a$, $\overrightarrow{AD} = b$. 试用 a 和 b 表示向量 $\overrightarrow{MA}$ 、 $\overrightarrow{MB}$ 、 $\overrightarrow{MC}$ 、 $\overrightarrow{MD}$,其中 M 是平行四边形对角线的交点.

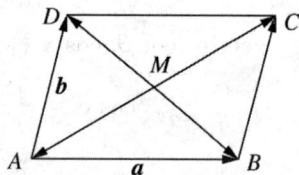

图 8-12

4.在 z 轴上求与两点 $A(-4, 1, 7)$ 和 $B(3, 5, -2)$ 等距离的点.

5.设已知两点 $A(2, 2, \sqrt{2})$ 和 $B(1, 3, 0)$,计算向量 $\overrightarrow{AB}$ 的模、方向余弦和方向角.

6.已知两点 $A(1, 2, 3)$ 和 $B(4, 5, 6)$.试用坐标表示式表示向量 $\overrightarrow{AB}$ 及 $-5\overrightarrow{AB}$.

7.求平行于向量 $a = (1, 2, 3)$ 的单位向量.

8.过点 $A(x_0, y_0, z_0)$ 分别作平行于 z 轴的直线和平行于 xOy 面的平面,问在它们上面的点的坐标各有什么特点?

9.试证明以三点 $A(4, 1, 9)$ 、 $B(10, -1, 6)$ 和 $C(2, 4, 3)$ 为顶点的三角形是等腰直角三角形.

10.一向量的终点在点 $B(1, 6, 9)$,它在 x 轴、 y 轴和 z 轴上的投影依次为3,4,5.求该向量的起点 A 的坐标.

11.设 $b = (3, 5, 8) , c = (2, -4, -7) , d = (5, 1, -4)$,求向量 $a = 4b + 3c - d$ 在 y 轴上的投影及在 z 轴上的分向量.

第二节　数量积与向量积

一、两向量的数量积

设一物体在恒力 F 作用下沿直线从点 A 移动到点 B ,以 s 表示位移 $\overrightarrow{AB}$,由功的计算公

式可知,力 $\boldsymbol{F}$ 所做的功为

$$W = |\boldsymbol{F}| |\boldsymbol{s}| \cos \theta,$$

其中 θ 为 $\boldsymbol{F}$ 与 $\boldsymbol{s}$ 的夹角.

从这个问题看出,我们有时要对两个向量 $\boldsymbol{a}$、$\boldsymbol{b}$ 做这样的运算,运算的结果是一个数,它等于 $|\boldsymbol{a}|$、$|\boldsymbol{b}|$ 及它们之间的夹角 θ 的余弦的乘积,记作 $\boldsymbol{a} \cdot \boldsymbol{b}$,我们把它叫作向量的数量积,即

$$\boldsymbol{a} \cdot \boldsymbol{b} = |\boldsymbol{a}| |\boldsymbol{b}| \cos \theta.$$

根据这个定义,上述问题中力所做的功 W 是力 $\boldsymbol{F}$ 与位移 $\boldsymbol{s}$ 的数量积,即

$$W = \boldsymbol{F} \cdot \boldsymbol{s}.$$

当 $\boldsymbol{a} \neq \boldsymbol{0}$ 时,$|\boldsymbol{b}| \cos \theta$ 是向量 $\boldsymbol{b}$ 在向量 $\boldsymbol{a}$ 的方向上的投影,于是

$$\boldsymbol{a} \cdot \boldsymbol{b} = |\boldsymbol{a}| \mathbf{Prj}_a \boldsymbol{b}.$$

同理,当 $\boldsymbol{b} \neq \boldsymbol{0}$ 时,$\boldsymbol{a} \cdot \boldsymbol{b} = |\boldsymbol{b}| \mathbf{Prj}_b \boldsymbol{a}$.

由向量的数量积的定义,可推得数量积具有下面的性质:

(1) $\boldsymbol{a} \cdot \boldsymbol{a} = |\boldsymbol{a}|^2$;

(2) 对于两个非零向量 $\boldsymbol{a}$、$\boldsymbol{b}$,如果 $\boldsymbol{a} \cdot \boldsymbol{b} = 0$,则 $\boldsymbol{a} \perp \boldsymbol{b}$;反之,如果 $\boldsymbol{a} \perp \boldsymbol{b}$,则 $\boldsymbol{a} \cdot \boldsymbol{b} = 0$. 如果认为零向量与任何向量都垂直,则 $\boldsymbol{a} \perp \boldsymbol{b} \Leftrightarrow \boldsymbol{a} \cdot \boldsymbol{b} = 0$.

数量积符合下列运算律:

(1) 交换律 $\boldsymbol{a} \cdot \boldsymbol{b} = \boldsymbol{b} \cdot \boldsymbol{a}$;

(2) 分配律 $(\boldsymbol{a} + \boldsymbol{b}) \cdot \boldsymbol{c} = \boldsymbol{a} \cdot \boldsymbol{c} + \boldsymbol{b} \cdot \boldsymbol{c}$;

(3) $(\lambda \boldsymbol{a}) \cdot \boldsymbol{b} = \boldsymbol{a} \cdot (\lambda \boldsymbol{b}) = \lambda (\boldsymbol{a} \cdot \boldsymbol{b})$,$(\lambda \boldsymbol{a}) \cdot (\mu \boldsymbol{b}) = \lambda \mu (\boldsymbol{a} \cdot \boldsymbol{b})$,$\lambda$、$\mu$ 为常数.

例 1 试用向量证明三角形的余弦定理.

证 设在 $\triangle ABC$ 中,$\angle BCA = \theta$,令 $|CB| = a$,$|CA| = b$,$|AB| = c$,要证

$$c^2 = a^2 + b^2 - 2ab\cos \theta.$$

记 $\overrightarrow{CB} = \boldsymbol{a}$,$\overrightarrow{CA} = \boldsymbol{b}$,$\overrightarrow{AB} = \boldsymbol{c}$,则有 $\boldsymbol{c} = \boldsymbol{a} - \boldsymbol{b}$. 从而

$$|\boldsymbol{c}|^2 = \boldsymbol{c} \cdot \boldsymbol{c} = (\boldsymbol{a} - \boldsymbol{b})(\boldsymbol{a} - \boldsymbol{b}) = \boldsymbol{a} \cdot \boldsymbol{a} + \boldsymbol{b} \cdot \boldsymbol{b} - 2\boldsymbol{a} \cdot \boldsymbol{b} = |\boldsymbol{a}|^2 + |\boldsymbol{b}|^2 - 2|\boldsymbol{a}||\boldsymbol{b}|\cos(\widehat{\boldsymbol{a}, \boldsymbol{b}}),$$ 即

$$c^2 = a^2 + b^2 - 2ab\cos \theta.$$

数量积的坐标表示为:

设 $\boldsymbol{a} = (a_x, a_y, a_z)$,$\boldsymbol{b} = (b_x, b_y, b_z)$,则

$$\boldsymbol{a} \cdot \boldsymbol{b} = a_x b_x + a_y b_y + a_z b_z.$$

设 $\theta = (\widehat{\boldsymbol{a}, \boldsymbol{b}})$,则当 $\boldsymbol{a} \neq \boldsymbol{0}$、$\boldsymbol{b} \neq \boldsymbol{0}$ 时,有

$$\cos \theta = \frac{\boldsymbol{a} \cdot \boldsymbol{b}}{|\boldsymbol{a}||\boldsymbol{b}|} = \frac{a_x b_x + a_y b_y + a_z b_z}{\sqrt{a_x^2 + a_y^2 + a_z^2} \sqrt{b_x^2 + b_y^2 + b_z^2}}.$$

例 2 设 $\boldsymbol{a} = (3, 5, -2)$,$\boldsymbol{b} = (2, 1, 4)$,问 λ 与 μ 有怎样的关系,能使得 $\lambda \boldsymbol{a} + \mu \boldsymbol{b}$ 与 z 轴垂直?

解 依题意 $\lambda \boldsymbol{a} + \mu \boldsymbol{b} = (3\lambda + 2\mu, 5\lambda + \mu, -2\lambda + 4\mu)$. 因为 $\lambda \boldsymbol{a} + \mu \boldsymbol{b}$ 与 z 轴垂直,所以 $(\lambda \boldsymbol{a} + \mu \boldsymbol{b}) \cdot (0, 0, 1) = 0$,从而 $-2\lambda + 4\mu = 0$,即 $\lambda = 2\mu$.

二、两向量的向量积

设向量 c 由两个向量 a 与 b 按下列方式给出：c 的模 $|c| = |a||b|\sin\theta$，其中 θ 为 a 与 b 间的夹角；c 的方向垂直 a 与 b 所决定的平面，c 的指向按右手规则从 a 转向 b 来确定.那么，向量 c 叫作向量 a 与 b 的向量积，记作 $a \times b$，即 $c = a \times b$.

由向量积的定义容易推得向量积满足下面的性质：

（1）$a \times a = 0$；

（2）对于两个非零向量 a、b，如果 $a \times b = 0$，则 $a \mathbin{/\!/} b$；反之，如果 $a \mathbin{/\!/} b$，则 $a \times b = 0$.

如果认为零向量与任何向量都平行，则 $a \mathbin{/\!/} b \Leftrightarrow a \times b = 0$.

向量积符合下列运算规律：

（1）反交换律　$a \times b = -b \times a$；

（2）分配律　$(a + b) \times c = a \times c + b \times c$；

（3）结合律　$(\lambda a) \times b = a \times (\lambda b) = \lambda(a \times b)$（$\lambda$ 为实数）.

坐标表示

$$a \times b = \begin{vmatrix} i & j & k \\ a_x & a_y & a_z \\ b_x & b_y & b_z \end{vmatrix} = a_y b_z i + a_z b_x j + a_x b_y k - a_y b_x k - a_x b_z j - a_z b_y i$$

$$= (a_y b_z - a_z b_y)i + (a_z b_x - a_x b_z)j + (a_x b_y - a_y b_x)k$$

$$= (a_y b_z - a_z b_y,\ a_z b_x - a_x b_z,\ a_x b_y - a_y b_x).$$

例 3　设 $a = (1,2,3)$，$b = (4,5,6)$，计算 $a \times b$.

解　$a \times b = \begin{vmatrix} i & j & k \\ 1 & 2 & 3 \\ 4 & 5 & 6 \end{vmatrix} = -3i + 6j - 3k$.

例 4　已知 $\overrightarrow{OA} = i + 3k$，$\overrightarrow{OB} = j + 3k$，求三角形 OAB 的面积.

解　根据向量积的定义，可知三角形 OAB 的面积

$$S_{\triangle OAB} = \frac{1}{2}|\overrightarrow{OA}||\overrightarrow{OB}|\sin\angle O = \frac{1}{2}|\overrightarrow{OA} \times \overrightarrow{OB}|.$$

由于 $\overrightarrow{OA} = (1,0,3)$，$\overrightarrow{OB} = (0,1,3)$，因此

$$\overrightarrow{OA} \times \overrightarrow{OB} = \begin{vmatrix} i & j & k \\ 1 & 0 & 3 \\ 0 & 1 & 3 \end{vmatrix} = -3i - 3j + k.$$

于是

$$S_{\triangle OAB} = \frac{1}{2}|-3i - 3j + k| = \frac{1}{2}\sqrt{(-3)^2 + (-3)^2 + 1^2} = \frac{1}{2}\sqrt{19}.$$

习题 8-2

1.下列各题中分别给出了四个结论，从中选出一个正确的结论.

（1）已知 $a = (0,3,4)$，$b = (2,1,-2)$，则 $\mathbf{Prj}_a b = ($　　　$)$.

A. 3 　　　　　 B. $-\dfrac{1}{3}$ 　　　　　 C. -1 　　　　　 D. 1

（2）已知向量 $\boldsymbol{a} = (1,2,1)$ ，$\boldsymbol{b} = (-3,4,-3)$ ，那么以 $\boldsymbol{a}$ ，$\boldsymbol{b}$ 为邻边的平行四边形的面积是（　　）.

A. 20 　　　　　 B. $10\sqrt{2}$ 　　　　　 C. 10 　　　　　 D. $5\sqrt{2}$

2.填空题：

（1）已知向量 $\boldsymbol{a} = 3\boldsymbol{i} + 2\boldsymbol{j} + \boldsymbol{k}$ 与 $\boldsymbol{b} = 2\boldsymbol{i} - 3\boldsymbol{j}$ ，则 $(2\boldsymbol{a}) \cdot (3\boldsymbol{b}) = $ ＿＿＿＿＿＿＿＿ ；
$\boldsymbol{a} \times \boldsymbol{b} = $ ＿＿＿＿＿＿＿ ；

（2）设 $\boldsymbol{a} = (1,1,-4)$ ，$\boldsymbol{b} = (2,0,-2)$ ，则 $(\boldsymbol{a} + \boldsymbol{b}) \cdot (\boldsymbol{a} - \boldsymbol{b}) = $ ＿＿＿＿＿＿＿ ；
$(\boldsymbol{a} + \boldsymbol{b}) \times (\boldsymbol{a} - \boldsymbol{b}) = $ ＿＿＿＿＿＿＿ .

3.已知三点 $M(1,1,1)$ 、$A(2,2,1)$ 和 $B(2,1,2)$ ，求 $\angle AMB$.

4.设 $\boldsymbol{a}$ 、$\boldsymbol{b}$ 、$\boldsymbol{c}$ 为单位向量，且满足 $\boldsymbol{a} + \boldsymbol{b} + \boldsymbol{c} = 0$ ，求 $\boldsymbol{a} \cdot \boldsymbol{b} + \boldsymbol{b} \cdot \boldsymbol{c} + \boldsymbol{c} \cdot \boldsymbol{a}$.

5.已知 $A(1,2,3)$ 、$B(4,5,6)$ 、$C(3,1,3)$ ，求与 $\overrightarrow{AB}$ 、$\overrightarrow{AC}$ 同时垂直的向量.

6.向量 $\boldsymbol{a} = (3,4,0)$ ，$\boldsymbol{b} = (6,0,8)$ ，求 $\boldsymbol{a}$ 在 $\boldsymbol{b}$ 上的投影.

7.已知三角形 ABC 的顶点分别是 $A(1,2,3)$ 、$B(3,4,5)$ 、$C(2,4,7)$ ，求三角形 ABC 的面积.

第三节　曲面及其方程

一、曲面方程的概念

在空间解析几何中，任何曲面都可以看作点的几何轨迹.在这样的意义下，如果曲面 S 与三元方程 $F(x,y,z) = 0$ 有下述关系：

（1）曲面 S 上任一点的坐标都满足方程 $F(x,y,z) = 0$ ；

（2）不在曲面 S 上的点的坐标都不满足方程 $F(x,y,z) = 0$ ，

那么，方程 $F(x,y,z) = 0$ 就叫作曲面 S 的方程，而曲面 S 就叫作方程 $F(x,y,z) = 0$ 的图形.

本节主要研究曲面的两个基本问题：

（1）已知一曲面作为点的几何轨迹时，建立该曲面的方程；

（2）已知含有 x 、y 、z 的一个方程时，研究该方程所表示的曲面的形状.

例1 　建立球心在点 $M_0(1,2,3)$ 、半径为 R 的球面的方程.

解 　设 $M(x,y,z)$ 是球面上的任一点，那么

$$|M_0M| = R.$$

即

$$\sqrt{(x-1)^2 + (y-2)^2 + (z-3)^2} = R ,$$

或

$$(x-1)^2 + (y-2)^2 + (z-3)^2 = R^2.$$

这就是球面上的点的坐标所满足的方程.而不在球面上的点的坐标都不满足这个方程.所以

$$(x-1)^2 + (y-2)^2 + (z-3)^2 = R^2$$

就是球心在点 $M_0(1,2,3)$ 、半径为 R 的球面的方程.

特殊地，球心在原点 $O(0,0,0)$ 、半径为 R 的球面的方程为

$$x^2 + y^2 + z^2 = R^2.$$

例 2　设有点 $A(1, 2, 3)$ 和 $B(2, -1, 4)$，求线段 AB 的垂直平分面的方程.

解　由题意知道，所求的平面就是与点 A 和点 B 等距离的点的几何轨迹.设 $M(x, y, z)$ 为所求平面上的任一点，则有

$$|AM| = |BM|,$$

即

$$\sqrt{(x-1)^2 + (y-2)^2 + (z-3)^2} = \sqrt{(x-2)^2 + (y+1)^2 + (z-4)^2}.$$

等式两边平方，然后化简得

$$2x - 6y + 2z - 7 = 0.$$

这就是所求平面上的点的坐标所满足的方程，而不在此平面上的点的坐标都不满足这个方程，所以这个方程就是所求平面的方程.

例 3　方程 $x^2 + y^2 + z^2 - 2x + 4y + 2z = 0$ 表示怎样的曲面？

解　通过配方，原方程可以改写成

$$(x-1)^2 + (y+2)^2 + (z+1)^2 = 6.$$

这是一个球面方程，球心在点 $M_0(1, -2, -1)$、半径为 $R = \sqrt{6}$.

一般地，设有三元二次方程

$$Ax^2 + Ay^2 + Az^2 + Dx + Ey + Fz + G = 0,$$

这个方程的特点是缺 xy、yz、zx 各项，而且平方项系数相同，只要将方程配方就可以化为

$$(x - x_0)^2 + (y - y_0)^2 + (z - z_0)^2 = R^2$$

的形式，它的图形就是一个球面.

二、旋转曲面

以平面上一条曲线绕平面上的一条直线旋转一周所成的曲面叫作旋转曲面，这条定直线叫作旋转曲面的轴.

设在 yOz 坐标面上有一已知曲线 C，它的方程为

$$f(y, z) = 0,$$

把这曲线绕 z 轴旋转一周，就得到一个以 z 轴为旋转轴的旋转曲面，如图 8-13 所示.

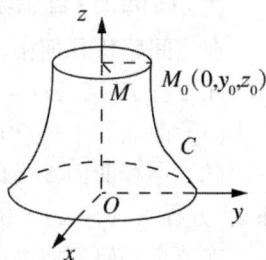

图 8-13

它的方程的求解过程如下：

设 $M_0(0, y_0, z_0)$ 为曲线 C 上任一点，当曲线绕 z 轴旋转时，点 M_0 绕 z 轴旋转到另一点 $M(x, y, z)$，因此有如下关系式

$$f(y_0, z_0) = 0, \quad z = z_0, \quad |y_0| = \sqrt{x^2 + y^2},$$

从而得 $f(\pm\sqrt{x^2 + y^2}, z) = 0$，这就是所求旋转曲面的方程.

即在曲线 C 的方程 $f(y, z) = 0$ 中将 y 改成 $\pm\sqrt{x^2 + y^2}$，便得曲线 C 绕 z 轴旋转所成的旋转曲面的方程 $f(\pm\sqrt{x^2 + y^2}, z) = 0$；同理，曲线 C 绕 y 轴旋转所成的旋转曲面的方程为 $f(y, \pm\sqrt{x^2 + z^2}) = 0$.

例 4　直线 L 绕另一条与 L 相交的直线 C 旋转一周，所得旋转曲面叫作圆锥面.两直线的交点叫作圆锥面的顶点，两直线的夹角 $\alpha\left(0 < \alpha < \dfrac{\pi}{2}\right)$ 叫作圆锥面的半顶角.试建立顶点

在坐标原点 O、旋转轴为 z 轴、半顶角为 α 的圆锥面的方程.

解 在 yOz 坐标面内,直线 L 的方程为 $z = y\cot\alpha$,将方程 $z = y\cot\alpha$ 中的 y 改成 $\pm\sqrt{x^2 + y^2}$,就得到所要求的圆锥面的方程 $z = \pm\sqrt{x^2 + y^2}\cot\alpha$,或 $z^2 = a^2(x^2 + y^2)$,其中 $a = \cot\alpha$.

例5 将 zOx 坐标面上的双曲线 $\dfrac{x^2}{a^2} - \dfrac{z^2}{c^2} = 1$ 分别绕 z 轴和 x 轴旋转一周,求所成的旋转曲面的方程.

解 绕 z 轴旋转一周所成的旋转曲面的方程为 $\dfrac{x^2 + y^2}{a^2} - \dfrac{z^2}{c^2} = 1$;绕 x 轴旋转一周所成的旋转曲面的方程为 $\dfrac{x^2}{a^2} - \dfrac{y^2 + z^2}{c^2} = 1$.这两种曲面分别叫作单叶旋转双曲面(如图 8-14)和双叶旋转双曲面,如图 8-15 所示.

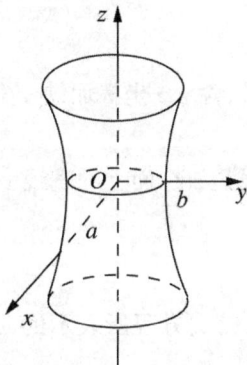

图 8-14

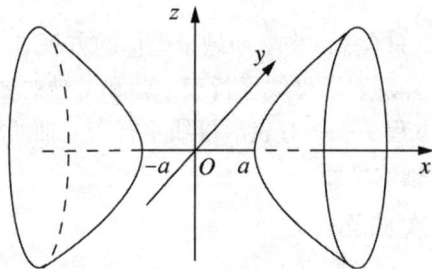

图 8-15

三、柱面

例6 方程 $x^2 + y^2 = R^2$ 表示怎样的曲面?

解 方程 $x^2 + y^2 = R^2$ 在 xOy 平面上表示圆心在原点 O、半径为 R 的圆.在空间直角坐标系中,该方程不含竖坐标 z,即不论空间点的竖坐标 z 怎样变化,只要它的横坐标 x 和纵坐标 y 能满足该方程,那么这些点就都在这曲面上.也就是说,过 xOy 面上的圆 $x^2 + y^2 = R^2$,且平行于 z 轴的直线一定在 $x^2 + y^2 = R^2$ 表示的曲面上.所以这个曲面可以看成是由平行于 z 轴的直线 l 沿 xOy 面上的圆 $x^2 + y^2 = R^2$ 移动而形成的.该曲面叫作圆柱面,如图 8-16(a) 所示,xOy 面上的圆 $x^2 + y^2 = R^2$ 叫作它的准线,平行于 z 轴的直线 l 叫作它的母线.

一般地,平行于定直线并沿定曲线 C 移动的直线 L 形成的轨迹叫作柱面,定曲线 C 叫作柱面的准线,动直线 L 叫作柱面的母线.

上面我们看到,不含 z 坐标的方程 $x^2 + y^2 = R^2$ 在空间直角坐标系中表示圆柱面,它的母线平行于 z 轴,它的准线是 xOy 面上的圆 $x^2 + y^2 = R^2$.

一般地,只含 x、y 坐标而缺 z 坐标的方程 $F(x, y) = 0$,在空间直角坐标系中表示母线平行于 z 轴的柱面,其准线是 xOy 面上的曲线 $C : F(x, y) = 0$.

例如,方程 $x^2 - y^2 = 1$ 表示母线平行于 z 轴的柱面,它的准线是 xOy 面上的双曲线 $x^2 - y^2 = 1$,该柱面叫作双曲柱面,如图 8-16(b) 所示.

又如,方程 $y^2 = 2x$ 表示母线平行于 z 轴的柱面,它的准线是 xOy 面上的抛物线 $y^2 = 2x$,

该柱面叫作抛物柱面,如图 8-16(c)所示.

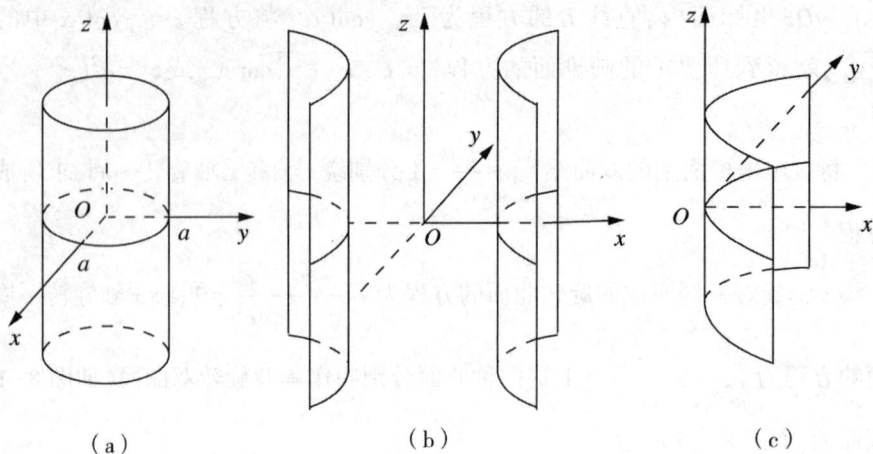

（a）　　　　　　　（b）　　　　　　　（c）

图 8-16

类似地,只含 x、z 坐标而缺 y 坐标的方程 $G(x,z) = 0$ 和只含 y、z 坐标而缺 x 坐标的方程 $H(y,z) = 0$ 分别表示母线平行于 y 轴和 x 轴的柱面.

例如,方程 $x - z = 0$ 表示母线平行于 y 轴的柱面,其准线是 zOx 面上的直线 $x - z = 0$,所以它是过 y 轴的平面.

四、二次曲面

与平面解析几何中规定的二次曲线相类似,我们把三元二次方程所表示的曲面叫作二次曲面.把平面叫作一次曲面.

怎样知道三元方程 $F(x,y,z) = 0$ 所表示的曲面的形状呢? 方法之一是,用坐标面和平行于坐标面的平面与曲面相截,考察其交线的形状,然后加以综合,从而了解曲面的立体形状.这种方法叫作"截痕法".

研究曲面形状的另一种方法是"伸缩变形法":

设 S 是一个曲面,其方程为 $F(x,y,z) = 0$,S' 是将曲面 S 沿 x 轴方向伸缩 λ 倍所得的曲面.显然,若 $(x,y,z) \in S$,则 $(\lambda x,y,z) \in S'$;若 $(x,y,z) \in S'$,则 $(\frac{1}{\lambda}x, y, z) \in S$.因此,对于任意的 $(x,y,z) \in S'$,有 $F(\frac{1}{\lambda}x,y,z) = 0$,即 $F(\frac{1}{\lambda}x, y, z) = 0$ 是曲面 S 的方程.

例如,把圆锥面 $x^2 + y^2 = a^2 z^2$ 沿 y 轴方向伸缩 $\frac{b}{a}$ 倍,所得曲面的方程为 $x^2 + (\frac{a}{b}y)^2 = a^2 z^2$,即

$$\frac{x^2}{a^2} + \frac{y^2}{b^2} = z^2 .(a \neq 0, b \neq 0)$$

1. 椭圆锥面

由方程 $\frac{x^2}{a^2} + \frac{y^2}{b^2} = z^2$ 所表示的曲面称为椭圆锥面,它是圆锥曲面沿 y 轴方向伸缩而得的曲面.

把圆锥面 $\dfrac{x^2+y^2}{a^2}=z^2$ 沿 y 轴方向伸缩 $\dfrac{b}{a}$ 倍,所得曲面称为椭圆锥面 $\dfrac{x^2}{a^2}+\dfrac{y^2}{b^2}=z^2$.

以垂直于 z 轴的平面 $z=t$ 截此曲面,当 $t=0$ 时,得一点 $(0,0,0)$;当 $t\neq 0$ 时,得平面 $z=t$ 上的椭圆 $\qquad \dfrac{x^2}{(at)^2}+\dfrac{y^2}{(bt)^2}=1.$

当 t 变化时,上式表示一族长短轴比例不变的椭圆,当 $|t|$ 从大到小并变为 0 时,这族椭圆从大到小收缩为一点.综合上述讨论,可得椭圆锥面的形状,如图 8-17 所示.

2. 椭球面

由方程 $\dfrac{x^2}{a^2}+\dfrac{y^2}{b^2}+\dfrac{z^2}{c^2}=1$ 所表示的曲面称为椭球面.它是球面在 x 轴、y 轴或 z 轴方向伸缩而得的曲面.

把 $x^2+y^2+z^2=a^2$ 沿 z 轴方向伸缩 $\dfrac{c}{a}$ 倍,得旋转椭球面 $\dfrac{x^2+y^2}{a^2}+\dfrac{z^2}{c^2}=1$;再沿 y 轴方向伸缩 $\dfrac{b}{a}$ 倍,得椭球面 $\dfrac{x^2}{a^2}+\dfrac{y^2}{b^2}+\dfrac{z^2}{c^2}=1$,如图 8-18 所示.

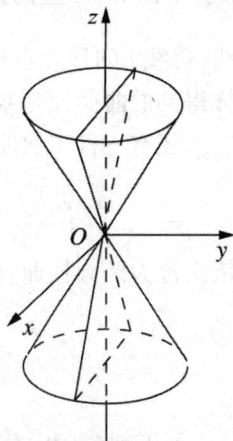

图 8-17

3. 椭圆抛物面

由方程 $\dfrac{x^2}{a^2}+\dfrac{y^2}{b^2}=z$ 表示的曲面称为椭圆抛物面.把 zOx 面上的抛物线 $\dfrac{x^2}{a^2}=z$ 绕 z 轴旋转,所得曲面叫作旋转抛物面 $\dfrac{x^2+y^2}{a^2}=z$,再沿 y 轴方向伸缩 $\dfrac{b}{a}$ 倍,所得曲面叫作椭圆抛物面 $\dfrac{x^2}{a^2}+\dfrac{y^2}{b^2}=z$,如图 8-19 所示.

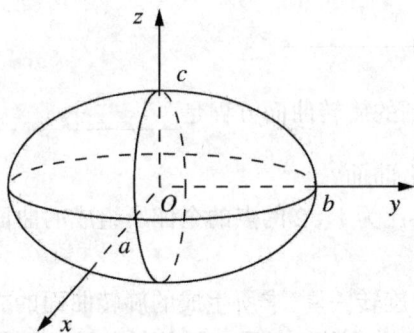

图 8-18

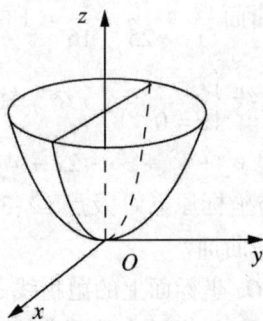

图 8-19

4. 双曲抛物面

由方程 $\dfrac{x^2}{a^2}-\dfrac{y^2}{b^2}=z$ 所表示的曲面称为双曲抛物面.双曲抛物面又称马鞍面.

用平面 $x=t$ 截此曲面,所得截痕 l 为平面 $x=t$ 上的抛物线 $-\dfrac{y^2}{b^2}=z-\dfrac{t^2}{a^2}$,此抛物线开

口朝下,其顶点坐标为 $\left(t,0,\dfrac{t^2}{a^2}\right)$.当 t 变化时,l 的形状不变,位置只做平移,而 l 的顶点轨迹

L 为平面 $y=0$ 上的抛物线 $z=\dfrac{x^2}{a^2}$.因此,以 l 为母线,L 为准

线,母线 l 的顶点在准线 L 上滑动,且母线做平行移动,这

样得到的曲面便是双曲抛物面,如图 8-20 所示.

还有三种二次曲面是以三种二次曲线为准线的柱面:

$$\frac{x^2}{a^2}+\frac{y^2}{b^2}=1,\ \frac{x^2}{a^2}-\frac{y^2}{b^2}=1,\ x^2=ay,$$

依次称为椭圆柱面、双曲柱面、抛物柱面.

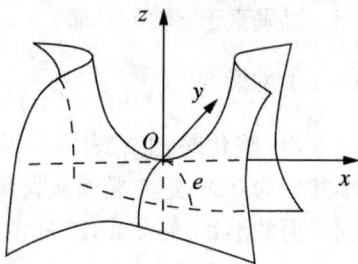

图 8-20

习题 8-3

1.下列各题中分别给出了四个结论,从中选出一个正确的结论.

(1) 方程 $\dfrac{x^2}{a^2}+\dfrac{y^2}{b^2}=z^2$ 表示的是(   ).

A.椭圆抛物面   B.椭圆锥面   C.椭球面   D.球面

(2) $x^2-y^2=1$ 在空间表示(   ).

A.双曲线   B.双曲面   C.旋转曲面   D.双曲柱面

(3) 准线为 xOy 平面上以原点为圆心、半径为 2 的圆周,母线平行于 z 轴的圆柱面方程是(   ).

A. $x^2+y^2=0$ B. $x^2+y^2=4$

C. $x^2+y^2+4=0$ D. $x^2+y^2+z^2=4$

2.填空题:

(1) 曲面 $\dfrac{x^2}{1}+\dfrac{y^2}{25}-\dfrac{z^2}{16}=1$ 的名称是_____;

(2)曲线 $\begin{cases} y=x^2+1,\\ z=0 \end{cases}$ 绕 y 轴旋转一周得到的旋转曲面方程是_____.

3.方程 $x^2+y^2+z^2-2x+4y=0$ 表示什么曲面?

4.求与坐标原点 O 及点 $(2,3,4)$ 的距离之比为 $1:2$ 的点的全体所组成的曲面方程,它表示怎样的曲面?

5.将 xOz 坐标面上的抛物线 $z^2=5x$ 绕 z 轴旋转一周,求所生成的旋转曲面的方程.

6.将 xOy 坐标面上的双曲线 $4x^2-9y^2=36$ 分别绕 x 轴及 y 轴旋转一周,求所生成的旋转曲面的方程.

7.画出下列各方程所表示的曲面:

(1) $\dfrac{x^2}{4}+\dfrac{y^2}{9}=1$;   (2) $x^2-\dfrac{y^2}{9}=0$.

8.指出下列方程在平面解析几何中和在空间解析几何中分别表示什么图形:

(1) $x^2+y^2=1$;   (2) $\dfrac{x^2}{4}-\dfrac{y^2}{9}=1$.

9.说明下列旋转曲面是怎样形成的:

(1) $\dfrac{x^2}{4} + \dfrac{y^2}{9} + \dfrac{z^2}{4} = 1$;　　(2) $x^2 - y^2 + z^2 = 1$.

10.画出下列方程所表示的曲面:

(1) $4x^2 + y^2 - z^2 = 4$;　　(2) $x^2 - y^2 - 4z^2 = 4$.

11.画出下列曲面所围立体的图形: $x = 0, y = 0, z = 0, x^2 + y^2 = R^2, y^2 + z^2 = R^2$(在第一卦限内).

第四节　空间曲线及其方程

一、空间曲线的一般方程

空间曲线可以看作两个曲面的交线.设

$$F(x, y, z) = 0 \text{ 和 } G(x, y, z) = 0$$

是两个曲面方程,它们的交线为 C.因为曲线 C 上的任何点的坐标应同时满足这两个方程,所以应满足方程组

$$\begin{cases} F(x, y, z) = 0, \\ G(x, y, z) = 0. \end{cases}$$

反过来,如果点 M 不在曲线 C 上,那么它不可能同时在两个曲面上,所以它的坐标不满足方程组.因此,曲线 C 可以用上述方程组来表示.上述方程组叫作空间曲线 C 的一般方程.

例 1　方程组

$$\begin{cases} \dfrac{x^2}{4} + \dfrac{y^2}{9} = 1, \\ y = 3. \end{cases}$$

在平面解析几何和空间解析几何中分别表示什么图形?

解　在平面解析几何中,方程组的第一个方程表示 xOy 面上的椭圆,在方程组的第二个方程表示直线,方程组就表示上述椭圆与直线的交点 $(0, 3)$;

在空间解析几何中,方程组的第一个方程表示母线平行于 z 轴的椭圆柱面,其准线是 xOy 面上的椭圆.方程组的第二个方程表示一个平行于 xOz 面的平面,方程组就表示上述椭圆柱面与平面的交线.

例 2　方程组 $\begin{cases} z = \sqrt{a^2 - x^2 - y^2}, \\ (x - \dfrac{a}{2})^2 + y^2 = (\dfrac{a}{2})^2 \end{cases}$ 表示怎样的曲线?

解　方程组中第一个方程表示球心在坐标原点 O、半径为 a 的上半球面.第二个方程表示母线平行于 z 轴的圆柱面,它的准线是 xOy 面上的圆,这圆的圆心在点 $(\dfrac{a}{2}, 0)$、半径为 $\dfrac{a}{2}$.方程组就表示上述半球面与圆柱面的交线.

二、参数方程

空间曲线 C 的方程除一般方程表示形式之外,也可以用参数形式表示,只要将 C 上动

点的坐标 x、y、z 表示为参数 t 的函数 $\begin{cases} x = x(t), \\ y = y(t), \\ z = z(t). \end{cases}$ 当给定 $t = t_1$ 时，就得到 C 上的一个点 $(x_1,$

$y_1, z_1)$；随着 t 的变动便得曲线 C 上的全部点.方程组 $\begin{cases} x = x(t), \\ y = y(t), \\ z = z(t) \end{cases}$ 叫作空间曲线的参数方程.

例 3 如果空间一点 M 在圆柱面 $x^2 + y^2 = a^2$ 上以角速度 ω 绕 z 轴旋转,同时又以线速度 v 沿平行于 z 轴的正方向上升(其中 ω、v 都是常数),那么点 M 构成的图形叫作螺旋线.试建立其参数方程.

解 取时间 t 为参数.当 $t = 0$ 时,动点位于 x 轴上的一点 $A(a,0,0)$ 处.经过时间 t ,动点由 A 运动到 $M(x,y,z)$,记 M 在 xOy 面上的投影为 M' , M' 的坐标为 $(x,y,0)$.由于动点在圆柱面上以角速度 ω 绕 z 轴旋转,所以经过时间 t , $\angle AOM' = \omega t$.从而

$$x = |OM'|\cos \angle AOM' = a\cos \omega t,$$
$$y = |OM'|\sin \angle AOM' = a\sin \omega t,$$

由于动点同时以线速度 v 沿平行于 z 轴的正方向上升,所以

$$z = MM' = vt.$$

因此螺旋线的参数方程为

$$\begin{cases} x = a\cos \omega t, \\ y = a\sin \omega t, \\ z = vt. \end{cases}$$

也可以用其他变量作参数,例如令 $\theta = \omega t$,则螺旋线的参数方程可写为

$$\begin{cases} x = a\cos \theta, \\ y = a\sin \theta, \\ z = b\theta, \end{cases}$$

其中 $b = \dfrac{v}{\omega}$,参数为 θ .

三、空间曲线在坐标面上的投影

以曲线 C 为准线、母线平行于 z 轴的柱面叫作曲线 C 关于 xOy 面的投影柱面,投影柱面与 xOy 面的交线叫作空间曲线 C 在 xOy 面上的投影曲线,简称投影(类似地可以定义曲线 C 在其他坐标面上的投影).

设空间曲线 C 的一般方程为

$$\begin{cases} F(x,y,z) = 0, \\ G(x,y,z) = 0. \end{cases}$$

设方程组消去变量 z 后所得的方程为 $H(x,y) = 0$,该方程所生成的曲面就是曲线 C 关于 xOy 面的投影柱面.这是因为一方面方程 $H(x,y) = 0$ 表示一个母线平行于 z 轴的柱面,另一方面方程 $H(x,y) = 0$ 是由方程组消去变量 z 后所得的方程,因此当 x、y、z 满足方程组时,前两个数 x、y 必定满足方程 $H(x,y) = 0$,这就说明曲线 C 上的所有点都在方程 $H(x,y) = 0$ 所表示的曲面上,即曲线 C 在方程 $H(x,y) = 0$ 表示的柱面上.所以方程 $H(x,y) = 0$ 表示的柱面就是曲线 C 关于 xOy 面的投影柱面.

曲线 C 在 xOy 面上的投影曲线的方程为 $\begin{cases} H(x,y) = 0, \\ z = 0. \end{cases}$

讨论 （1）曲线 C 关于 yOz 面和 zOx 面的投影柱面的方程是什么？

（2）曲线 C 在 yOz 面和 zOx 面上的投影曲线的方程是什么？

例4 求曲面 $x^2 + y^2 - z = 0$ 与平面 $x - z + 1 = 0$ 的交线在 xOy 面上的投影方程.

解 将两方程联立消去 z，得母线平行于 z 轴的投影柱面方程为

$$x^2 + y^2 - x - 1 = 0,$$

故所求的投影方程为

$$\begin{cases} x^2 + y^2 - x - 1 = 0, \\ z = 0. \end{cases}$$

例5 求由上半球面 $z = \sqrt{4 - x^2 - y^2}$ 和锥面 $z = \sqrt{3(x^2 + y^2)}$ 所围成立体在 xOy 面上的投影.

解 由方程 $z = \sqrt{4 - x^2 - y^2}$ 和 $z = \sqrt{3(x^2 + y^2)}$ 消去 z 得到 $x^2 + y^2 = 1$. 这是一个母线平行于 z 轴的圆柱面，容易看出，这恰好是上半球面与锥面的交线 C 关于 xOy 面的投影柱面，因此交线 C 在 xOy 面上的投影曲线为

$$\begin{cases} x^2 + y^2 = 1, \\ z = 0. \end{cases}$$

这是 xOy 面上的一个圆，于是所求立体在 xOy 面上的投影，就是该圆在 xOy 面上所围的部分：$x^2 + y^2 \leqslant 1$.

习题 8-4

1.下列各题中分别给出了四个结论，从中选出一个正确的结论.

（1）已知曲面方程 $z = -\dfrac{x^2}{a^2} + \dfrac{y^2}{b^2}$（马鞍面），这曲面与平面 $z = h$ 相截，其截痕是空间解析几何中的（　　）.

A.抛物线 　　　　 B.双曲线 　　　　 C.椭圆 　　　　 D.直线

（2）曲线 $\begin{cases} 4x^2 - 9y^2 = 36, \\ z = 0 \end{cases}$ 绕 x 轴旋转一周，形成的曲面方程是（　　）.

A. $4(x^2 + z^2) - 9y^2 = 36$ 　　　　　　 B. $4(x^2 + z^2) - 9(y^2 + z^2) = 36$

C. $4x^2 - 9(y^2 + z^2) = 36$ 　　　　　　 D. $4x^2 - 9y^2 = 36$

2.方程组 $\begin{cases} x^2 + y^2 = 1, \\ 2x + 3z = 6 \end{cases}$ 表示怎样的曲线？

3.分别求母线平行于 x 轴及 y 轴且通过曲线 $\begin{cases} 2x^2 + y^2 + z^2 = 16, \\ x^2 + z^2 - y^2 = 0, \end{cases}$ 的柱面方程.

4.已知两球面的方程分别为 $x^2 + y^2 + z^2 = 1$ 和 $x^2 + (y-1)^2 + (z-1)^2 = 1$，求它们的交线 C 在 xOy 面上的投影方程.

5.将下列曲线的一般方程化为参数方程：

(1) $\begin{cases} x^2 + y^2 + z^2 = 9, \\ y = x; \end{cases}$ (2) $\begin{cases} (x-1)^2 + y^2 + (z+1)^2 = 4, \\ z = 0. \end{cases}$

6.求螺旋线 $\begin{cases} x = a\cos t, \\ y = a\sin t, \\ z = bt, \end{cases}$ 在三个坐标面上的投影曲线的直角坐标方程.

7.求旋转抛物面 $z = x^2 + y^2 (0 \leqslant z \leqslant 4)$ 在三个坐标面上的投影.

第五节   平面及平面方程

一、平面的点法式方程

如果一非零向量垂直于一平面,则该向量就叫作该平面的法线向量.容易得出,平面上的任一向量均与该平面的法线向量垂直.

当平面 $\prod$ 上一点 $M_0(x_0, y_0, z_0)$ 和它的一个法线向量 $\boldsymbol{n} = (A, B, C)$ 为已知时,平面 $\prod$ 的位置就完全确定了.

设 $M(x, y, z)$ 是平面 $\prod$ 上的任一点.那么向量 $\overrightarrow{M_0M}$ 必与平面 $\prod$ 的法线向量 $\boldsymbol{n}$ 垂直,即它们的数量积等于零:

$$\boldsymbol{n} \cdot \overrightarrow{M_0M} = 0 .$$

由于

$$\boldsymbol{n} = (A, B, C) , \quad \overrightarrow{M_0M} = (x - x_0, \ y - y_0, \ z - z_0) ,$$

所以

$$A(x - x_0) + B(y - y_0) + C(z - z_0) = 0.$$

这就是平面 $\prod$ 上任一点 M 的坐标 x, y, z 所满足的方程.

反过来,如果 $M(x, y, z)$ 不在平面 $\prod$ 上,那么向量 $\overrightarrow{M_0M}$ 与法线向量 $\boldsymbol{n}$ 不垂直,从而 $\boldsymbol{n} \cdot \overrightarrow{M_0M} \neq 0$,即不在平面 $\prod$ 上的点 M 的坐标 x, y, z 不满足此方程.

由此可知,方程 $A(x - x_0) + B(y - y_0) + C(z - z_0) = 0$ 就是平面 $\prod$ 的方程.而平面 $\prod$ 就是方程的图形.由于方程 $A(x - x_0) + B(y - y_0) + C(z - z_0) = 0$ 是由平面 $\prod$ 上的一点 $M_0(x_0, y_0, z_0)$ 及它的一个法线向量 $\boldsymbol{n} = (A, B, C)$ 确定的,所以此方程叫作平面的点法式方程.

例 1   求过点 $(3, 0, -1)$ 且与平面 $3x - 7y + 5z - 12 = 0$ 平行的平面方程.

解   根据平面的点法式方程的定义,得所求平面的方程为

$$3(x - 3) - 7(y - 0) + 5(z + 1) = 0,$$

即

$$3x - 7y + 5z - 4 = 0.$$

例 2   求过 $M_1(1, 1, -1)$、$M_2(-2, -2, 2)$ 和 $M_3(1, -1, 2)$ 的平面方程.

解   由立体几何及向量积的定义,可以用 $\overrightarrow{M_1M_2} \times \overrightarrow{M_1M_3}$ 作为平面的法线向量 $\boldsymbol{n}$.

因为 $\overrightarrow{M_1M_2} = (-3, -3, 3)$,$\overrightarrow{M_1M_3} = (0, -2, 3)$,所以

$$\boldsymbol{n} = \overrightarrow{M_1M_2} \times \overrightarrow{M_1M_3} = \begin{vmatrix} \boldsymbol{i} & \boldsymbol{j} & \boldsymbol{k} \\ -3 & -3 & 3 \\ 0 & -2 & 3 \end{vmatrix} = -3\boldsymbol{i} + 9\boldsymbol{j} + 6\boldsymbol{k} .$$

根据平面的点法式方程,得所求平面的方程为
$$-3(x-1)+9(y-1)+6(z+1)=0,$$
即
$$x-3y-2z=0.$$

二、平面的一般方程

由于平面的点法式方程是 x,y,z 的一次方程,而任一平面都可以用它上面的一点及它的法线向量来确定,所以任一平面都可以用三元一次方程来表示.

反过来,设有三元一次方程
$$Ax+By+Cz+D=0.$$
我们任取满足该方程的一组数 x_0,y_0,z_0,即
$$Ax_0+By_0+Cz_0+D=0.$$
把上述两等式相减,得
$$A(x-x_0)+B(y-y_0)+C(z-z_0)=0.$$
这正是通过点 $M_0(x_0,y_0,z_0)$ 且以 $\boldsymbol{n}=(A,B,C)$ 为法线向量的平面方程.由于方程
$$Ax+By+Cz+D=0$$
与方程
$$A(x-x_0)+B(y-y_0)+C(z-z_0)=0$$
同解,所以任一三元一次方程 $Ax+By+Cz+D=0$ 的图形总是一个平面.方程 $Ax+By+Cz+D=0$ 称为平面的一般方程,其中 x,y,z 的系数就是该平面的一个法线向量 $\boldsymbol{n}$ 的坐标,即
$$\boldsymbol{n}=(A,B,C).$$

例如,方程 $3x-4y+z-9=0$ 表示一个平面,$\boldsymbol{n}=(3,-4,1)$ 是该平面的一个法线向量.

思考: 考察下列特殊的平面方程,指出其法线向量与坐标面、坐标轴的关系,平面通过的特殊点或线.
$$Ax+By+Cz=0;$$
$$By+Cz+D=0,Ax+Cz+D=0,Ax+By+D=0;$$
$$Cz+D=0,Ax+D=0,By+D=0.$$

提示:

$D=0$,平面过原点;

$\boldsymbol{n}=(0,B,C)$,法线向量垂直于 x 轴,平面平行于 x 轴;

$\boldsymbol{n}=(A,0,C)$,法线向量垂直于 y 轴,平面平行于 y 轴;

$\boldsymbol{n}=(A,B,0)$,法线向量垂直于 z 轴,平面平行于 z 轴;

$\boldsymbol{n}=(0,0,C)$,法线向量垂直于 x 轴和 y 轴,平面平行于 xOy 平面;

$\boldsymbol{n}=(A,0,0)$,法线向量垂直于 y 轴和 z 轴,平面平行于 yOz 平面;

$\boldsymbol{n}=(0,B,0)$,法线向量垂直于 x 轴和 z 轴,平面平行于 zOx 平面.

例 3　求通过 z 轴和点 $(-3,1,-2)$ 的平面方程.

解　平面通过 z 轴,一方面表明,它的法线向量垂直于 z 轴,即 $C=0$;另一方面表明,它必通过原点,即 $D=0$. 因此可设这平面的方程为
$$Ax+By=0.$$
又因为这平面通过点 $(-3,1,-2)$,所以有

$$-3A + B = 0$$

或

$$B = 3A.$$

将其代入所设方程并除以 $A(A \neq 0)$,便得所求的平面方程为

$$x + 3y = 0.$$

例4　设一平面与 x、y、z 轴的交点依次为 $P(a,0,0)$、$Q(0,b,0)$、$R(0,0,c)$ 三点,求这个平面的方程(其中 $a \neq 0, b \neq 0, c \neq 0$).

解　设所求平面的方程为 $Ax + By + Cz + D = 0$. 因为点 $P(a,0,0)$、$Q(0,b,0)$、$R(0,0,c)$ 都在这平面上,所以点 P、Q、R 的坐标都满足所设方程,即有

$$\begin{cases} aA + D = 0, \\ bB + D = 0, \\ cC + D = 0. \end{cases}$$

由此得

$$A = -\frac{D}{a}, \ B = -\frac{D}{b}, \ C = -\frac{D}{c}.$$

将其代入所设方程,得

$$-\frac{D}{a}x - \frac{D}{b}y - \frac{D}{c}z + D = 0,$$

即

$$\frac{x}{a} + \frac{y}{b} + \frac{z}{c} = 1.$$

上述方程叫作平面的截距式方程,而 a、b、c 分别为作平面在 x、y、z 轴上的截距.

三、两平面的夹角

两平面的法线向量的夹角(通常指锐角或直角)称为两平面的夹角.

设平面 $\varPi_1$ 和 $\varPi_2$ 的法线向量分别为 $\boldsymbol{n}_1 = (A_1, B_1, C_1)$ 和 $\boldsymbol{n}_2 = (A_2, B_2, C_2)$,那么平面 $\varPi_1$ 和 $\varPi_2$ 的夹角 θ 应是 $(\widehat{\boldsymbol{n}_1, \boldsymbol{n}_2})$ 和 $(-\widehat{\boldsymbol{n}_1, \boldsymbol{n}_2}) = \pi - (\widehat{\boldsymbol{n}_1, \boldsymbol{n}_2})$ 两者中的锐角或直角,因此,$\cos \theta = |\cos(\widehat{\boldsymbol{n}_1, \boldsymbol{n}_2})|$. 按两向量夹角余弦的坐标表示式,平面 $\varPi_1$ 和 $\varPi_2$ 的夹角 θ 可由

$$\cos \theta = |\cos(\widehat{\boldsymbol{n}_1, \boldsymbol{n}_2})| = \frac{|A_1 A_2 + B_1 B_2 + C_1 C_2|}{\sqrt{A_1^2 + B_1^2 + C_1^2}\sqrt{A_2^2 + B_2^2 + C_2^2}}$$

来确定.

从两向量垂直、平行的充分必要条件可得下列结论:

平面 $\varPi_1$ 和 $\varPi_2$ 垂直相当于 $A_1 A_2 + B_1 B_2 + C_1 C_2 = 0$;

平面 $\varPi_1$ 和 $\varPi_2$ 平行或重合相当于 $\dfrac{A_1}{A_2} = \dfrac{B_1}{B_2} = \dfrac{C_1}{C_2}$.

例5　求两平面 $x - y + 2z - 6 = 0$ 和 $2x + y + z - 5 = 0$ 的夹角.

解　$\boldsymbol{n}_1 = (A_1, B_1, C_1) = (1, -1, 2)$,$\boldsymbol{n}_2 = (A_2, B_2, C_2) = (2, 1, 1)$,

$$\cos \theta = \frac{|A_1 A_2 + B_1 B_2 + C_1 C_2|}{\sqrt{A_1^2 + B_1^2 + C_1^2}\sqrt{A_2^2 + B_2^2 + C_2^2}} = \frac{|1 \times 2 + (-1) \times 1 + 2 \times 1|}{\sqrt{1^2 + (-1)^2 + 2^2}\sqrt{2^2 + 1^2 + 1^2}} = \frac{1}{2},$$

所以,所求夹角为 $\theta = \dfrac{\pi}{3}$.

例6 一平面通过两点 $M_1(1,1,1)$ 和 $M_2(0,1,-1)$ 且垂直于平面 $x+y+z=0$,求它的方程.

解 从点 M_1 到点 M_2 的向量为 $n_1 = (-1,0,-2)$,平面 $x+y+z=0$ 的法线向量为 $n_2 = (1,1,1)$,设所求平面的法线向量 n 可取为 $n_1 \times n_2$. 因为

$$n = n_1 \times n_2 = \begin{vmatrix} i & j & k \\ -1 & 0 & -2 \\ 1 & 1 & 1 \end{vmatrix} = 2i - j - k,$$

所以,所求平面方程为

$$2(x-1) - (y-1) - (z-1) = 0,$$

即

$$2x - y - z = 0.$$

习题 8-5

1.填空题:

(1) 已知平面 $\varPi_1: x+2y+z+3=0$ 与 $\varPi_2: -3x+y-z+1=0$,则其夹角为_____;

(2) 点 $(-1,2,0)$ 在平面 $x+2y-z+1=0$ 上的投影为_____.

2.求过点 $(2,-3,0)$ 且以 $n=(1,-2,3)$ 为法线向量的平面方程.

3.求过三点 $M_1(2,-1,4)$、$M_2(-1,3,-2)$ 和 $M_3(0,2,3)$ 的平面方程.

4.求过 x 轴和点 $(4,-3,1)$ 的平面方程.

5.求过点 $M_0(2,9,-6)$ 且与连接坐标原点及点 M_0 的线段 OM_0 垂直的平面方程.

6.指出下列各平面的特殊位置,并画出各平面.

(1) $x=0$;   (2) $3y-1=0$;

(3) $2x-3y-6=0$;   (4) $x-\sqrt{3}x=0$.

7.求平面 $2x+2y+z+6=0$ 与各坐标面的夹角的余弦.

8.一平面过点 $(1,1,1)$ 且平行于向量 $a=(2,1,1)$ 和 $b=(1,-1,0)$,试求这平面方程.

9.求三平面 $x+3y+z=1$,$2x-y-z=0$,$-x+2y+2z=3$ 的交点.

10.求点 $(1,2,3)$ 到平面 $x+y+z+3=0$ 的距离.

第六节　空间直线及其方程

一、空间直线的一般方程

空间直线 L 可以看作是两个相交平面 $\varPi_1$ 和 $\varPi_2$ 的交线.如果两个相交平面 $\varPi_1$ 和 $\varPi_2$ 的方程分别为 $A_1x+B_1y+C_1z+D_1=0$ 和 $A_2x+B_2y+C_2z+D_2=0$,那么直线 L 上的任一点的坐标应同时满足这两个平面的方程,即应满足方程组

$$\begin{cases} A_1x+B_1y+C_1z+D_1=0, \\ A_2x+B_2y+C_2z+D_2=0. \end{cases} \tag{1}$$

反过来,如果点 M 不在直线 L 上,那么它不可能同时在平面 Π_1 和 Π_2 上,所以它的坐标不满足方程组(1).因此,直线 L 可以用方程组(1)来表示.方程组(1)叫作空间直线的一般方程.

通过空间一直线 L 的平面有无限多个,只要在这无限多个平面中任意选取两个,把它们的方程联立起来,所得的方程组就可表示空间直线 L.

二、空间直线的对称式方程与参数方程

如果一个非零向量平行于一条已知直线,则这个向量叫作这条直线的方向向量.容易得出,直线上任一向量都平行于该直线的方向向量.

当直线 L 上一点 $M_0(x_0,y_0,x_0)$ 和它的一方向向量 $s=(m,n,p)$ 为已知时,直线 L 的位置就完全确定了.

已知直线 L 通过点 $M_0(x_0,y_0,x_0)$,且直线的方向向量为 $s=(m,n,p)$.设 $M(x,y,z)$ 为直线 L 上的任一点,那么

$$(x-x_0,y-y_0,z-z_0) \mathbin{/\mkern-5mu/} s,$$

从而有

$$\frac{x-x_0}{m}=\frac{y-y_0}{n}=\frac{z-z_0}{p},$$

这就是直线 L 的方程,叫作直线的对称式方程或点向式方程.

注 当 m,n,p 中有一个为零,例如 $m=0$,而 $n,p \neq 0$ 时,这方程组应理解为

$$\begin{cases} x=x_0, \\ \dfrac{y-y_0}{n}=\dfrac{z-z_0}{p}. \end{cases}$$

当 m,n,p 中有两个为零,例如 $m=n=0$,而 $p \neq 0$ 时,这方程组应理解为

$$\begin{cases} x-x_0=0, \\ y-y_0=0. \end{cases}$$

直线的任一方向向量 s 的坐标 m,n,p 叫作该直线的一组方向数,而直线的方向向量 s 的方向余弦叫作该直线的方向余弦.

由直线的对称式方程容易得出直线的参数方程.

设 $\dfrac{x-x_0}{m}=\dfrac{y-y_0}{n}=\dfrac{z-z_0}{p}=t$,得方程组

$$\begin{cases} x=x_0+mt, \\ y=y_0+nt, \\ z=z_0+pt. \end{cases}$$

此方程组就是直线的参数方程.

例 1 用对称式方程及参数方程表示直线 $\begin{cases} x+y+z=-1, \\ 2x-y+3z=4. \end{cases}$

解 先求直线上的一点.取 $x=1$,有

$$\begin{cases} y+z=-2, \\ -y+3z=2. \end{cases}$$

解此方程组,得 $y = -2, z = 0$,即 $(1, -2, 0)$ 就是直线上的一点.

再求这条直线的方向向量 s.以平面 $x + y + z = -1$ 和 $2x - y + 3z = 4$ 的法线向量的向量积作为直线的方向向量 s

$$s = (i + j + k) \times (2i - j + 3k) = \begin{vmatrix} i & j & k \\ 1 & 1 & 1 \\ 2 & -1 & 3 \end{vmatrix} = 4i - j - 3k.$$

因此,所给直线的对称式方程为

$$\frac{x-1}{4} = \frac{y+2}{-1} = \frac{z}{-3}.$$

令 $\dfrac{x-1}{4} = \dfrac{y+2}{-1} = \dfrac{z}{-3} = t$,得所给直线的参数方程为 $\begin{cases} x = 1 + 4t, \\ y = -2 - t, \\ z = -3t. \end{cases}$

三、两直线的夹角

两直线的方向向量的夹角(指其锐角或直角)叫作两直线的夹角.

设直线 L_1 和 L_2 的方向向量分别为 $s_1 = (m_1, n_1, p_1)$ 和 $s_2 = (m_2, n_2, p_2)$,那么 L_1 和 L_2 的夹角 φ 就是 $(\widehat{s_1, s_2})$ 和 $(\widehat{-s_1, s_2}) = \pi - (\widehat{s_1, s_2})$ 两者中的锐角或直角,因此 $\cos \varphi = |\cos(\widehat{s_1, s_2})|$.根据两直线的方向向量的夹角的余弦公式,直线 L_1 和 L_2 的夹角 φ 可由

$$\cos \varphi = |\cos(\widehat{s_1, s_2})| = \frac{|m_1 m_2 + n_1 n_2 + p_1 p_2|}{\sqrt{m_1^2 + n_1^2 + p_1^2} \sqrt{m_2^2 + n_2^2 + p_2^2}}$$

来确定.

从两直线的方向向量垂直、平行的充分必要条件立即推出下列结论:

设有两直线 $L_1 : \dfrac{x - x_1}{m_1} = \dfrac{y - y_1}{n_1} = \dfrac{z - z_1}{p_1}, L_2 : \dfrac{x - x_2}{m_2} = \dfrac{y - y_2}{n_2} = \dfrac{z - z_2}{p_2}$,则

$$L_1 \perp L_2 \Leftrightarrow m_1 m_2 + n_1 n_2 + p_1 p_2 = 0;$$

$$L_1 \parallel L_2 \text{(或重合)} \Leftrightarrow \frac{m_1}{m_2} = \frac{n_1}{n_2} = \frac{p_1}{p_2}.$$

例 2 求直线 $\begin{cases} 5x - 3y + 3z - 9 = 0, \\ 3x - 2y + z - 1 = 0, \end{cases}$ 与直线 $\begin{cases} 2x + 2y - z + 23 = 0, \\ 3x + 8y + z - 18 = 0, \end{cases}$ 夹角的余弦.

解 两直线的方向向量分别为

$$s_1 = \begin{vmatrix} i & j & k \\ 5 & -3 & 3 \\ 3 & -2 & 1 \end{vmatrix} = (3, 4, -1), \quad s_2 = \begin{vmatrix} i & j & k \\ 2 & 2 & -1 \\ 3 & 8 & 1 \end{vmatrix} = 5(2, -1, 2).$$

设两直线的夹角为 φ,则

$$\cos \varphi = \frac{|3 \times 2 + 4 \times (-1) + (-1) \times 2|}{\sqrt{3^2 + 4^2 + (-1)^2} \sqrt{2^2 + (-1)^2 + 2^2}} = \frac{0}{3\sqrt{26}} = 0.$$

四、直线与平面的夹角

当直线与平面不垂直时,直线和它在平面上的投影直线的夹角 $\varphi \left(0 \leqslant \varphi < \dfrac{\pi}{2}\right)$ 称为直线

与平面的夹角,当直线与平面垂直时,规定直线与平面的夹角为 $\dfrac{\pi}{2}$.

设直线的方向向量 $\boldsymbol{s} = (m,n,p)$,平面的法线向量为 $\boldsymbol{n} = (A,B,C)$,直线与平面的夹角为 φ,那么 $\varphi = \left| \dfrac{\pi}{2} - (\widehat{\boldsymbol{s},\boldsymbol{n}}) \right|$,因此 $\sin \varphi = |\cos(\widehat{\boldsymbol{s},\boldsymbol{n}})|$.按两向量夹角的余弦的坐标表示式,有

$$\sin \varphi = \frac{|Am + Bn + Cp|}{\sqrt{A^2 + B^2 + C^2}\sqrt{m^2 + n^2 + p^2}}.$$

因为直线与平面垂直相当于直线的方向向量与平面的法线向量平行,所以直线与平面垂直时,相当于

$$\frac{A}{m} = \frac{B}{n} = \frac{C}{p}.$$

因为直线与平面平行(或直线在平面上)相当于直线的方向向量与平面的法线向量垂直,所以,直线与平面平行(或直线在平面上)相当于

$$Am + Bn + Cp = 0.$$

例3 求过点 $(0,2,4)$ 且与两平面 $x + 2z = 1$ 和 $y - 3z = 2$ 平行的直线方程.

解 两平面的法线向量 $\boldsymbol{n}_1 \times \boldsymbol{n}_2$ 可以作为所求直线的方向向量 $\boldsymbol{s}$.即

$$\boldsymbol{s} = \boldsymbol{n}_1 \times \boldsymbol{n}_2 = \begin{vmatrix} \boldsymbol{i} & \boldsymbol{j} & \boldsymbol{k} \\ 1 & 0 & 2 \\ 0 & 1 & -3 \end{vmatrix} = (-2,3,1),$$

由此可得所求直线的方程为

$$\frac{x}{-2} = \frac{y-2}{3} = \frac{z-4}{1}.$$

例4 求与两平面 $x - 4z = 3$ 和 $2x - y - 5z = 1$ 的交线平行且过点 $(-3,2,5)$ 的直线的方程.

解 平面 $x - 4z = 3$ 和 $2x - y - 5z = 1$ 的交线的方向向量就是所求直线的方向向量 $\boldsymbol{s}$,因为

$$\boldsymbol{s} = \begin{vmatrix} \boldsymbol{i} & \boldsymbol{j} & \boldsymbol{k} \\ 1 & 0 & -4 \\ 2 & -1 & -5 \end{vmatrix} = -(4,3,1),$$

所以,所求直线的方程为

$$\frac{x+3}{4} = \frac{y-2}{3} = \frac{z-5}{1}.$$

例5 求直线 $\dfrac{x-2}{1} = \dfrac{y-3}{1} = \dfrac{z-4}{2}$ 与平面 $2x + y + z - 6 = 0$ 的交点.

解 所给直线的参数方程为

$$x = 2 + t, y = 3 + t, z = 4 + 2t,$$

代入平面方程中,得

$$2(2 + t) + (3 + t) + (4 + 2t) - 6 = 0.$$

解上述方程,得 $t = -1$.将 $t = -1$ 代入直线的参数方程,得所求交点的坐标为

$$x = 1, y = 2, z = 2.$$

例 6 求过点 $(2,1,3)$ 且与直线 $\dfrac{x+1}{3} = \dfrac{y-1}{2} = \dfrac{z}{-1}$ 垂直相交的直线的方程.

解 过点 $(2,1,3)$ 且与直线 $\dfrac{x+1}{3} = \dfrac{y-1}{2} = \dfrac{z}{-1}$ 垂直的平面为

$$3(x-2) + 2(y-1) - (z-3) = 0,$$

即

$$3x + 2y - z = 5.$$

直线 $\dfrac{x+1}{3} = \dfrac{y-1}{2} = \dfrac{z}{-1}$ 与平面 $3x + 2y - z = 5$ 的交点坐标为 $\left(\dfrac{2}{7}, \dfrac{13}{7}, -\dfrac{3}{7}\right)$.

以点 $(2,1,3)$ 为起点,以点 $\left(\dfrac{2}{7}, \dfrac{13}{7}, -\dfrac{3}{7}\right)$ 为终点的向量为

$$\left(\dfrac{2}{7} - 2, \dfrac{13}{7} - 1, -\dfrac{3}{7} - 3\right) = -\dfrac{6}{7}(2, -1, 4).$$

故所求直线的方程为

$$\dfrac{x-2}{2} = \dfrac{y-1}{-1} = \dfrac{z-3}{4}.$$

习题 8-6

1.直线 L_1 的方程为 $\begin{cases} x + y + z = 0, \\ 31x - 30y - 29z = 0, \end{cases}$ 直线 L_2 的方程为 $\begin{cases} x + y + z = 0, \\ 30x - 31y - 30z = 0, \end{cases}$ 则 L_1 与 L_2 的位置关系是( ).

A.异面   B.相交   C.平行   D.重合

2.填空题:

(1) 设有直线 $L_1: \dfrac{x-1}{1} = \dfrac{y-5}{-2} = \dfrac{z+8}{1}$ 与 $L_2: \begin{cases} x - y = 6, \\ 2y + z = 3, \end{cases}$ 则 L_1 与 L_2 的夹角为_____;

(2) 平面 $x + 2y - z + 4 = 0$ 和空间直线 $\dfrac{x-1}{3} = \dfrac{y+1}{-1} = \dfrac{z-2}{1}$ 的位置关系是_____.

3.求直线 $L_1: \dfrac{x-1}{1} = \dfrac{y}{-4} = \dfrac{z+3}{1}$ 和 $L_2: \dfrac{x}{2} = \dfrac{y+2}{-2} = \dfrac{z}{-1}$ 的夹角.

4.求过点 $(1, -2, 4)$ 且与平面 $2x - 3y + z - 4 = 0$ 垂直直线的直线方程.

5.用对称式方程及参数方程表示 $\begin{cases} x - y + z = 1, \\ 2x + y + z = 4. \end{cases}$

6.求过点 $(2, 0, -3)$ 且与直线

$$\begin{cases} x - 2y + 4z - 7 = 0, \\ 3x + 5y - 2z + 1 = 0, \end{cases}$$

垂直的平面方程.

7.求过点 $(3, 1, -2)$ 且通过直线 $\dfrac{x-4}{5} = \dfrac{y+3}{2} = \dfrac{z}{1}$ 的平面方程.

8.求直线 $\begin{cases} x + y + 3z = 0, \\ x - y - z = 0, \end{cases}$ 与平面 $x - y - z + 1 = 0$ 的夹角.

9.求过点 $(1,2,1)$ 且与两直线

$$\begin{cases} x + 2y - z + 1 = 0, \\ x - y + z - 1 = 0, \end{cases} 和 \begin{cases} 2x - y + z = 0, \\ x - y + z = 0, \end{cases}$$

平行的平面的方程.

10.求点 $P(3, -1, 2)$ 到直线 $\begin{cases} x + y - z + 1 = 0, \\ 2x - y + z - 4 = 0, \end{cases}$ 的距离.

总 习 题 八

1.填空题:

(1) 已知三点 $A(-2,1,-1)$,$B(1,-3,4)$,$C(-3,-1,1)$,则

① 向量 $\overrightarrow{AB}$ 的方向余弦为_____,与 $\overrightarrow{AB}$ 平行的单位向量为_____ ;

② 向量 $\overrightarrow{AB}$ 在 $\overrightarrow{AC}$ 上的投影为_____,$\overrightarrow{AB}$ 与 $\overrightarrow{AC}$ 的夹角为_____ ;

③ 以三点为顶点的三角形的面积为_____ ;

④ 过 C 且垂直于 $\overrightarrow{AB}$ 的平面方程为_____ ;

⑤ 过 C 且平行于 $\overrightarrow{AB}$ 的直线方程为_____.

(2) 下列方程表示的曲面名称是

① $2x^2 + 2y^2 = 1 + 3z^2$ 表示_____;

② $\dfrac{x^2}{3} + \dfrac{y^2}{2} - 8z = 0$ 表示_____ ;

③ $x^2 - y^2 = 2$ 表示_____ ;

④ $z = 1 - \sqrt{x^2 + y^2}$ 表示_____.

2.下列各题中给出了四个结论,从中选出一个正确的结论.

(1) 设 $\boldsymbol{a} = (1, -1, -1)$,$\boldsymbol{b} = (2,1,-1)$,λ 为非零常数,若 $(\boldsymbol{a} + \lambda\boldsymbol{b}) \perp \boldsymbol{a}$,则 λ 等于(   ).

A. $\dfrac{3}{2}$ B. $-\dfrac{3}{2}$ C. $\dfrac{2}{3}$ D. $-\dfrac{2}{3}$

(2) 设三向量 $\boldsymbol{a},\boldsymbol{b},\boldsymbol{c}$ 满足关系式 $\boldsymbol{a} \cdot \boldsymbol{b} = \boldsymbol{a} \cdot \boldsymbol{c}$,则(   ).

A.必有 $\boldsymbol{a} = \boldsymbol{0}$ 或 $\boldsymbol{b} = \boldsymbol{c}$ B.必有 $\boldsymbol{a} = \boldsymbol{b} - \boldsymbol{c} = \boldsymbol{0}$

C.当 $\boldsymbol{a} \neq \boldsymbol{0}$ 时,必有 $\boldsymbol{b} = \boldsymbol{c}$ D.$\boldsymbol{a}$ 与 $(\boldsymbol{b}-\boldsymbol{c})$ 均不为 $\boldsymbol{0}$ 时,必有 $\boldsymbol{a} \perp (\boldsymbol{b} - \boldsymbol{c})$

(3) 平面 $\Pi : x + 2y - z + 3 = 0$ 与空间直线 $\dfrac{x-1}{3} = \dfrac{y+1}{-1} = \dfrac{z-2}{1}$ (   ).

A.互相垂直   B.互相平行但直线不在平面上

C.既不平行也不垂直   D.直线在平面上

(4) 下列曲面不是曲线绕坐标轴旋转而成的是(   ).

A. $x^2 + y^2 + z^2 = 1$ B. $x^2 + y^2 + z = 1$

C. $x^2 + y + z = 1$　　　　　　　　D. $x + y^2 + z^2 = 1$

(5) 方程 $2x^2 + y^2 = 2$ 在空间解析几何中表示的图形为(　　).

A.椭圆　　　　　B.圆　　　　　C.椭圆柱面　　　D.圆柱面

(6) 直线 $L_1 : \dfrac{x-1}{4} = \dfrac{y+1}{2} = \dfrac{z+1}{3}$ 与 $L_2 : \begin{cases} -x+y-1=0, \\ x+y+z-2=0, \end{cases}$ 的夹角是(　　).

A. $\dfrac{\pi}{4}$　　　　　B. $\dfrac{\pi}{3}$　　　　　C. $\dfrac{\pi}{2}$　　　　　D.0

(7) 将 xOz 坐标面上的抛物线 $z^2 = 4x$ 绕 z 轴旋转一周,所得旋转曲面方程是(　　).

A. $z^2 = 4(x+y)$　　　　　　　　B. $z^2 = \pm 4\sqrt{x^2+y^2}$

C. $y^2 + z^2 = 4x$　　　　　　　　D. $y^2 + z^2 = \pm 4x$

(8) 空间两直线 $L_1 : \begin{cases} x-y+2=0, \\ x-z+1=0, \end{cases}$ 与 $L_2 : \dfrac{x-1}{1} = \dfrac{y+1}{2} = \dfrac{z-1}{\lambda}$ 相交于一点,则 λ 为(　　).

A. 1　　　　　B. 0　　　　　C. $\dfrac{5}{4}$　　　　　D. $-\dfrac{5}{3}$

(9) 已知平面通过点 $(k,k,0)$ 与 $(2k,2k,0)$,其中 $k \neq 0$,且垂直于 xOy 平面,则该平面的一般式方程 $Ax + By + Cz + D = 0$ 的系数必满足(　　).

A. $A = -B, C = D = 0$　　　　　　B. $B = -C, A = D = 0$

C. $A = -C, B = D = 0$　　　　　　D. $A = C, B = D = 0$

3.设向量 x 垂直于向量 $a = (2,3,1)$ 和 $b = (1,-1,3)$,且与 $c = (1,0,0)$ 的数量积为 -10 ,求 x .

4.试求曲线 $\begin{cases} x = 1, \\ z = y^2, \end{cases} (0 \leqslant z \leqslant 1)$ 绕 z 轴旋转一周生成的旋转曲面方程.

5.设 $a = (-1,3,2), b = (2,-3,-4), c = (-3,12,6)$,证明三向量 a, b, c 共面,并用 a 和 b 表示 c .

6.设 $|a+b| = |a-b|, a = (3,-5,8), b = (-1,1,z)$,求 z .

7.设 $a = (2,-3,1), b = (1,-2,3), c = (2,1,2)$,向量 r 满足 $r \perp a, r \perp b, \mathbf{Prj}_c r = 14$,求 r .

8.已知动点 $M(x,y,z)$ 到 xOy 平面的距离与点 M 到点 $(1,-1,2)$ 的距离相等,求点 M 的轨迹的方程.

9.求通过直线 $L_1 : \dfrac{x+1}{2} = \dfrac{y+2}{-1} = \dfrac{z-1}{1}$ 及直线 $L_2 : \begin{cases} x+2y=1, \\ y+z=-2, \end{cases}$ 的平面的方程.

10.讨论直线 $L_1 : \dfrac{-x+1}{1} = \dfrac{y+1}{2} = \dfrac{z+1}{3}$ 与直线 $L_2 : \begin{cases} 2x+y-1=0, \\ 3x+z-2=0, \end{cases}$ 是否平行,是否垂直.

11.求曲线 $\begin{cases} z = 2 - x^2 - y^2, \\ z = (x-1)^2 + (y-1)^2, \end{cases}$ 在三个坐标面上的投影曲线的方程.

笛卡儿

笛卡儿是法国著名的哲学家、数学家、物理学家.笛卡儿于 1596 年 3 月 31 日生于法国都兰省海乐村,青少年时期他曾在尖塔中学学习,20 岁在普瓦提•埃大学获得法律学学位.之后去巴黎当了律师.出于对数学的兴趣,他独自研究了两年数学.虽然笛卡儿受过良好的教育,但他却认为除了数学以外,任何其他领域的知识皆是有懈可击的.从此,他没有继续接受正规教育,而是决定漫游整个欧洲,开阔视野.

从 1616 年到 1628 年,笛卡儿游历广泛.他曾在三个军队中(荷兰、巴伐利亚和匈牙利)短期服役.有一次部队开进荷兰南部的一座城市,笛卡儿偶遇了当时有名的数学家贝克曼教授,并在其指导下开始对数学进行深入的研究.1619 年,在多瑙河的军营中,笛卡儿用大部分时间思考着他在数学中的新想法:能否使几何图形数值化.据史料记载,这年 11 月 10 日夜晚,笛卡儿做了一个梦,梦见一只苍蝇飞行时划出一条优美的曲线,然后一个黑点落在窗纸上,到窗棂的距离确定了它的位置.梦醒后,笛卡儿非常高兴,感叹自己所追求的优越数学能在梦境中产生.1621 年,笛卡儿离开军营,之后他到过意大利、波兰、丹麦等许多国家.1625 年他回到巴黎从事科学研究工作.1628 年笛卡儿变卖家产,定居荷兰专心研究、写作达 20 年之久.

1629 年写了《思维指南录》一书,概述了他的方法(但是这本书从未完稿,也许从未打算发表,直到他去世 50 多年后他的第一版才问世).在 1630—1634 年期间,笛卡儿运用自己的方法在光学、气象学、数学及其他几个学科领域内都独立从事过重要研究.

笛卡儿本想在一本题为《世界》的书中介绍他的科研成果,但是当该书在 1633 年快要完稿时,因获悉伽利略因拥护哥白尼的日心说被意大利教会的权威们宣告有罪.笛卡儿决定谨慎从事,只好把书稿收藏起来,因为在书中捍卫了哥白尼的学说.笛卡儿在 1637 年发表了最有名的著作《正确思维和发现科学真理的方法论》,通常被人们简称为《方法论》.

在《方法论》中附有三篇论文,其中在第三篇论文中,笛卡儿介绍了解析几何.笛卡儿对数学最重要的贡献是创立了解析几何.在他的著作《几何》中,笛卡儿成功地将当时完全分开的代数和几何学联系到了一起.笛卡儿向世人证明,几何问题可以归结成代数问题,也可以通过代数转换来发现、证明几何性质.笛卡儿引入了坐标系以及线段的运算概念.笛卡儿在数学上的成就为后人在微积分上的工作提供了坚实的基础,而后者又是现代数学的重要基石.此外,现在使用的许多数学符号都是笛卡儿最先使用的,这包括了已知数 a,b,c 以及未知数 x,y,z 等,还有指数的表示方法.他还发现了凸多面体的边、顶点、面之间的关系,后人称为欧拉-笛卡儿公式.还有微积分中常见的笛卡儿"叶形线"也是他发现的.笛卡儿认为数学是其他一切科学的理想和模型,提出了以数学为基础的、以演绎法为核心的方法论,对后世的哲学、数学和自然科学的发展起了巨大作用.

1649 年,笛卡儿接受了瑞典女王克里斯蒂之邀,来到斯德哥尔摩做她的私人教师.笛卡儿喜欢温暖的卧室,总是习惯晚起.当得知女王让他清早五点钟去上课,他深感焦虑不安.笛卡儿甚至担心早上五点钟那刺骨的寒风会要了他的命.但怕什么就来什么,他真的就患上了肺炎,1650 年 2 月,在他抵达瑞典仅四个月后,被病魔夺去了生命.

第九章　多元函数微分学

在前面几章中,我们讨论了一元函数微积分.但在很多实际问题中往往牵涉多方面的因素,反映到数学上,就是一个变量依赖于多个变量的情形.这就提出了有关多元函数以及多元函数微积分的问题.本章将在一元函数微分学的基础上,进一步讨论多元函数的微分学,讨论中将以二元函数为主要对象,其原因是与二元函数有关的概念和方法大多有比较直观的解释,便于理解,并且这些概念和方法大多能推广到二元以上的多元函数.

第一节　多元函数的基本概念

一、平面区域

1.平面邻域、内点、外点、边界点

与数轴上邻域的概念类似,我们引入平面上点的邻域的概念.

设 $P(x_0, y_0)$ 为直角坐标平面内一点, δ 为一正数,称点集

$$\{(x, y) \mid \sqrt{(x-x_0)^2 + (y-y_0)^2} < \delta\}$$

为点 P 的 δ 邻域,记为 $U(P, \delta)$,或简称为邻域,记为 $U(P)$.根据这一定义,点 P 的 δ 邻域实际上是以点 P 为圆心、δ 为半径的圆的内部,而点集 $U(P, \delta) - \{P\}$ 称为点 P 的 δ 去心邻域,记为 $\mathring{U}(P, \delta)$.

若不需要强调邻域半径为 δ ,则用 $U(P_0)$ 表示点 P_0 的某个邻域,点 P_0 的去心邻域记作 $\mathring{U}(P_0)$.

设 E 为平面上的一个点集(在图 9-1 中用矩形表示),而 P 是平面上的一个点,则点 P 与点集 E 之间必存在如下三种关系之一.

(1) 如果存在 $U(P) \subset E$ (在图 9-1 中用虚线圆表示),则称 P 为 E 的内点.E 的内点集 $E° = \{P \mid P$ 为 E 的内点$\}$,如图 9-1 所示,P_1 为 E 的内点.

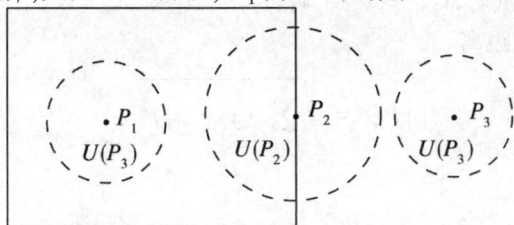

图 9-1

(2) 如果任意 $U(P)$, $U(P) \cap E \neq \varnothing$ 且 $U(P) \cap \bar{E} \neq \varnothing$ ($\bar{E}$ 为 E 的补集,同样 $\bar{u}$ 为 u 的补集),则称 P 为 E 的边界点,如图 9-1 所示, P_2 为 E 的边界点. E 的边界点的全体称为 E 的边界,记作 $\partial E = \{P \mid P$ 为 E 的边界点$\}$.

(3) 若存在 $U(P)$ 使得 $U(P) \cap E = \varnothing$,则称 P 为 E 的外点,如图 9-1 所示, P_3 为 E 的外点.

(4) 若对于任意给定的 $\delta > 0$,点 P 的去心邻域 $\mathring{U}(P, \delta)$ 内总有 E 中的点,则称 P 是 E 的聚点。

2.平面点集

点集 $E \subset \mathbf{R}^2$

(1) 开集 E: $E \subset E^{\circ}$,如图 9-2 所示.

(2) 闭集 E: $\partial E \subset E$,如图 9-3 所示.

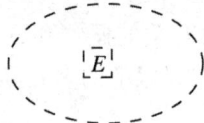
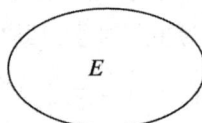

图 9-2   图 9-3

(3) 有界集 E: $\exists K > 0$,使得 $E \subset U(O, K)$(其中 O 为坐标原点),如图 9-4 所示.

(4) 无界集 E: $\forall K > 0$, $E \cap \bar{U}(O, K) \neq \varnothing$,如图 9-5 所示.

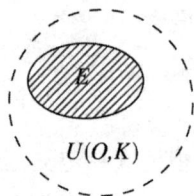
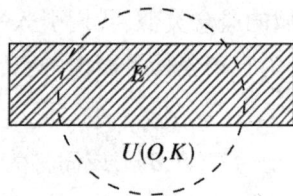

图 9-4   图 9-5

(5) E 中任意两点均可用 E 中折线连结起来,则称集合 E 为连通集.

(6) 连通开集,称做开区域.例如 $\{(x, y) \mid 1 < x^2 + y^2 < 4\}$.

(7) $D^{\bullet} = D^{\circ} \cup \partial D$,其中 D° 为开区域,称区域 $D^{\bullet}$ 为闭区域.例如
$$\{(x, y) \mid 1 \leqslant x^2 + y^2 \leqslant 4\}.$$

平面上邻域、内点、外点、边界点、开集、闭集、区域的概念可以推广到 n 维欧氏空间.

n 维欧氏空间 $\mathbf{R}^n = \{(x_1, x_2, \cdots, x_n) \mid x_1, x_2, \cdots, x_n \in \mathbf{R}\}$. $\mathbf{R}^n$ 中两点 $P = (x_1, x_2, \cdots, x_n)$ 与 $Q = (y_1, y_2, \cdots, y_n)$ 的距离

$$|PQ| \overset{\Delta}{=} \sqrt{\sum_{i=1}^{n} (y_i - x_i)^2}.$$

二、多元函数

1.多元函数的概念

定义1 对于任意点 $P = (x_1, x_2, \cdots, x_n) \in D \subset \mathbf{R}^n$,如果存在唯一的 $u \in \mathbf{R}$ 与之对应,

称 u 为定义在 D 上的 n 元函数,记作 $u = f(P)$,其中 D 称为函数的定义域,记作 $D_f, x_1, x_2,$ $\cdots, x_n$ 称为函数的自变量, u 称为函数的因变量.函数值的全体构成的集合称为函数的值域, 记作 R_f .

例 1　求 $f(x, y) = \dfrac{\arcsin(3 - x^2 - y^2)}{\sqrt{x - y^2}}$ 的定义域.

解　由题意知 $\begin{cases} |3 - x^2 - y^2| \leqslant 1, \\ x - y^2 > 0, \end{cases} \Rightarrow \begin{cases} 2 \leqslant x^2 + y^2 \leqslant 4, \\ x > y^2. \end{cases}$ 所求定义域为

$$D_f = \{(x, y) \mid 2 \leqslant x^2 + y^2 \leqslant 4, \ x > y^2\}.$$

注　(1) 二元函数:当 $n = 2$ 时,函数 $u = f(P)$ 称为二元函数,通常写成 $z = f(x, y)$.

(2) 三元函数:当 $n = 3$ 时,函数 $u = f(P)$ 称为三元函数,通常写成 $u = f(x, y, z)$.

(3) 多元函数:当 $n \geqslant 2$ 时,函数 $u = f(P)$ 称为多元函数.

2.二元函数的图形

$\{(x, y, z) \mid z = f(x, y), \ (x, y) \in D\}$,表示空间中的一张曲面,如图 9-6 所示.

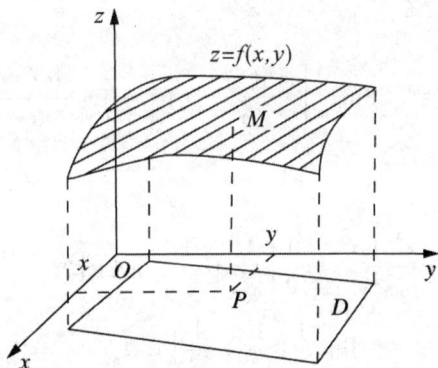

图 9-6

三、二元函数的极限

与一元函数的极限概念类似,二元函数的极限也反映了函数值随自变量变化而变化的 趋势.

设函数 $z = f(x, y)$ 在 $P(x_0, y_0)$ 的某一去心邻域内有定义,如果当点 $P(x, y)$ 无限趋 近于点 $P(x_0, y_0)$ 时,函数 $z = f(x, y)$ 无限趋于一个常数 A ,则称 A 为函数 $z = f(x, y)$ 在 $(x, y) \to (x_0, y_0)$ 时的极限,记为

$$\lim_{(x, y) \to (x_0, y_0)} f(x, y) = A \ \text{或} \ f(P) \to A (P \to P_0) .$$

二元函数的极限与一元函数的极限具有相同的性质和运算法则,在此不再详述.为了区 别于一元函数的极限,我们称二元函数的极限为二重极限.

需要注意的是,二元函数的极限 A 存在,是指 P 以任何方式趋近于 P_0 时,函数 $f(P)$ 都 无限接近于 A .反过来,如果当 P 以不同方式趋近于 P_0 时,函数 $f(P)$ 趋近于不同的值,那么 就可以断定函数的极限不存在.

例 2　证明 $\lim\limits_{(x, y) \to (0, 0)} (x^2 + y^2) \sin \dfrac{1}{x^2 + y^2} = 0.$

证　因为 $\left| (x^2 + y^2) \sin \dfrac{1}{x^2 + y^2} - 0 \right| = |x^2 + y^2| \cdot \left| \sin \dfrac{1}{x^2 + y^2} \right| \leqslant x^2 + y^2, \forall \varepsilon > 0,$ 取

$\delta = \sqrt{\varepsilon} > 0,$ 则当 $0 < \sqrt{(x-0)^2 + (y-0)^2} < \delta$ 时,恒有

$$\left| (x^2 + y^2) \sin \frac{1}{x^2 + y^2} - 0 \right| < \varepsilon.$$

所以

$$\lim_{(x,y) \to (0,0)} (x^2 + y^2) \sin \frac{1}{x^2 + y^2} = 0.$$

例 3　证明 $\displaystyle\lim_{(x,y) \to (0,0)} \dfrac{xy}{x^2 + y^2}$ 不存在.

证　令 $y = kx,$ $\displaystyle\lim_{(x,y) \to (0,0)} \dfrac{xy}{x^2 + y^2} = \lim_{\substack{x \to 0 \\ y = kx}} \dfrac{x \cdot kx}{x^2 + k^2 x^2} = \dfrac{k}{1 + k^2},$ 其值随 k 的不同而变化,故极限

不存在.

例 4　求 $\displaystyle\lim_{(x,y) \to (0,6)} \dfrac{\sin(xy)}{x}.$

解　$\displaystyle\lim_{(x,y) \to (0,6)} \dfrac{\sin(xy)}{x} = \lim_{(x,y) \to (0,6)} \left[\dfrac{\sin(xy)}{xy} \cdot y \right] = \lim_{xy \to 0} \dfrac{\sin(xy)}{xy} \cdot \lim_{y \to 6} y = 1 \cdot 6 = 6.$

例 5　求 $\displaystyle\lim_{\substack{x \to \infty \\ y \to \infty}} \dfrac{x^2 + y^2}{x^4 + y^4}.$

解　因为 $0 \leqslant \dfrac{x^2 + y^2}{x^4 + y^4} \leqslant \dfrac{x^2 + y^2}{2x^2 y^2} = \dfrac{1}{2} \left(\dfrac{1}{x^2} + \dfrac{1}{y^2} \right),$ 又因为

$$\lim_{\substack{x \to \infty \\ y \to \infty}} \frac{1}{2} \left(\frac{1}{x^2} + \frac{1}{y^2} \right) = 0,$$

所以

$$\lim_{\substack{x \to \infty \\ y \to \infty}} \frac{x^2 + y^2}{x^4 + y^4} = 0.$$

四、二元函数的连续性

定义 2　设二元函数 $z = f(P)$ 的定义域为 D, $P_0(x_0, y_0)$ 为 D 的聚点,且 $P_0 \in D$.如果 $\displaystyle\lim_{P \to P_0} f(P) = f(P_0),$ 则称函数 $z = f(P)$ 在点 $P_0(x_0, y_0)$ 处连续,否则,称函数在 $P_0(x_0, y_0)$ 处间断.

与一元函数类似,二元连续函数的和、差、积、商仍是连续函数,二元连续函数的复合函数也是连续函数,上述二元函数连续性的概念可以推广到多元函数.

例 6　证明函数 $f(x,y) = \begin{cases} (x^2 + y^2) \sin \dfrac{1}{x^2 + y^2}, & x^2 + y^2 \neq 0, \\ 0, & x^2 + y^2 = 0 \end{cases}$ 在 $(0,0)$ 点连续.

证　由于 $\displaystyle\lim_{(x,y) \to (0,0)} f(x,y) = \lim_{(x,y) \to (0,0)} (x^2 + y^2) \sin \dfrac{1}{x^2 + y^2} = 0 = f(0,0),$

因此, $f(x,y) = \begin{cases} (x^2 + y^2) \sin \dfrac{1}{x^2 + y^2}, & x^2 + y^2 \neq 0, \\ 0, & x^2 + y^2 = 0 \end{cases}$ 在 $(0,0)$ 点连续.

五、有界闭区域上连续函数的性质

类似于一元函数情形,在闭区域上连续的多元函数要满足如下性质:

性质1(有界性)　设 $u = f(P)$ 在有界闭区域 D 上连续,则 u 在 D 上必有界;

性质2(最大值和最小值定理)　设 $u = f(P)$ 在有界闭区域 D 上连续,则 u 在 D 上必有最大值和最小值;

性质3(介值定理)　设 $u = f(P)$ 在有界闭区域 D 上连续,且 a,b 是 u 取得的两个不同的函数值,则 u 在 D 上取得介于 a,b 之间的任何值.

六、多元初等函数

多元初等函数:可用一个式子表示的由基本初等函数经过有限次的四则运算或复合运算所构成的多元函数.例如:

$$\sin(3x^2 y) + \frac{\ln(xy) + \cos^2(x + y)}{x^3 z + 4y}.$$

由连续函数的性质,易得多元初等函数满足下面的结论:

(1) 一切多元初等函数在其有定义的区域内是连续的;

(2) 设 $u = f(P)$ 在区域 D 内为初等函数, $P_0 \in D$, 则 $\lim\limits_{P \to P_0} f(P) = f(P_0)$.

特别地,当 P_0 为 D_f 的内点时,也有 $\lim\limits_{P \to P_0} f(P) = f(P_0)$.

例7　求 $\lim\limits_{(x,y) \to (1,0)} \dfrac{\ln(x + \mathrm{e}^y)}{\sqrt{x^2 + y^2}}$.

解　因 $f(x,y) = \dfrac{\ln(x + \mathrm{e}^y)}{\sqrt{x^2 + y^2}}$ 为初等函数, $D_f = \{(x,y) \mid x \neq 0, y \neq 0\}$,而 $(1,0)$ 是 D_f 的内点,所以有

$$\lim_{(x,y) \to (1,0)} \frac{\ln(x + \mathrm{e}^y)}{\sqrt{x^2 + y^2}} = \lim_{(x,y) \to (1,0)} f(x,y) = f(1,0) = \frac{\ln(1 + \mathrm{e}^0)}{1} = \ln 2.$$

例8　求 $\lim\limits_{(x,y) \to (0,0)} \dfrac{2 - \sqrt{xy + 4}}{xy}$.

解
$$\lim_{(x,y) \to (0,0)} \frac{2 - \sqrt{xy + 4}}{xy} = \lim_{(x,y) \to (0,0)} \frac{4 - (xy + 4)}{xy(2 + \sqrt{xy + 4})}$$
$$= \lim_{(x,y) \to (0,0)} \frac{-1}{(2 + \sqrt{xy + 4})} = -\frac{1}{4}.$$

习题 9–1

1.填空题:

(1) $\lim\limits_{(x,y) \to (0,0)} \dfrac{\sin(xy)}{y} = $ _____ ;

(2) $\lim\limits_{(x,y) \to (0,0)} (x + y) \sin \dfrac{1}{x^2 + y^2} = $ _____ ;

(3) $\lim\limits_{(x,y)\to(0,0)} [1 + \sin(xy)]^{\frac{1}{xy}} = \underline{\qquad\qquad}$;

(4) 设 $f(x + y, \dfrac{y}{x}) = x^2 - y^2$，则 $f(x,y) = \underline{\qquad\qquad}$.

2.求下列各函数的定义域:

(1) $z = \ln(y^2 - 2x + 1)$;

(2) $z = \dfrac{1}{\sqrt{x+y}} + \dfrac{1}{\sqrt{x-y}}$;

(3) $z = \sqrt{x - \sqrt{y}}$;

(4) $u = \sqrt{R^2 - x^2 - y^2 - z^2} + \dfrac{1}{\sqrt{x^2 + y^2 + z^2 - r^2}}(R > r > 0)$.

3.求下列极限:

(1) $\lim\limits_{(x,y)\to(0,1)} \dfrac{1 - xy}{x^2 + y^2}$;

(2) $\lim\limits_{(x,y)\to(1,2)} \dfrac{x + y}{xy}$;

(3) $\lim\limits_{(x,y)\to(0,0)} \dfrac{\sqrt{xy + 1} - 1}{xy}$;

(4) $\lim\limits_{(x,y)\to(0,0)} \dfrac{xy}{\sqrt{2 - e^{xy}} - 1}$;

(5) $\lim\limits_{(x,y)\to(6,0)} \dfrac{\tan(xy)}{y}$;

(6) $\lim\limits_{(x,y)\to(0,0)} \dfrac{e^x \cos y}{1 + x + y}$.

4.证明函数 $f(x,y) = \begin{cases} \dfrac{xy}{x^2 + y^2}, & x^2 + y^2 \neq 0, \\ 0, & x^2 + y^2 = 0, \end{cases}$ 在 $(0,0)$ 点不连续.

5.函数 $f(x,y) = \sin\dfrac{1}{x^2 + y^2 - 1}$ 在何处是间断的?

6.证明 $\lim\limits_{(x,y)\to(0,0)} \dfrac{xy}{\sqrt{x^2 + y^2}} = 0$.

第二节 偏 导 数

一、偏导数的定义及其计算法

在研究一元函数时,我们由函数变化率引入了导数的概念.实际问题中,我们常常需要了解一个受到多种因素制约的变量,在其他因素固定不变的情况下,该变量只随一种因素变化的变化率问题,反映在数学上就是多元函数在其他变量固定不变时,函数随一个自变量变化的变化率问题,这就是偏导数.

以二元函数 $z = f(x,y)$ 为例,如果固定自变量 $y = y_0$,则函数 $z = f(x,y_0)$ 就是 x 的一元函数,该函数对 x 的导数,就称为二元函数 $z = f(x,y)$ 在 (x,y_0) 点对 x 的偏导数,更常规化地,我们有如下定义.

定义 设函数 $z = f(x,y)$ 在点 (x_0,y_0) 的某一邻域内有定义,若一元函数 $f(x,y_0)$ 在 $x = x_0$ 处存在导数,则称二元函数 $z = f(x,y)$ 在点 (x_0,y_0) 关于 x 的偏导数存在,并记作 $\dfrac{\partial z}{\partial x}\Big|_{(x_0,y_0)}$，$\dfrac{\partial f}{\partial x}\Big|_{(x_0,y_0)}$，$z_x\big|_{(x_0,y_0)}$ 或 $f_x(x_0,y_0)$.显然可表示为

$$f_x(x_0,y_0) = \lim_{\Delta x \to 0} \frac{f(x_0 + \Delta x, y_0) - f(x_0, y_0)}{\Delta x}.$$

同样可定义函数 $z = f(x,y)$ 在点 (x_0, y_0) 处对 y 的偏导数

$$f_y(x_0,y_0) = \lim_{\Delta y \to 0} \frac{f(x_0, y_0 + \Delta y) - f(x_0, y_0)}{\Delta y}.$$

如果函数 $z = f(x,y)$ 在区域 D 内任一点 (x,y) 处对 x 的偏导数都存在, 那么这个偏导数就是 x,y 的函数, 并称之为函数 $z = f(x,y)$ 对自变量 x 的偏导函数, 简称为偏导数, 记作

$$\frac{\partial z}{\partial x}, \frac{\partial f}{\partial x}, z_x \text{ 或 } f_x(x,y).$$

同理, 可以定义 $z = f(x,y)$ 对自变量 y 的偏导数, 记作

$$\frac{\partial z}{\partial y}, \frac{\partial f}{\partial y}, z_y \text{ 或 } f_y(x,y).$$

偏导数的概念还可推广到二元以上的函数, 例如三元函数 $u = f(x,y,z)$ 在点 (x,y,z) 处对 x 的偏导数定义为

$$f_x(x,y,z) = \lim_{\Delta x \to 0} \frac{f(x + \Delta x, y, z) - f(x,y,z)}{\Delta x}.$$

上述定义表明, 在求多元函数对某个自变量的偏导数时, 只需把其余自变量看作常量, 然后直接利用一元函数的求导公式及复合函数求导法则来计算.

例1　求 $u = xy^2 + yz^2 + zx^2$ 在点 $(1,1,1)$ 处的偏导数.

解　$\dfrac{\partial u}{\partial x} = y^2 + 2xz$,　$\dfrac{\partial u}{\partial y} = 2xy + z^2$,　$\dfrac{\partial u}{\partial z} = 2yz + x^2$.

$\dfrac{\partial u}{\partial x}\Big|_{\substack{x=1\\y=1\\z=1}} = 1 \times 1 + 2 \times 1 = 3$,　$\dfrac{\partial u}{\partial y}\Big|_{\substack{x=1\\y=1\\z=1}} = 2 \times 1 + 1 = 3$,　$\dfrac{\partial u}{\partial z}\Big|_{\substack{x=1\\y=1\\z=1}} = 2 \times 1 + 1 = 3$.

例2　求 $z = x^3 y - y^3 x$ 的偏导数.

解　$\dfrac{\partial z}{\partial x} = 3x^2 y - y^3$,　$\dfrac{\partial z}{\partial y} = x^3 - 3y^2 x$.

例3　设 $T = 2\pi \sqrt{\dfrac{l}{g}}$, 证明 $l\dfrac{\partial T}{\partial l} + g\dfrac{\partial T}{\partial g} = 0$.

证　因为 $\dfrac{\partial T}{\partial l} = 2\pi \dfrac{1}{2} \left(\dfrac{l}{g}\right)^{-\frac{1}{2}} \cdot \dfrac{1}{g} = \dfrac{\pi}{g}\left(\dfrac{l}{g}\right)^{-\frac{1}{2}}$,

$$\frac{\partial T}{\partial g} = 2\pi \frac{1}{2} \left(\frac{l}{g}\right)^{-\frac{1}{2}} \cdot \left(-\frac{l}{g^2}\right) = -\frac{\pi l}{g^2}\left(\frac{l}{g}\right)^{-\frac{1}{2}},$$

所以

$$l\frac{\partial T}{\partial l} + g\frac{\partial T}{\partial g} = l\frac{\pi}{g}\left(\frac{l}{g}\right)^{-\frac{1}{2}} - g\frac{\pi l}{g^2}\left(\frac{l}{g}\right)^{-\frac{1}{2}} = 0.$$

例4　求 $r = \sqrt{x^3 + y^3 + z^3}$ 的偏导数.

解　$\dfrac{\partial r}{\partial x} = \dfrac{3x^2}{2\sqrt{x^3 + y^3 + z^3}} = \dfrac{3}{2} \cdot \dfrac{x^2}{r}$, $\dfrac{\partial r}{\partial y} = \dfrac{3y^2}{2\sqrt{x^3 + y^3 + z^3}} = \dfrac{3}{2} \cdot \dfrac{y^2}{r}$,

$$\frac{\partial r}{\partial z} = \frac{3z^2}{2\sqrt{x^3+y^3+z^3}} = \frac{3}{2} \cdot \frac{z^2}{r}.$$

例5 已知理想气体的状态方程 $pV = RT$（R 为常数），证明

$$\frac{\partial p}{\partial V} \cdot \frac{\partial V}{\partial T} \cdot \frac{\partial T}{\partial p} = -1.$$

证 因为

$$p = \frac{RT}{V}, \frac{\partial p}{\partial V} = -\frac{RT}{V^2},$$

$$V = \frac{RT}{p}, \frac{\partial V}{\partial T} = \frac{R}{p},$$

$$T = \frac{pV}{R}, \frac{\partial T}{\partial p} = \frac{V}{R},$$

所以

$$\frac{\partial p}{\partial V} \cdot \frac{\partial V}{\partial T} \cdot \frac{\partial T}{\partial p} = -\frac{RT}{V^2} \cdot \frac{R}{p} \cdot \frac{V}{R} = -\frac{RT}{pV} = -1.$$

二元函数 $z = f(x,y)$ 在点 (x_0, y_0) 的偏导数有下述几何意义.

设曲面方程为 $z = f(x,y)$，$M_0(x_0, y_0, f(x_0, y_0))$ 是该曲面上一点，若过 M_0 作平面 $y = y_0$，截此曲面得一条曲线，其方程为 $\begin{cases} z = f(x,y) \\ y = y_0 \end{cases}$（见图9-7），则偏导数 $f_x(x_0, y_0)$ 是曲面被平面 $y = y_0$ 所截得的曲线在点 M_0 处的切线 M_0T_x 对 x 轴的斜率. 偏导数 $f_y(x_0, y_0)$ 就是曲面被平面 $x = x_0$ 所截得的曲线在点 M_0 处的切线 M_0T_y 对 y 轴的斜率.

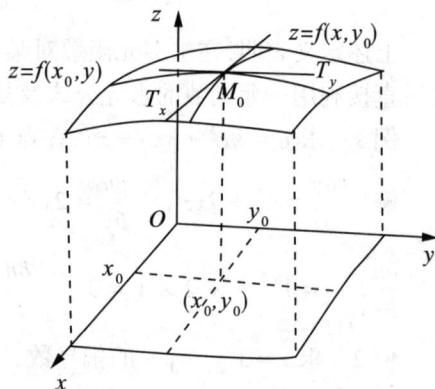

图9-7

我们知道，一元函数若在某点可导，那么它在该点必定连续，但对多元函数来说，**即使其各偏导数在某点都存在，也不能保证函数在该点连续**.

例如，函数 $f(x,y) = \begin{cases} 0, & xy \neq 0, \\ 1, & xy = 0 \end{cases}$ 在点 $(0,0)$ 对 x 和 y 的偏导数分别为

$$\frac{\partial f}{\partial x}\bigg|_{\substack{x=0 \\ y=0}} = \lim_{\Delta x \to 0} \frac{f(0+\Delta x, 0) - f(0,0)}{\Delta x} = \lim_{\Delta x \to 0} \frac{1-1}{\Delta x} = 0,$$

$$\frac{\partial f}{\partial y}\bigg|_{\substack{x=0 \\ y=0}} = \lim_{\Delta y \to 0} \frac{f(0, 0+\Delta y) - f(0,0)}{\Delta y} = \lim_{\Delta y \to 0} \frac{1-1}{\Delta y} = 0.$$

即 $f(x,y)$ 在点 $(0,0)$ 两个偏导数都存在，但 $f(x,y)$ 在点 $(0,0)$ 显然间断.

二、高阶偏导数

与一元函数的高阶导数类似，我们可以定义多元函数的高阶偏导数.

设偏导函数 $f_x(x,y)$ 在区域 D 内存在关于 x, y 的偏导数，则称这些偏导数为 $z = f(x,y)$ 的二阶偏导数，并记作

$$\frac{\partial^2 z}{\partial x^2} = f_{xx}(x,y) = \frac{\partial}{\partial x}\left(\frac{\partial z}{\partial x}\right), \quad \frac{\partial^2 z}{\partial x \partial y} = f_{xy}(x,y) = \frac{\partial}{\partial y}\left(\frac{\partial z}{\partial x}\right),$$

同理：$\dfrac{\partial^2 z}{\partial y^2} = f_{yy}(x,y) = \dfrac{\partial}{\partial y}\left(\dfrac{\partial z}{\partial y}\right)$，$\dfrac{\partial^2 z}{\partial y \partial x} = f_{yx}(x,y) = \dfrac{\partial}{\partial x}\left(\dfrac{\partial z}{\partial y}\right)$，其中 $\dfrac{\partial^2 z}{\partial x \partial y}$、$\dfrac{\partial^2 z}{\partial y \partial x}$ 称为混合偏导数，同样我们可以定义三阶、四阶……n 阶偏导数.

二阶及二阶以上的偏导数统称为高阶偏导数.

例 6　求 $z = x^y\,(x > 0, x \neq 1)$ 的各二阶偏导数.

解　$\dfrac{\partial z}{\partial x} = yx^{y-1}, \dfrac{\partial z}{\partial y} = x^y\ln x$，

$$\frac{\partial^2 z}{\partial x^2} = y(y-1)x^{y-2}, \quad \frac{\partial^2 z}{\partial x \partial y} = x^{y-1} + yx^{y-1}\ln x = x^{y-1}(1 + y\ln x),$$

$$\frac{\partial^2 z}{\partial y^2} = x^y(\ln x)^2, \quad \frac{\partial^2 z}{\partial y \partial x} = yx^{y-1}\ln x + x^{y-1} = x^{y-1}(1 + y\ln x).$$

例 7　证明函数 $u = \dfrac{1}{r}$ 满足方程 $\dfrac{\partial^2 u}{\partial x^2} + \dfrac{\partial^2 u}{\partial y^2} + \dfrac{\partial^2 u}{\partial z^2} = 0$，其中

$$r = \sqrt{x^2 + y^2 + z^2}.$$

证　$\dfrac{\partial u}{\partial x} = -\dfrac{1}{r^2} \cdot \dfrac{\partial r}{\partial x} = -\dfrac{1}{r^2} \cdot \dfrac{x}{r} = -\dfrac{x}{r^3}$，　$\dfrac{\partial^2 u}{\partial x^2} = -\dfrac{1}{r^3} + \dfrac{3x}{r^4} \cdot \dfrac{\partial r}{\partial x} = -\dfrac{1}{r^3} + \dfrac{3x^2}{r^5}$；

同理

$$\frac{\partial^2 u}{\partial y^2} = -\frac{1}{r^3} + \frac{3y^2}{r^5}, \quad \frac{\partial^2 u}{\partial z^2} = -\frac{1}{r^3} + \frac{3z^2}{r^5}.$$

因此

$$\frac{\partial^2 u}{\partial x^2} + \frac{\partial^2 u}{\partial y^2} + \frac{\partial^2 u}{\partial z^2} = -\frac{3}{r^3} + \frac{3(x^2 + y^2 + z^2)}{r^5} = -\frac{3}{r^3} + \frac{3}{r^3} = 0.$$

例 8　求 $z = x^3y^2 - 3xy^3 - xy + 1$ 的各二阶偏导数.

解　$\dfrac{\partial z}{\partial x} = 3x^2y^2 - 3y^3 - y, \dfrac{\partial z}{\partial y} = 2x^3y - 9xy^2 - x$；

$$\frac{\partial^2 z}{\partial x^2} = 6xy^2, \quad \frac{\partial^2 z}{\partial y^2} = 2x^3 - 18xy;$$

$$\frac{\partial^2 z}{\partial x \partial y} = 6x^2y - 9y^2 - 1, \quad \frac{\partial^2 z}{\partial y \partial x} = 6x^2y - 9y^2 - 1.$$

我们看到例 6 和例 8 中两个二阶混合偏导数均相等，这个现象并不是偶然的，实际上有下述定理.

定理　如果函数 $z = f(x,y)$ 的两个二阶混合偏导数 $f_{xy}(x,y), f_{yx}(x,y)$ 在区域 D 内连续，则在该区域内必有 $f_{xy}(x,y) = f_{yx}(x,y)$.

证　从略.

习题 9-2

1.填空题:

(1) 设 $f(x,y) = \begin{cases} \dfrac{1}{xy}\sin(x^2 y), & xy \neq 0, \\ 0, & xy = 0, \end{cases}$ 则 $f_x(1,1) = $ _____ ;

(2) 设 $f(x,y) = \begin{cases} \dfrac{x^2 + 2y^2}{x + y}, & (x,y) \neq (0,0), \\ 0, & (x,y) = (0,0), \end{cases}$ 则 $f_y(0,0) = $ _____ ;

(3) 设 $f(x,y,z) = e^{xyz}$,则 $\dfrac{\partial^3 f}{\partial x \partial y \partial z} = $ _____ .

2.求 $z = x^2 + 3xy + y^2$ 在点 $(1,2)$ 处的一阶偏导数.

3.曲线 $\begin{cases} z = \dfrac{x^2 + y^2}{4}, \\ y = 4, \end{cases}$ 在点 $(2,4,5)$ 处的切线对于 x 轴的倾角是多少?

4.设 $f(x,y) = \begin{cases} \dfrac{xy}{x^2 + y^2}, & x^2 + y^2 \neq 0, \\ 0, & x^2 + y^2 = 0. \end{cases}$ 求 $f(x,y)$ 的一阶偏导数.

5.设 $f(x,y,z) = xy^2 + yz^2 + zx^2$,求 $f_{xx}(0,0,1)$,$f_{xz}(1,0,2)$,$f_{yz}(0,-1,0)$ 及 $f_{zzx}(2,0,1)$.

6.设 $z = e^x y^4 + \sin x$,求 $\dfrac{\partial^3 z}{\partial x^2 \partial y}$ 及 $\dfrac{\partial^3 z}{\partial x \partial y^2}$.

7.设 $z = x^y (x > 0, x \neq 1)$,证明 $\dfrac{x}{y} \cdot \dfrac{\partial z}{\partial x} + \dfrac{1}{\ln x} \cdot \dfrac{\partial z}{\partial y} = 2z$.

第三节 全 微 分

已经知道,二元函数对某个自变量的偏导数表示当其中一个自变量固定时,因变量对另一个自变量的变化率,根据一元函数微分学中增量与微分的关系,可得

$$f(x + \Delta x, y) - f(x,y) \approx f_x(x,y) \Delta x ,$$
$$f(x, y + \Delta y) - f(x,y) \approx f_y(x,y) \Delta y .$$

上面两式左端分别称为二元函数对 x 和对 y 的偏增量,而右端分别称为二元函数对 x 和对 y 的偏微分.

在实际生活中,有时需要研究多元函数中各个变量都取得增量时因变量所获得的增量,即所谓的全增量问题,下面以二元函数为例进行讨论.

设函数 $z = f(x,y)$ 在点 $P(x,y)$ 的某个邻域内有定义,并设 $P'(x + \Delta x, y + \Delta y)$ 为该邻域内的任意一点,则称 $f(x + \Delta x, y + \Delta y) - f(x,y)$ 为函数在点 $P(x,y)$ 处对应的自变量的增量 Δx、Δy 的全增量 Δz ,即

$$\Delta z = f(x + \Delta x, y + \Delta y) - f(x,y).$$

一般来说,计算全增量比较复杂,与一元函数的情形类似,我们也希望利用关于自变量

的增量 Δx、Δy 的线性函数来近似地代替函数的全增量,由此引入二元函数全微分的定义.

定义 设函数 $z = f(x,y)$ 在点 (x,y) 的某邻域内有定义,如果函数在点 (x,y) 的全增量

$$\Delta z = f(x + \Delta x, y + \Delta y) - f(x,y)$$

可以表示为

$$\Delta z = A\Delta x + B\Delta y + o(\rho) ,$$

其中 A,B 不依赖于 Δx、Δy 而仅与 x,y 有关,$\rho = \sqrt{(\Delta x)^2 + (\Delta y)^2}$,则称 $z = f(x,y)$ 在点 (x,y) 可微分,$A\Delta x + B\Delta y$ 称为函数 $z = f(x,y)$ 在点 (x,y) 的全微分,记为 $\mathrm{d}z$,即

$$\mathrm{d}z = A\Delta x + B\Delta y .$$

若函数在某区域 D 内每点处均可微分,则称 $f(x,y)$ 在 D 内可微分.

由上一节知道,多元函数在某点的偏导数存在,并不能保证函数在该点连续.但是由上述定义可知,如果函数 $z = f(x,y)$ 在点 (x,y) 处可微,则函数在该点必定连续.事实上,此时有

$$\lim_{\rho \to 0}\Delta z = 0 ,$$

从而

$$\lim_{(\Delta x, \Delta y)\to(0,0)} f(x + \Delta x, y + \Delta y) = \lim_{\rho \to 0}[f(x,y) + \Delta z] = f(x,y) ,$$

即函数 $z = f(x,y)$ 在点 (x,y) 处连续.

下面我们根据全微分和偏导数的定义来讨论函数在一点可微分的条件.

定理 1(必要条件) 若 $z = f(x,y)$ 可微,则 $\dfrac{\partial z}{\partial x}$、$\dfrac{\partial z}{\partial y}$ 必存在,且

$$\mathrm{d}z = \frac{\partial z}{\partial x}\Delta x + \frac{\partial z}{\partial y}\Delta y.$$

证 因 $\Delta z = A\Delta x + B\Delta y + o(\rho)$,取 $\Delta y = 0$,有 $\rho = |\Delta x|$,于是

$$f(x + \Delta x, y) - f(x,y) = A \cdot \Delta x + o(|\Delta x|) .$$

那么

$$\frac{\partial z}{\partial x} = \lim_{\Delta x \to 0}\frac{f(x + \Delta x, y) - f(x,y)}{\Delta x} = A ,$$

同样可证 $\dfrac{\partial z}{\partial y} = B$.故

$$\mathrm{d}z = A\Delta x + B\Delta y = \frac{\partial z}{\partial x}\Delta x + \frac{\partial z}{\partial y}\Delta y .$$

定理 2(充分条件) 若 $z = f(x,y)$ 的 $\dfrac{\partial z}{\partial x}$、$\dfrac{\partial z}{\partial y}$ 在 (x,y) 连续,则 $z = f(x,y)$ 在 (x,y) 可微.

证 从略.

以上关于二元函数全微分的定义及可微的必要条件及充分条件,可以完全类似地推广到三元及三元以上的多元函数.

若取函数 $z = x$,有 $\mathrm{d}x = \mathrm{d}z = \dfrac{\partial z}{\partial x}\Delta x + \dfrac{\partial z}{\partial y}\Delta y = \Delta x$,因此常称 $\mathrm{d}x$ 为自变量 x 的微分;同样

$\mathrm{d}y = \Delta y$ ，并称 $\mathrm{d}y$ 为自变量 y 的微分. $\dfrac{\partial z}{\partial x}\mathrm{d}x$ 称为 $z = f(x,y)$ 对 x 的偏微分；$\dfrac{\partial z}{\partial y}\mathrm{d}y$ 称为 $z = f(x,y)$ 对 y 的偏微分.

二元函数 $f(x,y)$ 的全微分用对 x、y 的偏微分之和表示，我们把这种表示方法称为多元函数微分的叠加原理，叠加原理对于三元以上函数仍成立，例如函数 $u = f(x,y,z)$ 可微，则

$$\mathrm{d}u = \frac{\partial u}{\partial x}\mathrm{d}x + \frac{\partial u}{\partial y}\mathrm{d}y + \frac{\partial u}{\partial z}\mathrm{d}z .$$

例 1　计算函数 $z = xy + \dfrac{x}{y}$ 的全微分.

解　因为 $\dfrac{\partial z}{\partial x} = y + \dfrac{1}{y}$ ，$\dfrac{\partial z}{\partial y} = x - \dfrac{x}{y^2}$ ，所以

$$\mathrm{d}z = (y + \frac{1}{y})\mathrm{d}x + x(1 - \frac{1}{y^2})\mathrm{d}y .$$

例 2　求函数 $z = \mathrm{e}^{xy}$ 当 $x = 1, y = 1, \Delta x = 0.15, \Delta y = 0.1$ 时的全微分.

解　因为 $\dfrac{\partial z}{\partial x} = y\mathrm{e}^{xy}$ ，$\dfrac{\partial z}{\partial y} = x\mathrm{e}^{xy}$ ，$\dfrac{\partial z}{\partial x}\Big|_{\substack{x=1 \\ y=1}} = \mathrm{e}$ ，$\dfrac{\partial z}{\partial y}\Big|_{\substack{x=1 \\ y=1}} = \mathrm{e}$ ，

所以

$$\mathrm{d}z\Big|_{\substack{x=1 \\ y=1}} = \mathrm{e} \cdot 0.15 + \mathrm{e} \cdot 0.1 = 0.25\mathrm{e}.$$

例 3　计算函数 $u = x + \sin\dfrac{y}{2} + \mathrm{e}^{yz}$ 的全微分.

解　因为 $\dfrac{\partial u}{\partial x} = 1$ ，$\dfrac{\partial u}{\partial y} = \dfrac{1}{2}\cos\dfrac{y}{2} + z\mathrm{e}^{yz}$ ，$\dfrac{\partial u}{\partial z} = y\mathrm{e}^{yz}$ ，

所以

$$\mathrm{d}u = \mathrm{d}x + (\frac{1}{2}\cos\frac{y}{2} + z\mathrm{e}^{yz})\mathrm{d}y + y\mathrm{e}^{yz}\mathrm{d}z.$$

最后，我们再来简单讨论全微分在近似计算中的应用.

当二元函数 $z = f(x,y)$ 在点 $P(x,y)$ 处的两个偏导数连续，且 $|\Delta x|$，$|\Delta y|$ 都较小时，根据全微分定义，有 $\Delta z \approx \mathrm{d}z$ ，即 $\Delta z \approx \dfrac{\partial z}{\partial x}\Delta x + \dfrac{\partial z}{\partial y}\Delta y$.

由 $\Delta z = f(x + \Delta x, y + \Delta y) - f(x,y)$ ，即可得二元函数全微分的近似计算公式

$$f(x + \Delta x, y + \Delta y) \approx f(x,y) + \frac{\partial z}{\partial x}\Delta x + \frac{\partial z}{\partial y}\Delta y .$$

习题 9-3

1.填空题：

(1) 设 $z = x^{y+1}(x > 0, x \neq 1)$ ，则 $\mathrm{d}z = $ ＿＿＿＿＿＿＿＿＿＿＿＿ ；

(2) 设 $z = \ln(1 + x^2 + y^2)$ ，则 $\mathrm{d}z\big|_{(1,2)} = $ ＿＿＿＿＿＿＿＿＿＿＿＿ ；

(3) 设 $u = \dfrac{1}{\sqrt{x^2 + y^2 + z^2}}$,则 $\mathrm{d}u = $ _____ .

2.以下各题中给出了四个结论,从中选出一个正确的结论.

(1) 设 $z = f(x,y)$ 在 $P(x_0,y_0)$ 可微, Δz 是 f 在 P 的全增量,则在 P 有(　　).

A. $\Delta z = \mathrm{d}z$
B. $\Delta z = f'_x(P)\Delta x + f'_y(P)\Delta y$

C. $\Delta z = f'_x(P)\mathrm{d}x + f'_y(P)\mathrm{d}y$
D. $\Delta z = \mathrm{d}z + o(\rho)$, $(\rho = \sqrt{(\Delta x)^2 + (\Delta y)^2})$

(2) 考虑二元函数 $f(x,y)$ 的下面四条性质:

① $f(x,y)$ 的点 (x_0,y_0) 连续; 　　　② $f_x(x,y)$ 、 $f_y(x,y)$ 在点 (x_0,y_0) 连续;

③ $f(x,y)$ 在点 (x_0,y_0) 可微分; 　　　④ $f_x(x_0,y_0)$ 、 $f_y(x_0,y_0)$ 存在.

若用 $P \Rightarrow Q$ 表示可由性质 P 推出性质 Q ,则下列选项中正确的是(　　).

A.②⇒③⇒① 　　　　　　　　　B.③⇒②⇒①

C.③⇒②⇒① 　　　　　　　　　D.③⇒①⇒④

3.计算函数 $z = \mathrm{e}^{xy}$ 在点 $(2,1)$ 处的全微分.

4.计算函数 $z = x^2 y + y^2$ 的全微分.

5.设 $u = \left(\dfrac{x}{y}\right)^z$, $\dfrac{x}{y} > 0$,求 $\mathrm{d}u$.

6.计算 $\sqrt{(1.02)^3 + (1.97)^3}$ 的近似值.

7.已知边长为 $x = 6\ \mathrm{m}$ 与 $y = 8\ \mathrm{m}$ 的矩形,如果 x 边增加 $5\ \mathrm{cm}$ 而 y 边减少 $10\ \mathrm{cm}$,问这个矩形的对角线的近似变化怎样?

第四节　多元复合函数的求导法则

在一元复合函数的求导中,存在"链式法则",这一法则可以推广到多元复合函数的情形,下面分几种情况来讨论.

一、中间变量是一元函数的情况

定理 1 如果函数 $u = \varphi(t)$ 及 $v = \psi(t)$ 都在点 t 可导,函数 $z = f(u,v)$ 在对应点 (u,v) 具有连续偏导数,则复合函数 $z = f[\varphi(t),\psi(t)]$ 在点 t 可导,且有:

$$\frac{\mathrm{d}z}{\mathrm{d}t} = \frac{\partial z}{\partial u} \cdot \frac{\mathrm{d}u}{\mathrm{d}t} + \frac{\partial z}{\partial v} \cdot \frac{\mathrm{d}v}{\mathrm{d}t}.$$

证 由定理条件知,当 $\Delta t \to 0$ 时, $\Delta u \to 0$, $\Delta v \to 0$,

$$\frac{\Delta u}{\Delta t} \to \frac{\mathrm{d}u}{\mathrm{d}t}, \frac{\Delta v}{\Delta t} \to \frac{\mathrm{d}v}{\mathrm{d}t}.$$

由于函数 $z = f(u,v)$ 在点 (u,v) 有连续偏导数,又有

$$\Delta z = \frac{\partial z}{\partial u}\Delta u + \frac{\partial z}{\partial v}\Delta v + \alpha_1 \Delta u + \alpha_2 \Delta v,$$

$$\frac{\Delta z}{\Delta t} = \frac{\partial z}{\partial u} \cdot \frac{\Delta u}{\Delta t} + \frac{\partial z}{\partial v} \cdot \frac{\Delta v}{\Delta t} + \alpha_1 \frac{\Delta u}{\Delta t} + \alpha_2 \frac{\Delta v}{\Delta t}.$$

当 $\Delta t \to 0$, $\Delta u \to 0$, $\Delta v \to 0$, $\alpha_1 \to 0$, $\alpha_2 \to 0$,

故

$$\frac{dz}{dt} = \lim_{\Delta t \to 0} \frac{\Delta z}{\Delta t} = \frac{\partial z}{\partial u} \cdot \frac{du}{dt} + \frac{\partial z}{\partial v} \cdot \frac{dv}{dt}.$$

类似地,有两个以上中间变量的全导数公式,例如设 $u = \varphi(t)$、$v = \psi(t)$ 及 $w = \omega(t)$ 都在点 t 具有对 x 和 y 的偏导数,$z = f(u,v,w)$ 在对应点 (u,v,w) 具有连续偏导数,则

$$\frac{dz}{dt} = \frac{\partial z}{\partial u} \cdot \frac{du}{dt} + \frac{\partial z}{\partial v} \cdot \frac{dv}{dt} + \frac{\partial z}{\partial w} \cdot \frac{dw}{dt}.$$

例 1 设 $z = uv + \sin t$,而 $u = e^t, v = \cos t$,求全导数 $\dfrac{dz}{dt}$.

解 令 $w = \sin t$,于是 $\dfrac{dz}{dt} = \dfrac{\partial z}{\partial u} \cdot \dfrac{du}{dt} + \dfrac{\partial z}{\partial v} \cdot \dfrac{dv}{dt} + \dfrac{\partial z}{\partial w} \cdot \dfrac{dw}{dt} = ve^t - u\sin t + 1 \times \cos t$

$$= e^t\cos t - e^t\sin t + \cos t = e^t(\cos t - \sin t) + \cos t.$$

二、中间变量是多元函数的情况

定理 2 设 $u = \varphi(x,y)$、$v = \psi(x,y)$ 都在点 (x,y) 有偏导数,而 $z = f(u,v)$ 在对应点 (u,v) 具有连续偏导数,则复合函数 $z = f[\varphi(x,y),\psi(x,y)]$ 在对应点 (x,y) 的两个偏导数均存在,且有

$$\frac{\partial z}{\partial x} = \frac{\partial z}{\partial u} \cdot \frac{\partial u}{\partial x} + \frac{\partial z}{\partial v} \cdot \frac{\partial v}{\partial x}, \quad \frac{\partial z}{\partial y} = \frac{\partial z}{\partial u} \cdot \frac{\partial u}{\partial y} + \frac{\partial z}{\partial v} \cdot \frac{\partial v}{\partial y}.$$

证 从略.

例 2 设 $z = u^2 + v^2$, $u = x + y$, $v = x - y$,求 $\dfrac{\partial z}{\partial x}$ 和 $\dfrac{\partial z}{\partial y}$.

解 $\dfrac{\partial z}{\partial x} = \dfrac{\partial z}{\partial u} \cdot \dfrac{\partial u}{\partial x} + \dfrac{\partial z}{\partial v} \cdot \dfrac{\partial v}{\partial x} = 2u + 2v = 4x,$

$\dfrac{\partial z}{\partial y} = \dfrac{\partial z}{\partial u} \cdot \dfrac{\partial u}{\partial y} + \dfrac{\partial z}{\partial v} \cdot \dfrac{\partial v}{\partial y} = 2u - 2v = 4y.$

类似地,有两个以上中间变量的多元复合函数的偏导数公式,例如设 $u = \varphi(x,y)$、$v = \psi(x,y)$ 及 $w = \omega(x,y)$ 都在点 (x,y) 具有对 x 和 y 的偏导数,$z = f(u,v,w)$ 在对应点 (u,v,w) 具有连续偏导数,则

$$\frac{\partial z}{\partial x} = \frac{\partial z}{\partial u} \cdot \frac{\partial u}{\partial x} + \frac{\partial z}{\partial v} \cdot \frac{\partial v}{\partial x} + \frac{\partial z}{\partial w} \cdot \frac{\partial w}{\partial x},$$

$$\frac{\partial z}{\partial y} = \frac{\partial z}{\partial u} \cdot \frac{\partial u}{\partial y} + \frac{\partial z}{\partial v} \cdot \frac{\partial v}{\partial y} + \frac{\partial z}{\partial w} \cdot \frac{\partial w}{\partial y}.$$

特殊情况,若 $z = f(u,x,y)$, $u = \varphi(x,y)$,则有

$$\frac{\partial z}{\partial x} = \frac{\partial f}{\partial u} \cdot \frac{\partial u}{\partial x} + \frac{\partial f}{\partial x}, \quad \frac{\partial z}{\partial y} = \frac{\partial f}{\partial u} \cdot \frac{\partial u}{\partial y} + \frac{\partial f}{\partial y}.$$

例 3 设 $z = xy + xF(u)$,而 $u = \dfrac{y}{x}$, $F(u)$ 为可导函数,证明

$$x\frac{\partial z}{\partial x} + y\frac{\partial z}{\partial y} = z + xy.$$

证　$\dfrac{\partial z}{\partial x} = y + F(u) + xF'(u)\left(-\dfrac{y}{x^2}\right) = y + F(u) - \dfrac{y}{x}F'(u)$ ，

$$\frac{\partial z}{\partial y} = x + xF'(u)\frac{1}{x} = x + F'(u) ,$$

$$x\frac{\partial z}{\partial x} + y\frac{\partial z}{\partial y} = xy + xF(u) - yF'(u) + xy + yF'(u)$$

$$= 2xy + xF(u)$$

$$= z + xy.$$

例4　设 $w = f(x+y+z,xyz)$ ，f 具有二阶连续偏导数，求 $\dfrac{\partial w}{\partial x}$ 和 $\dfrac{\partial^2 w}{\partial x \partial z}$.

解　令 $u = x+y+z, v = xyz$. 记 $f_1' = \dfrac{\partial f(u,v)}{\partial u}$ ，$f_{12}'' = \dfrac{\partial^2 f(u,v)}{\partial u \partial v}$ ，同样引入 f_2'、f_{21}''、f_{22}''，有

$$\frac{\partial w}{\partial x} = \frac{\partial f}{\partial u}\cdot\frac{\partial u}{\partial x} + \frac{\partial f}{\partial v}\cdot\frac{\partial v}{\partial x} = f_1' + yzf_2' ,$$

$$\frac{\partial^2 w}{\partial x \partial z} = \frac{\partial}{\partial z}(f_1' + yzf_2') = \frac{\partial f_1'}{\partial z} + yf_2' + yz\frac{\partial f_2'}{\partial z} ,$$

$$\frac{\partial f_1'}{\partial z} = \frac{\partial f_1'}{\partial u}\cdot\frac{\partial u}{\partial z} + \frac{\partial f_1'}{\partial v}\cdot\frac{\partial v}{\partial z} = f_{11}'' + xyf_{12}'' ,$$

$$\frac{\partial f_2'}{\partial z} = \frac{\partial f_2'}{\partial u}\cdot\frac{\partial u}{\partial z} + \frac{\partial f_2'}{\partial v}\cdot\frac{\partial v}{\partial z} = f_{21}'' + xyf_{22}'' ,$$

$$\frac{\partial^2 w}{\partial x \partial z} = f_{11}'' + xyf_{12}'' + yf_2' + yz(f_{21}'' + xyf_{22}'')$$

$$= f_{11}'' + y(x+z)f_{12}'' + xy^2 zf_{22}'' + yf_2' .$$

三、全微分形式不变性

根据复合函数求导的"链式法则"，可以得到重要的**全微分形式不变性**.以二元函数为例，设 $z = f(u,v)$ ，$u = \varphi(x,y)$、$v = \psi(x,y)$ 均具有连续偏导数，则

$$dz = \frac{\partial z}{\partial u}du + \frac{\partial z}{\partial v}dv , \quad dz = \frac{\partial z}{\partial x}dx + \frac{\partial z}{\partial y}dy .$$

事实上，

$$dz = \frac{\partial z}{\partial x}dx + \frac{\partial z}{\partial y}dy$$

$$= \left(\frac{\partial z}{\partial u}\cdot\frac{\partial u}{\partial x} + \frac{\partial z}{\partial v}\cdot\frac{\partial v}{\partial x}\right)dx + \left(\frac{\partial z}{\partial u}\cdot\frac{\partial u}{\partial y} + \frac{\partial z}{\partial v}\cdot\frac{\partial v}{\partial y}\right)dy$$

$$= \frac{\partial z}{\partial u}\left(\frac{\partial u}{\partial x}dx + \frac{\partial u}{\partial y}dy\right) + \frac{\partial z}{\partial v}\left(\frac{\partial v}{\partial x}dx + \frac{\partial v}{\partial y}dy\right)$$

$$= \frac{\partial z}{\partial u}du + \frac{\partial z}{\partial v}dv.$$

例5　利用全微分形式不变性解本节的例2.

解　因为　$dz = d(u^2 + v^2) = du^2 + dv^2 = 2udu + 2vdv$ ，

$$du = d(x+y) = dx + dy, dv = d(x-y) = dx - dy,$$

所以
$$dz = d(u^2 + v^2) = du^2 + dv^2 = 2udu + 2vdv$$
$$= 2u(dx + dy) + 2v(dx - dy)$$
$$= 4xdx + 4ydy.$$

比较上式两边的 dx 和 dy 的系数，就同时得到两个偏导数 $\dfrac{\partial z}{\partial x}$，$\dfrac{\partial z}{\partial y}$，它们与例 2 的结果是一致的.

习题 9-4

1.设 $z = e^u \sin v$，而 $u = xy, v = x + y$，求 $\dfrac{\partial z}{\partial x}$ 和 $\dfrac{\partial z}{\partial y}$.

2.设 $z = u^2 v + uv^2$，而 $u = x + y, v = xy$，求 $\dfrac{\partial z}{\partial x}, \dfrac{\partial z}{\partial y}$.

3.设 $u = f(x, y, z) = e^{x^2 + y^2 + z^2}$，$z = x^2 \sin y$，求 $\dfrac{\partial u}{\partial x}$ 和 $\dfrac{\partial u}{\partial y}$.

4.设 $z = e^{x - 2y}, x = \sin t, y = t^3$，求 $\dfrac{dz}{dt}$.

5.设 $z = \arcsin(x - y)$，而 $x = 3t, y = 4t^3$，求 $\dfrac{dz}{dt}$.

6.设 $z = \arctan(xy)$，而 $y = e^x$，求 $\dfrac{dz}{dx}$.

7.设 $x = e^u \cos v, y = e^u \sin v, z = uv$，求 $\dfrac{\partial z}{\partial x}$ 和 $\dfrac{\partial z}{\partial y}$.

8.设 $z = \arctan \dfrac{x}{y}$，而 $x = u + v, y = u - v$，验证 $\dfrac{\partial z}{\partial u} + \dfrac{\partial z}{\partial v} = \dfrac{u - v}{u^2 + v^2}$.

9.设 f 具有连续导数，$z = xy + xf\left(\dfrac{y}{x}\right)$，证明 $x\dfrac{\partial z}{\partial x} + y\dfrac{\partial z}{\partial y} = xy + z$.

第五节　隐函数的求导公式

在一元函数微分学中，我们曾引入了隐函数的概念，并且介绍了不经过显化而直接由方程来确定隐函数的方法，这里将进一步从理论上阐述隐函数的存在性，并通过多元复合函数求导的"链式法则"，建立隐函数的求导公式.

一、一个方程的情形

定理 1　设函数 $F(x, y)$ 在点 $P(x_0, y_0)$ 的某一邻域内具有连续偏导数，且有 $F(x_0, y_0) = 0, F_y(x_0, y_0) \neq 0$，则方程 $F(x, y) = 0$ 在点 $P(x_0, y_0)$ 的某一邻域内恒能唯一确定一个连续且具有连续导数的函数 $y = f(x)$，它满足条件 $y_0 = f(x_0)$，并有

$$\frac{dy}{dx} = -\frac{F_x}{F_y}. \tag{1}$$

公式(1)就是隐函数的求导公式,这个定理不做严格证明.下面仅对上式给出推导.将方程 $F(x,y)=0$ 所确定的函数 $y=f(x)$ 代入该方程,得 $F[x,f(x)]=0$,利用复合函数求导法则,在上述方程两端对 x 求导,得

$$\frac{\partial F}{\partial x}+\frac{\partial F}{\partial y}\cdot\frac{\mathrm{d}y}{\mathrm{d}x}=0.$$

由于 F_y 连续,且 $F_y(x_0,y_0)\neq 0$,故存在 (x_0,y_0) 的一个邻域,在这个邻域内 $F_y\neq 0$,于是得

$$\frac{\mathrm{d}y}{\mathrm{d}x}=-\frac{F_x}{F_y}.$$

例1 验证方程 $x^2+y^2-1=0$ 在点 $(0,1)$ 的某邻域内能唯一确定一个单值可导的隐函数 $y=f(x)$ 满足 $f(0)=1$,并求 $f'(0)$ 和 $f''(0)$.

解 令 $F(x,y)=x^2+y^2-1$,显然 $F_x=2x$,$F_y=2y$ 均在点 $(0,1)$ 的邻域内连续,且 $F(0,1)=0$,$F_y(0,1)=2\neq 0$,于是在点 $(0,1)$ 附近有一个具有连续导数的隐函数 $y=f(x)$ 满足 $f(0)=1$.而 $f'(x)=-\frac{F_x}{F_y}=-\frac{x}{y}$,$f''(x)=-\frac{y-xy'}{y^2}$,于是

$$f'(0)=0,\quad f''(0)=-\frac{1-0\cdot 0}{1^2}=-1.$$

例2 设 $\sin y+\mathrm{e}^x-xy^2=0$,求 $\frac{\mathrm{d}y}{\mathrm{d}x}$.

解 令 $F(x,y)=\sin y+\mathrm{e}^x-xy^2$,有 $F_x=\mathrm{e}^x-y^2$,$F_y=\cos y-2xy$,则

$$\frac{\mathrm{d}y}{\mathrm{d}x}=-\frac{F_x}{F_y}=\frac{\mathrm{e}^x-y^2}{2xy-\cos y}.$$

定理2 设函数 $F(x,y,z)$ 在点 $P(x_0,y_0,z_0)$ 的某一邻域内有连续的偏导数,且 $F(x_0,y_0,z_0)=0$,$F_z(x_0,y_0,z_0)\neq 0$,则方程 $F(x,y,z)=0$ 在点 $P(x_0,y_0,z_0)$ 的某一邻域内恒能唯一确定一个单值连续且具有连续偏导数的函数 $z=f(x,y)$,它满足条件 $z_0=f(x_0,y_0)$,并有

$$\frac{\partial z}{\partial x}=-\frac{F_x}{F_z},\quad \frac{\partial z}{\partial y}=-\frac{F_y}{F_z}.$$

证 从略.

例3 设 $\mathrm{e}^z-xyz=0$,求 $\frac{\partial z}{\partial x}$,$\frac{\partial z}{\partial y}$.

解 令 $F(x,y,z)=\mathrm{e}^z-xyz$,有 $F_x=-yz$,$F_y=-xz$,$F_z=\mathrm{e}^z-xy$.

$$\frac{\partial z}{\partial x}=-\frac{F_x}{F_z}=\frac{-yz}{xy-\mathrm{e}^z},\quad \frac{\partial z}{\partial y}=-\frac{F_y}{F_z}=\frac{-xz}{xy-\mathrm{e}^z}.$$

二、方程组的情形

下面我们对隐函数存在定理作另一方面的推广,不仅增加方程的个数,而且增加方程中变量的个数,并以方程组(含有二个方程,四个未知量)为例来确定二元函数的偏导数.

定理3 设函数 $F(x,y,u,v)$、$G(x,y,u,v)$ 在点 $P(x_0,y_0,u_0,v_0)$ 的某一邻域内具有对各个变量的连续偏导数,$F(x_0,y_0,u_0,v_0)=0$,$G(x_0,y_0,u_0,v_0)=0$,且偏导数所组成的函数

行列式

$$J = \frac{\partial(F,G)}{\partial(u,v)} = \begin{vmatrix} \dfrac{\partial F}{\partial u} & \dfrac{\partial F}{\partial v} \\ \dfrac{\partial G}{\partial u} & \dfrac{\partial G}{\partial v} \end{vmatrix}$$

在点 $P(x_0,y_0,u_0,v_0)$ 不等于零,则方程组 $F(x,y,u,v)=0, G(x,y,u,v)=0$ 在点 (x_0,y_0,u_0,v_0) 的某一邻域内恒能唯一确定一组连续且具有连续偏导数的函数 $u = u(x,y), v = v(x,y)$,它们满足条件 $u_0 = u(x_0,y_0), v_0 = v(x_0,y_0)$,并有

$$\frac{\partial u}{\partial x} = -\frac{1}{J} \cdot \frac{\partial(F,G)}{\partial(x,v)} = -\frac{\begin{vmatrix} F_x & F_v \\ G_x & G_v \end{vmatrix}}{\begin{vmatrix} F_u & F_v \\ G_u & G_v \end{vmatrix}}, \quad \frac{\partial v}{\partial x} = -\frac{1}{J} \cdot \frac{\partial(F,G)}{\partial(u,x)} = -\frac{\begin{vmatrix} F_u & F_x \\ G_u & G_x \end{vmatrix}}{\begin{vmatrix} F_u & F_v \\ G_u & G_v \end{vmatrix}},$$

$$\frac{\partial u}{\partial y} = -\frac{1}{J} \cdot \frac{\partial(F,G)}{\partial(y,v)} = -\frac{\begin{vmatrix} F_y & F_v \\ G_y & G_v \end{vmatrix}}{\begin{vmatrix} F_u & F_v \\ G_u & G_v \end{vmatrix}}, \quad \frac{\partial v}{\partial y} = -\frac{1}{J} \cdot \frac{\partial(F,G)}{\partial(u,y)} = -\frac{\begin{vmatrix} F_u & F_y \\ G_u & G_y \end{vmatrix}}{\begin{vmatrix} F_u & F_v \\ G_u & G_v \end{vmatrix}}.$$

证 从略.

例 4 设 $\begin{cases} xu - yv = 0, \\ yu + xv = 1, \end{cases}$ 求 $\dfrac{\partial u}{\partial x}, \dfrac{\partial u}{\partial y}, \dfrac{\partial v}{\partial x}$ 和 $\dfrac{\partial v}{\partial y}$.

解 将所给方程的两边分别对 x 求偏导数,有

$$\begin{cases} u + xu_x - yv_x = 0, \\ yu_x + v + xv_x = 0, \end{cases}$$

即

$$\begin{cases} xu_x - yv_x = -u, \\ yu_x + xv_x = -v. \end{cases}$$

在 $J_1 = \begin{vmatrix} x & -y \\ y & x \end{vmatrix} = x^2 + y^2 \neq 0$ 条件下,有

$$\frac{\partial u}{\partial x} = \frac{\begin{vmatrix} -u & -y \\ -v & x \end{vmatrix}}{J_1} = \frac{-xu - yv}{J_1} = -\frac{xu + yv}{x^2 + y^2},$$

$$\frac{\partial v}{\partial x} = \frac{\begin{vmatrix} x & -u \\ y & -v \end{vmatrix}}{J_1} = \frac{-xv + yu}{J_1} = \frac{yu - xv}{x^2 + y^2}.$$

将所给方程的两边分别对 y 求偏导数,有

$$\begin{cases} xu_y - v - yv_y = 0, \\ u + yu_y + xv_y = 0, \end{cases}$$

即

$$\begin{cases} xu_y - yv_y = v, \\ yu_y + xv_y = -u. \end{cases}$$

在 $J_2 = \begin{vmatrix} x & -y \\ y & x \end{vmatrix} = x^2 + y^2 \neq 0$ 条件下,有

$$\frac{\partial u}{\partial y} = \frac{\begin{vmatrix} v & -y \\ -u & x \end{vmatrix}}{J_2} = \frac{xv - yu}{J_2} = \frac{xv - yu}{x^2 + y^2},$$

$$\frac{\partial v}{\partial y} = \frac{\begin{vmatrix} x & v \\ y & -u \end{vmatrix}}{J_2} = \frac{-xu - yv}{J_2} = -\frac{xu + yv}{x^2 + y^2}.$$

习题 9-5

1.设方程 $y = F(x^2 + y^2) + F(x + y)$ 能确定隐函数 $y = f(x)$ (其中 F 可微),且 $f(0) = 2$, $F'(2) = \dfrac{1}{2}$, $F'(4) = 1$,则 $f'(0) = ($　　$)$.

A. $\dfrac{1}{7}$　　　　　　B. $-\dfrac{1}{7}$　　　　　　C. $-\dfrac{1}{4}$　　　　　　D. $-\dfrac{1}{3}$

2.设函数 $z = z(x,y)$ 由方程 $x^2 + 2y^2 + 3z^2 = 18$ 所确定,求全微分 $\mathrm{d}z$.

3.设 $x^2 + y^2 + z^2 - 4z = 0$,求 $\dfrac{\partial^2 z}{\partial x^2}$.

4.设 $z^3 - 3xyz = a^3$,求 $\dfrac{\partial^2 z}{\partial x \partial y}$.

5.设 $\mathrm{e}^z - \sin xyz = xy$,求 $\dfrac{\partial z}{\partial x}$, $\dfrac{\partial x}{\partial y}$.

6.设 $\begin{cases} x = \mathrm{e}^u + u\sin v, \\ y = \mathrm{e}^u - u\cos v, \end{cases}$ 求 $\dfrac{\partial u}{\partial x}$, $\dfrac{\partial u}{\partial y}$, $\dfrac{\partial v}{\partial x}$, $\dfrac{\partial v}{\partial y}$.

7.设方程 $x^2 + y^2 + z^2 = yf\left(\dfrac{z}{y}\right)$ 能确定隐函数 $z = z(x,y)$,证明

$$(x^2 - y^2 - z^2)\frac{\partial z}{\partial x} + 2xy\frac{\partial z}{\partial y} = 2xz.$$

8.设 $y = f(x,t)$,而 $t = t(x,y)$ 是由方程 $F(x,y,t) = 0$ 所确定的函数,其中 f, F 都具有一阶连续偏导数.试证明

$$\frac{\mathrm{d}y}{\mathrm{d}x} = \frac{\dfrac{\partial f}{\partial x} \cdot \dfrac{\partial F}{\partial t} - \dfrac{\partial f}{\partial t} \cdot \dfrac{\partial F}{\partial x}}{\dfrac{\partial f}{\partial t} \cdot \dfrac{\partial F}{\partial y} + \dfrac{\partial F}{\partial t}}.$$

第六节　多元函数微分学的几何应用

一、空间曲线的切线与法平面

设空间曲线 Γ 的参数方程为：$\begin{cases} x = \varphi(t), \\ y = \psi(t), \ \alpha \leq t \leq \beta, \\ z = \omega(t), \end{cases}$ (1)

其中 $\varphi(t)$、$\psi(t)$、$\omega(t)$ 均可导,且在 $t = t_0$ 时导数不全为零,$t = t_0$ 对应曲线上的点 $M_0(x_0, y_0, z_0)$,$t = t_0 + \Delta t$ 对应曲线上的点 $M_1(x_0 + \Delta x, y_0 + \Delta y, z_0 + \Delta z)$,则经过两点 M_0, M_1 的割线的方向向量为

$$s = (\Delta x, \Delta y, \Delta z) \text{ 或 } s = \left(\frac{\Delta x}{\Delta t}, \frac{\Delta y}{\Delta t}, \frac{\Delta z}{\Delta t} \right),$$

割线的方程为

$$\frac{x - x_0}{\Delta x} = \frac{y - y_0}{\Delta y} = \frac{z - z_0}{\Delta z} \text{ 或 } \frac{x - x_0}{\dfrac{\Delta x}{\Delta t}} = \frac{y - y_0}{\dfrac{\Delta y}{\Delta t}} = \frac{z - z_0}{\dfrac{\Delta z}{\Delta t}}.$$

当 M_1 沿曲线趋近于 M_0 时, $\Delta t \to 0$,且

$$\frac{\Delta x}{\Delta t} \to \frac{\mathrm{d}x}{\mathrm{d}t} \bigg|_{t=t_0} = \varphi'(t_0), \frac{\Delta y}{\Delta t} \to \frac{\mathrm{d}y}{\mathrm{d}t} \bigg|_{t=t_0} = \psi'(t_0), \frac{\Delta z}{\Delta t} \to \frac{\mathrm{d}z}{\mathrm{d}t} \bigg|_{t=t_0} = \omega'(t_0);$$

当 M_1 沿曲线无限接近 M_0 时,割线达到极限位置,即切线,从而切线的方程为

$$\frac{x - x_0}{\varphi'(t_0)} = \frac{y - y_0}{\psi'(t_0)} = \frac{z - z_0}{\omega'(t_0)}.$$

过点 M_0 且与切线垂直的平面称为曲线 Γ 在点 M_0 处的法平面,它是过点 M_0 且以 $s = (\varphi'(t_0), \psi'(t_0), \omega'(t_0))$ 为法向量的平面,因此法平面方程为

$$\varphi'(t_0)(x - x_0) + \psi'(t_0)(y - y_0) + \omega'(t_0)(z - z_0) = 0.$$

如果空间曲线是两个柱面的交线形式:如 $\begin{cases} y = y(x), \\ z = z(x), \end{cases}$ 则视 x 为参数, 即交线 $\begin{cases} x = x, \\ y = y(x), \\ z = z(x), \end{cases}$ 则切线的方向向量 $s = (1, y'(x_0), z'(x_0)) = (1, y', z')$;从而曲线在点 $M(x_0, y_0, z_0)$ 处的切线方程为

$$\frac{x - x_0}{1} = \frac{y - y_0}{y'(x_0)} = \frac{z - z_0}{z'(x_0)};$$

法平面方程为

$$(x - x_0) + y'(x_0)(y - y_0) + z'(x_0)(z - z_0) = 0.$$

例1 求曲线 $\begin{cases} x = 2\cos\dfrac{\pi}{4}t, \\ y = 2\sin\dfrac{\pi}{4}t, \\ z = \dfrac{1}{2}t, \end{cases}$ 在 $t=1$ 所对应点的切线方程及法平面方程.

解 $t=1$ 所对应的点为：$M_0\left(\sqrt{2},\sqrt{2},\dfrac{1}{2}\right)$，又因为 $\begin{cases} x' = -\dfrac{\pi}{2}\sin\dfrac{\pi}{4}t, \\ y' = \dfrac{\pi}{2}\cos\dfrac{\pi}{4}t, \quad \text{故} \\ z' = \dfrac{1}{2}. \end{cases}$

$$\begin{cases} x'(1) = -\dfrac{\sqrt{2}\,\pi}{4}, \\ y'(1) = \dfrac{\sqrt{2}\,\pi}{4}, \\ z' = \dfrac{1}{2}, \end{cases}$$

从而 $s = \left(-\dfrac{\sqrt{2}\,\pi}{4}, \dfrac{\sqrt{2}\,\pi}{4}, \dfrac{1}{2}\right) = -\dfrac{1}{4}(\sqrt{2}\,\pi, -\sqrt{2}\,\pi, -2)$ 或 $s = (\sqrt{2}\,\pi, -\sqrt{2}\,\pi, -2)$，

则切线方程为

$$\frac{x-\sqrt{2}}{\sqrt{2}\,\pi} = \frac{y-\sqrt{2}}{-\sqrt{2}\,\pi} = \frac{z-\dfrac{1}{2}}{-2};$$

法平面方程为

$$\sqrt{2}\,\pi(x-\sqrt{2}) - \sqrt{2}\,\pi(y-\sqrt{2}) - 2\left(z-\frac{1}{2}\right) = 0 \text{ 或 } \sqrt{2}\,\pi x - \sqrt{2}\,\pi y - 2z + 1 = 0.$$

例2 求曲线 $y^2 = 2mx, z^2 = m - x$ 在点 (x_0, y_0, z_0) 处的切线方程及法平面方程.

解 视 x 为参数，曲线参数方程为 $\begin{cases} x = x, \\ y^2 = 2mx, \quad \text{对参数 } x \text{ 求导：} \\ z^2 = m - x, \end{cases}$

在点 (x_0, y_0, z_0) 处，$x' = 1, y' = \dfrac{m}{y_0}, z' = -\dfrac{1}{2z_0}$，即 $s = \left(1, \dfrac{m}{y_0}, -\dfrac{1}{2z_0}\right)$，从而切线方程为

$$\frac{x-x_0}{1} = \frac{y-y_0}{\dfrac{m}{y_0}} = \frac{z-z_0}{-\dfrac{1}{2z_0}};$$

法平面方程为

$$(x-x_0) + \frac{m}{y_0}(y-y_0) - \frac{1}{2z_0}(z-z_0) = 0$$

或
$$x + \frac{m}{y_0}y - \frac{1}{2z_0}z - x_0 - m + \frac{1}{2} = 0.$$

设空间曲线 Γ 的方程以
$$\begin{cases} F(x,y,z) = 0, \\ G(x,y,z) = 0 \end{cases}$$

的形式给出，$M(x_0,y_0,z_0)$ 是曲线 Γ 上的一点. 又设 F,G 有对各个变量的连续偏导数，且
$$\left.\frac{\partial(F,G)}{\partial(y,z)}\right|_{(x_0,y_0,z_0)} \neq 0.$$

这时 $\begin{cases} F(x,y,z) = 0, \\ G(x,y,z) = 0 \end{cases}$ 在 $M_0(x_0,y_0,z_0)$ 的某一邻域内确定出函数 $y = \varphi(x)$，$z = \psi(x)$. 要求曲线 Γ 在点 M_0 处的切线方程和法平面方程，只须求出 $\varphi'(x_0)$，$\psi'(x_0)$，并代入 $\dfrac{x - x_0}{1} = \dfrac{y - y_0}{\varphi'(x_0)} = \dfrac{z - z_0}{\psi'(y_0)}$、$(x - x_0) + \varphi'(x_0)(y - y_0) + \psi'(y_0)(z - z_0) = 0$ 即可. 为此，我们在恒等式

$$F(x,\varphi(x),\psi(x)) \equiv 0,$$
$$G(x,\varphi(x),\psi(x)) \equiv 0$$

两边分别对 x 求导数，得

$$\frac{\partial F}{\partial x} + \frac{\partial F}{\partial y}\frac{dy}{dx} + \frac{\partial F}{\partial z}\frac{dz}{dx} = 0,$$

$$\frac{\partial G}{\partial x} + \frac{\partial G}{\partial y}\frac{dy}{dx} + \frac{\partial G}{\partial z}\frac{dz}{dx} = 0.$$

故可解得 $\dfrac{dy}{dx} = \varphi'(x) = \dfrac{\begin{vmatrix} F_z & F_x \\ G_z & G_x \end{vmatrix}}{\begin{vmatrix} F_y & F_z \\ G_y & G_z \end{vmatrix}}$，$\dfrac{dz}{dx} = \psi'(x) = \dfrac{\begin{vmatrix} F_x & F_y \\ G_x & G_y \end{vmatrix}}{\begin{vmatrix} F_y & F_z \\ G_y & G_z \end{vmatrix}}.$

于是 $S = (1,\varphi'(x_0),\psi'(x_0))$ 是曲线 Γ 在点 M 处的一个切向量，这里

$$\frac{dy}{dx} = \varphi'(x_0) = \frac{\begin{vmatrix} F_z & F_x \\ G_z & G_x \end{vmatrix}_M}{\begin{vmatrix} F_y & F_z \\ G_y & G_z \end{vmatrix}_M}，\frac{dz}{dx} = \psi'(x) = \frac{\begin{vmatrix} F_x & F_y \\ G_x & G_y \end{vmatrix}_M}{\begin{vmatrix} F_y & F_z \\ G_y & G_z \end{vmatrix}_M}.$$

上式行列式分子分母中带下标 M 的行列式表示行列式在点 $M(x_0,y_0,z_0)$ 的值. 把上面的切向量 S 乘以 $\begin{vmatrix} F_y & F_z \\ G_y & G_z \end{vmatrix}_M$，得曲线 Γ 在点 M 处的一个切向量为

$$S_1 = \left(\begin{vmatrix} F_y & F_z \\ G_y & G_z \end{vmatrix}_M, \begin{vmatrix} F_z & F_x \\ G_z & G_x \end{vmatrix}_M, \begin{vmatrix} F_x & F_y \\ G_x & G_y \end{vmatrix}_M \right),$$

由此可求出曲线 Γ 在点 $M(x_0,y_0,z_0)$ 处的切线方程为

$$\frac{x-x_0}{\begin{vmatrix} F_y & F_z \\ G_y & G_z \end{vmatrix}_M} = \frac{y-y_0}{\begin{vmatrix} F_z & F_x \\ G_z & G_x \end{vmatrix}_M} = \frac{z-z_0}{\begin{vmatrix} F_x & F_y \\ G_x & G_y \end{vmatrix}_M},$$

曲线 Γ 在点 $M(x_0,y_0,z_0)$ 处的法平面方程为

$$\begin{vmatrix} F_y & F_z \\ G_y & G_z \end{vmatrix}_M (x-x_0) + \begin{vmatrix} F_z & F_x \\ G_z & G_x \end{vmatrix}_M (y-y_0) + \begin{vmatrix} F_x & F_y \\ G_x & G_y \end{vmatrix}_M (z-z)_0 = 0.$$

若 $\begin{vmatrix} F_y & F_z \\ G_y & G_z \end{vmatrix}_M = 0$ 而 $\begin{vmatrix} F_z & F_x \\ G_z & G_x \end{vmatrix}_M,\begin{vmatrix} F_x & F_y \\ G_x & G_y \end{vmatrix}_M$ 中至少有一个不等于零,可得到同样的结果.

例3 求曲线 $\begin{cases} x^2+y^2+z^2=6, \\ x+y+z=0 \end{cases}$ 在点 $M_0(1,-2,1)$ 处的切线方程及法平面方程.

解 将所给方程的两边对 x 求导并移项,得

$$\begin{cases} y\dfrac{dy}{dx} + z\dfrac{dz}{dx} = -x, \\ \dfrac{dy}{dx} + \dfrac{dz}{dx} = -1. \end{cases}$$

解得

$$\frac{dy}{dx} = \frac{z-x}{y-z},\frac{dz}{dx} = \frac{x-y}{y-z}$$

$$\left.\frac{dy}{dx}\right|_{(1,-2,1)} = 0, \left.\frac{dz}{dx}\right|_{(1,-2,1)} = -1.$$

从而
$$S = (1,0,-1)$$
故所求切线方程为

$$\frac{x-1}{1} = \frac{y+2}{0} = \frac{z-1}{-1},$$

法平面方程为

$$(x-1)-(z-1)=0,$$
即
$$x-z=0.$$

二、空间曲面的切平面与法线方程

设空间曲面的方程为 $F(x,y,z)=0$,$M_0(x_0,y_0,z_0)$ 在此曲面上,函数 F 的一阶偏导数连续且不同时为零.

假定曲线 $\Gamma: \begin{cases} x=\varphi(t), \\ y=\psi(t), \\ z=\omega(t) \end{cases}$ 是曲面 Σ 上过点 M_0 的任意一条曲线,$\varphi'(t_0),\psi'(t_0),\omega'(t_0)$

不同时为零,M_0 对应参数为 $t=t_0$,由于曲线 Γ 在曲面 Σ 上,故复合函数 $F[\varphi(t),\psi(t),\omega(t)]=0$ 在 $t=t_0$ 时可导,则其全导数为0,即

$$\left(\frac{\partial F}{\partial x}\cdot\frac{dx}{dt} + \frac{\partial F}{\partial y}\cdot\frac{dy}{dt} + \frac{\partial F}{\partial z}\cdot\frac{dz}{dt}\right)\Bigg|_{t=t_0} = 0$$

或

$$F_x(x_0,y_0,z_0) \cdot \varphi'(t_0) + F_y(x_0,y_0,z_0) \cdot \psi'(t_0) + F_z(x_0,y_0,z_0) \cdot \omega'(t_0) = 0.$$

为书写方便,记

$$(F_x(x_0,y_0,z_0), F_y(x_0,y_0,z_0), F_z(x_0,y_0,z_0)) = (F_x,F_y,F_z) \mid_{M_0} = \boldsymbol{n}.$$

已知曲线 Γ 在 M_0 处的切线方向向量为: $\boldsymbol{s} = (\varphi'(t_0), \psi'(t_0), \omega'(t_0))$,故有 $\boldsymbol{n} \cdot \boldsymbol{s} = \boldsymbol{0}$,即 $\boldsymbol{n}$ 与 $\boldsymbol{s}$ 垂直,注意到曲线 Γ 是曲面上过 M_0 的任意一条曲线,上述结论表明:曲面 Σ 上过点 M_0 的任意一条曲线在 M_0 点的切线都与一确定的向量 $\boldsymbol{n}$ 垂直,从而所有这样的切线均位于过 M_0 点的同一平面上,称此平面为曲面上过点 M_0 的切平面.

由切平面的定义,其法向量为 $\boldsymbol{n} = (F_x,F_y,F_z) \mid_{M_0}$,从而切平面的方程为:

$$F_x(x_0,y_0,z_0) \cdot (x-x_0) + F_y(x_0,y_0,z_0) \cdot (y-y_0) + F_z(x_0,y_0,z_0) \cdot (z-z_0) = 0.$$

过 M_0 点且与切平面垂直的直线称为法线,其方程为

$$\frac{x-x_0}{F_x(x_0,y_0,z_0)} = \frac{y-y_0}{F_y(x_0,y_0,z_0)} = \frac{z-z_0}{F_z(x_0,y_0,z_0)}.$$

特别地,如果曲面方程为 $z = f(x,y)$ 或 $f(x,y) - z = 0$;函数 f 一阶偏导数连续,记 $F(x,y,z) = f(x,y) - z$,则 $F_x = f_x, F_y = f_y, F_z = -1$,从而

$$\boldsymbol{n} = (f_x(x_0,y_0), f_y(x_0,y_0), -1),$$

此时切平面方程为

$$f_x(x_0,y_0) \cdot (x-x_0) + f_y(x_0,y_0) \cdot (y-y_0) - (z-z_0) = 0;$$

法线方程为

$$\frac{x-x_0}{f_x(x_0,y_0)} = \frac{y-y_0}{f_y(x_0,y_0)} = \frac{z-z_0}{-1}.$$

注 切平面方程可以写为: $f_x(x_0,y_0) \cdot (x-x_0) + f_y(x_0,y_0) \cdot (y-y_0) = z-z_0$,记 $x - x_0 = \Delta x, y - y_0 = \Delta y$,则有 $z - z_0 = f_x(x_0,y_0) \cdot \Delta x + f_y(x_0,y_0) \cdot \Delta y$,等式的右端恰好是函数 $z = f(x,y)$ 在点 (x_0,y_0) 的全微分,而等式

$$z - z_0 = f_x(x_0,y_0) \cdot \Delta x + f_y(x_0,y_0) \cdot \Delta y$$

表明全微分的几何意义是曲面 $z = f(x,y)$ 在点 (x_0,y_0,z_0) 处的切平面上 z 坐标的改变量为 $z - z_0$.

例 4 试证曲面 $z = xf\left(\dfrac{y}{x}\right)$ 上所有的切平面都相交于一点.

证 令 $F(x,y,z) = xf\left(\dfrac{y}{x}\right) - z$,则

$$F_x = f\left(\frac{y}{x}\right) - \frac{y}{x}f'\left(\frac{y}{x}\right), F_y = f'\left(\frac{y}{x}\right), F_z = -1;$$

在曲面上任意一点 $M_0(x_0,y_0,z_0)$ 处的切平面方程为

$$\left[f\left(\frac{y_0}{x_0}\right) - \frac{y_0}{x_0}f'\left(\frac{y_0}{x_0}\right)\right](x-x_0) + f'\left(\frac{y_0}{x_0}\right)(y-y_0) - (z-z_0) = 0,$$

因为

$$\left[f\left(\frac{y_0}{x_0}\right) - \frac{y_0}{x_0}f'\left(\frac{y_0}{x_0}\right)\right]x_0 + f'\left(\frac{y_0}{x_0}\right)y_0 - z_0$$

$$= x_0 f\left(\frac{y_0}{x_0}\right) - y_0 f'\left(\frac{y_0}{x_0}\right) + f'\left(\frac{y_0}{x_0}\right) y_0 - z_0$$

$$= x_0 f\left(\frac{y_0}{x_0}\right) - z_0 = 0,$$

曲面上任意一点 $M_0(x_0, y_0, z_0)$ 处的切平面方程又可以写为

$$\left[f\left(\frac{y_0}{x_0}\right) - \frac{y_0}{x_0} f'\left(\frac{y_0}{x_0}\right)\right] x + f'\left(\frac{y_0}{x_0}\right) y - z = 0.$$

因此,点 $(0,0,0)$ 一定在此平面上,即曲面上任意一点处的切平面均过原点.

例 5 在曲面 $z = xy$ 上求一点,使该点处的法线垂直于已知平面 $x + 2y + z + 9 = 0$,并写出法线的方程.

解 所求的点为 $M_0(x_0, y_0, z_0)$,曲面 $xy - z = 0$,则

$$f(x,y,z) = xy - z, f_x = y, f_y = x, f_z = -1,$$

因而过 $M_0(x_0, y_0, z_0)$ 的切平面的法线向量为: $\boldsymbol{n} = (y, x, -1)|_{M_0} = (y_0, x_0, -1)$. 由于法线垂直于平面 $x + 2y + z + 9 = 0$,故法线向量 $\boldsymbol{n}_0 = (y_0, x_0, -1)$ 平行于已知平面的法向量 $\boldsymbol{n} = (1, 2, 1)$,则对应的坐标应成比例,即 $\frac{y_0}{1} = \frac{x_0}{2} = \frac{-1}{1}$,由此解得 $x_0 = -2, y_0 = -1$,并求得 $z_0 = x_0 y_0 = 2$,故法向量 $\boldsymbol{n}_0 = (-1, -2, -1)$ 或也可以取为 $\boldsymbol{n}_0 = (1, 2, 1)$,所求曲面上的点为 $M_0(-2, -1, 2)$,经过此点的法线方程为

$$\frac{x+2}{-1} = \frac{y+1}{-2} = \frac{z-2}{-1} \text{ 或 } \frac{x+2}{1} = \frac{y+1}{2} = \frac{z-2}{1}.$$

例 6 写出曲面 $f(y - mz, x - nz) = 0$ 上任意一点处的切平面方程,并说明曲面上任一点处所有的切平面均平行于一定直线.

解 记 $F(x, y, z) = f(y - mz, x - nz)$,则曲面 $F(x,y,z) = 0$ 的切平面的法线向量为

$$\boldsymbol{n} = (F_x, F_y, F_z), F_x = f_2, F_y = f_1, F_z = -mf_1 - nf_2.$$

设 $M_0(x_0, y_0, z_0)$ 是曲面上任意一点,则此点处切平面的法线向量为

$$\boldsymbol{n} = (F_x, F_y, F_z)|_{M_0} = (f_2, f_1, -mf_1 - nf_2)|_{M_0},$$

切平面方程为

$$f_2|_{M_0} \cdot (x - x_0) + f_1|_{M_0} \cdot (y - y_0) + (-mf_1|_{M_0} - nf_2|_{M_0}) \cdot (z - z_0) = 0;$$

取 $\boldsymbol{s} = (n, m, 1)$ 为某定直线的方向向量,由于

$$\boldsymbol{s} \cdot \boldsymbol{n} = (n, m, 1) \cdot (f_2|_{M_0}, f_1|_{M_0}, -mf_1|_{M_0} - nf_2|_{M_0}) = 0,$$

表明 $\boldsymbol{s} \perp \boldsymbol{n}$,从而曲面 $f(y - mz, x - nz) = 0$ 上任意一点 $M_0(x_0, y_0, z_0)$ 处的切平面均平行于定向量 $\boldsymbol{s}$,当然也平行于以 $\boldsymbol{s}$ 作为方向向量的定直线 $\frac{x - x_0}{n} = \frac{y - y_0}{m} = \frac{z - z_0}{1}$.

习题 9-6

1. 曲线 $\begin{cases} y^2 = x, \\ x^2 = z \end{cases}$ 在点 $P_0(1,1,1)$ 处的切线方程为 _____.

2. 曲面 $e^z - z + xy = 3$ 在点 $P(2,1,0)$ 处的切平面方程是( ).

A. $2x + y - 4 = 0$ B. $2x + y - z = 4$ C. $x + 2y - 4 = 0$ D. $2x + y - 5 = 0$

3.求曲线 $\begin{cases} x = t - \sin t, \\ y = 1 - \cos t, \\ z = 4\sin \dfrac{t}{2}, \end{cases}$ 在 $t = \dfrac{\pi}{2}$ 处切线与法平面方程.

4.求 $3x^2 + y^2 + z^2 = 16$ 在 $(-1, -2, 3)$ 处的切平面与 xOy 面夹角的余弦.

5.证明 $\sqrt{x} + \sqrt{y} + \sqrt{z} = \sqrt{a}$ 任意点处的切平面在各坐标轴上的截距之和为 a.

第七节　方向导数与梯度

一、方向导数

偏导数反映的是函数沿坐标轴方向的变化率,现在我们来讨论 $z = f(x, y)$ 在一点 P 沿某一方向的变化率问题.

设函数 $z = f(x, y)$ 在点 $P(x, y)$ 的某一邻域 $U(p)$ 内有定义.自点 P 引射线 l,设 x 轴正向到射线 l 的转角为 φ（逆时针方向 $\varphi > 0$;顺时针方向 $\varphi < 0$）,并设 $P'(x + \Delta x, y + \Delta y)$ 为 l 上的另一点且 $P' \in U(p)$.我们考虑函数的增量 $f(x + \Delta x, y + \Delta y) - f(x, y)$ 与 P、P' 两点间的距离 $\rho = \sqrt{(\Delta x)^2 + (\Delta y)^2}$ 的比值.当 P' 沿着 l 趋于 P 时,如果这个比值的极限存在,则称此极限为函数 $f(x, y)$ 在点 P 沿方向 l 的方向导数,记作 $\dfrac{\partial f}{\partial l}$,即

$$\frac{\partial f}{\partial l} = \lim_{\rho \to 0} \frac{f(x + \Delta x, y + \Delta y) - f(x, y)}{\rho}. \tag{1}$$

从方向导数的定义可知,当函数 $f(x, y)$ 在点 $P(x, y)$ 的偏导数 f_x、f_y 存在时,函数在点 P 沿着 x 轴正向 $e_1 = (1, 0)$,y 轴正向 $e_2 = (0, 1)$ 的方向导数存在且值依次为 f_x、f_y,函数 $f(x, y)$ 在点 P 沿 x 轴负向 $e_1' = (-1, 0)$,y 轴负向 $e_2' = (0, -1)$ 的方向导数也存在且其值依次为 $-f_x$、$-f_y$.

关于方向导数 $\dfrac{\partial f}{\partial l}$ 的存在性及计算,有下面的定理.

定理　如果函数 $z = f(x, y)$ 在点 $P_0(x_0, y_0)$ 可微分,则函数 $z = f(x, y)$ 在点 P_0 沿任一方向 l 的方向导数都存在,且

$$\left.\frac{\partial f}{\partial l}\right|_{P_0} = \left.\frac{\partial f}{\partial x}\right|_{P_0} \cos \alpha + \left.\frac{\partial f}{\partial y}\right|_{P_0} \cos \beta, \tag{2}$$

其中 $\cos \alpha, \cos \beta$ 为方向 l 的方向余弦.

证　根据函数 $z = f(x, y)$ 在点 $P_0(x_0, y_0)$ 可微分的假定,函数的增量可以表达为 $f(x_0 + \Delta x, y_0 + \Delta y) - f(x, y) = f_x(x_0, y_0)\Delta x + f_y(x_0, y_0)\Delta y + o(\rho)$,其中 $\rho = \sqrt{(\Delta x)^2 + (\Delta y)^2}$. 两边各除以 ρ,并取极限得到

$$\lim_{\rho \to 0} \frac{f(x_0 + \Delta x, y_0 + \Delta y) - f(x, y)}{\rho} = f_x(x_0, y_0)\cos \alpha + f_y(x_0, y_0)\cos \beta,$$

即证

$$\left.\frac{\partial f}{\partial l}\right|_{P_0} = \left.\frac{\partial f}{\partial x}\right|_{P_0} \cos \alpha + \left.\frac{\partial f}{\partial y}\right|_{P_0} \cos \beta.$$

对于三元函数 $u = f(x, y, z)$ 来说，它在空间一点 $P(x, y, z)$ 沿着方向 l（设方向 l 的方向角为 α、β、γ）的方向导数，同样可以定义为

$$\frac{\partial f}{\partial l} = \lim_{\rho \to 0} \frac{f(x + \Delta x, y + \Delta y, z + \Delta z) - f(x, y, z)}{\rho}, \tag{3}$$

其中 $\rho = \sqrt{(\Delta x)^2 + (\Delta y)^2 + (\Delta z)^2}$，$\Delta x = \rho \cos \alpha$，$\Delta y = \rho \cos \beta$，$\Delta z = \rho \cos \gamma$.

同样可以证明，如果函数在所考虑的点处可微分，那么函数在该点沿着方向 l 的方向导数为

$$\frac{\partial f}{\partial l} = \frac{\partial f}{\partial x} \cos \alpha + \frac{\partial f}{\partial y} \cos \beta + \frac{\partial f}{\partial z} \cos \gamma. \tag{4}$$

例 1 设由原点到点 (x, y) 的向径为 $\boldsymbol{r}$，x 轴到 $\boldsymbol{r}$ 的转角为 θ，x 轴到射线 l 的转角为 φ，求 $\dfrac{\partial r}{\partial l}$，其中 $r = |\boldsymbol{r}| = \sqrt{x^2 + y^2}$（$\boldsymbol{r} \neq \boldsymbol{0}$）.

解 因为 $\dfrac{\partial r}{\partial x} = \dfrac{x}{\sqrt{x^2 + y^2}} = \dfrac{x}{r} = \cos \theta$，$\dfrac{\partial r}{\partial y} = \dfrac{y}{\sqrt{x^2 + y^2}} = \dfrac{y}{r} = \sin \theta$，

所以

$$\frac{\partial r}{\partial l} = \frac{\partial r}{\partial x} \cos \varphi + \frac{\partial r}{\partial y} \cos\left(\frac{\pi}{2} - \varphi\right) = \cos \theta \cos \varphi + \sin \theta \sin \varphi = \cos(\theta - \varphi).$$

注 当 $\varphi = \theta \pm \dfrac{\pi}{2}$ 时，$\dfrac{\partial r}{\partial l} = 0$，即函数 r 在点 (x, y) 沿垂直于向径的方向导数为零；而当 $\varphi = \theta$ 时，$\dfrac{\partial r}{\partial l} = 1$，即函数 r 在点 (x, y) 沿向径的方向导数最大为 1.

例 2 求函数 $u = \ln(2x + y^2 + z^2)$ 在点 $M(1, 0, 1)$ 处沿向量 $\boldsymbol{l} = (-2, 1, 1)$ 的方向导数.

解 因为 $\left.\dfrac{\partial u}{\partial x}\right|_M = \left.\dfrac{2}{2x + y^2 + z^2}\right|_M = \dfrac{2}{3}$，$\left.\dfrac{\partial u}{\partial y}\right|_M = \left.\dfrac{2y}{2x + y^2 + z^2}\right|_M = 0$，

$$\left.\frac{\partial u}{\partial z}\right|_M = \left.\frac{2z}{2x + y^2 + z^2}\right|_M = \frac{2}{3};$$

由于 $|\boldsymbol{l}| = \sqrt{6}$，从而向量 $\boldsymbol{l}$ 的方向余弦为

$$\cos \alpha = -\frac{2}{\sqrt{6}}, \cos \beta = \frac{1}{\sqrt{6}}, \cos \gamma = \frac{1}{\sqrt{6}},$$

所以

$$\left.\frac{\partial u}{\partial z}\right|_M = \frac{2}{3} \times \left(-\frac{2}{\sqrt{6}}\right) + 0 \times \frac{1}{\sqrt{6}} + \frac{2}{3} \times \frac{1}{\sqrt{6}} = -\frac{\sqrt{6}}{9}.$$

二、梯度

与方向导数有关联的一个概念是函数的梯度. 在二元函数的情形，设函数 $z = f(x, y)$ 在平面区域 D 内具有一阶连续偏导数，则对于每一点 $P(x, y) \in D$，都可定出一个向量 $\dfrac{\partial f}{\partial x} \boldsymbol{i} + \dfrac{\partial f}{\partial y} \boldsymbol{j}$，称这向量为函数 $z = f(x, y)$ 在点 $P(x, y)$ 的梯度，记作 $\mathbf{grad}\, f(x, y)$，即

$$\mathbf{grad}\, f(x, y) = \frac{\partial f}{\partial x} \boldsymbol{i} + \frac{\partial f}{\partial y} \boldsymbol{j}.$$

如果设 $e = (\cos\alpha,\cos\beta)$ 是与方向 l 同方向的单位向量,则由方向导数的计算公式可知

$$\frac{\partial f}{\partial l}\bigg|_P = \frac{\partial f}{\partial x}\cos\alpha + \frac{\partial f}{\partial y}\cos\beta = \left(\frac{\partial f}{\partial x},\frac{\partial f}{\partial y}\right) \cdot (\cos\alpha,\cos\beta)$$

$$= \mathbf{grad}\,f(x,y) \cdot e = |\mathbf{grad}\,f(x,y)|\cos\theta.$$

其中 θ 表示向量 $\mathbf{grad}\,f(x,y)$ 与 e 的夹角.

由此可以看出,当方向 l 与梯度的方向一致时,有 $\cos\theta = 1$,从而 $\frac{\partial f}{\partial l}$ 有最大值.即梯度的方向是函数 $f(x,y)$ 在这点增长最快的方向.

由此可见,梯度方向是函数取得最大方向导数的方向,梯度的模为方向导数的最大值.

由梯度的定义可知,设 x 轴到梯度的转角为 θ,如果 $\frac{\partial f}{\partial x} \neq 0$,则

$$\tan\theta = \frac{\dfrac{\partial f}{\partial y}}{\dfrac{\partial f}{\partial x}} \text{ 且 } |\mathbf{grad}\,f(x,y)| = \sqrt{\left(\frac{\partial f}{\partial x}\right)^2 + \left(\frac{\partial f}{\partial y}\right)^2}.$$

下面,我们再来讨论梯度与等高线的关系,我们知道,一般来说二元函数 $z=f(x,y)$ 的图像在几何上表示为一个曲面,这曲面被平面 $z=c$（c 是常数）所截得的曲线 l 的方程为 $\begin{cases} z=f(x,y), \\ z=c. \end{cases}$ 这条曲线 l 在 xOy 面上的投影是一条平面曲线 L^*,它在 xOy 平面直角坐标系中的方程为 $f(x,y)=c$（如图 9-8）.对于曲线 L^* 上的一切点,已给函数的函数值是 c,所以我们称平面曲线 L^* 为函数的等高线.由于等高线 $f(x,y)=c$ 上任一点 (x,y) 处的法线的斜率

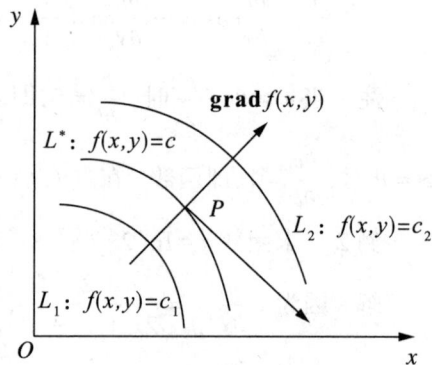

图 9-8

$$k = -\frac{1}{\dfrac{\mathrm{d}y}{\mathrm{d}x}} = -\frac{1}{\left(-\dfrac{f_x}{f_y}\right)} = \frac{f_y}{f_x},$$

所以梯度 $\frac{\partial f}{\partial x}\boldsymbol{i} + \frac{\partial f}{\partial y}\boldsymbol{j}$ 为等高线上点 P 处的法向量,因此可得到梯度与等高线的下述关系:函数 $z=f(x,y)$ 在 $P(x,y)$ 的梯度的方向与过点 P 的等高线 $f(x,y)=c$ 在这点的法线的一个方向相同,且从数值较低的等高线指向数值较高的等高线,而梯度的模等于函数在这个法线方向的方向导数,这个法线方向就是方向导数取得最大值的方向.

上面梯度概念可以类似地推广到三元函数的情形.设函数 $u=f(x,y,z)$ 在空间区域 G 内具有一阶连续偏导数,则对于每一点 $P(x,y,z) \in G$,都可定出一个向量 $\frac{\partial f}{\partial x}\boldsymbol{i} + \frac{\partial f}{\partial y}\boldsymbol{j} + \frac{\partial f}{\partial z}\boldsymbol{k}$,这向量称为函数 $u=f(x,y,z)$ 在点 $P(x,y,z)$ 的梯度,将它记作 $\mathbf{grad}\,f(x,y,z)$,即

$$\mathbf{grad}\,f(x,y,z) = \frac{\partial f}{\partial x}\boldsymbol{i} + \frac{\partial f}{\partial y}\boldsymbol{j} + \frac{\partial f}{\partial z}\boldsymbol{k}.$$

经过与二元函数的情形完全类似的讨论可知,三元函数的梯度也是这样一个向量,它的方向与取得最大方向导数的方向一致,而它的模为方向导数的最大值.

如果引进曲面 $f(x,y,z) = c$ 为函数 $u = f(x,y,z)$ 的等值面的概念,则可得函数 $u = f(x,y,z)$ 在点 $P(x,y,z)$ 的梯度的方向与过该点的等值面

$$f(x,y,z) = c,$$

在这点的法线的一个方向相同,且从数值较低的等值面指向数值较高的等值面,而梯度的模等于函数在这个法线方向的方向导数.

例 3 求函数 $z = \sqrt{x^2 - y^2}$ 在点 $(5,3)$ 的梯度.

解 $\left.\dfrac{\partial z}{\partial x}\right|_{(5,3)} = \left.\dfrac{x}{\sqrt{x^2 - y^2}}\right|_{(5,3)} = \dfrac{5}{4}, \left.\dfrac{\partial z}{\partial y}\right|_{(5,3)} = \left.\dfrac{-y}{\sqrt{x^2 - y^2}}\right|_{(5,3)} = -\dfrac{3}{4},$

所以

$$\mathbf{grad}\, z = \dfrac{5}{4}\boldsymbol{i} - \dfrac{3}{4}\boldsymbol{j} = \dfrac{1}{4}(5\boldsymbol{i} - 3\boldsymbol{j}).$$

例 4 设 $f(x,y,z) = x^2 y^2 + yz^3$,求 $\mathbf{grad}\, f(1,2,1)$.

解 $\mathbf{grad}\, f(x,y,z) = 2xy^2\boldsymbol{i} + (2x^2 y + z^3)\boldsymbol{j} + 3yz^2\boldsymbol{k}$,

于是

$$\mathbf{grad}\, f(1,2,1) = 8\boldsymbol{i} + 5\boldsymbol{j} + 6\boldsymbol{k}.$$

下面我们简单地介绍数量场与向量场的概念.

如果对于空间区域 G 内的任一点 M,都有一个确定的数量 $f(M)$,则称在这空间区域 G 内确定了一个数量场(例如温度场、密度场等).一个数量场可用一个数量函数 $f(M)$ 来确定.如果与点 M 相对应的是一个向量 $\boldsymbol{F}(M)$,则称在这空间区域 G 内确定了一个向量场(例如力场、速度场等).一个向量场可用一个向量函数 $\boldsymbol{F}(M)$ 来确定,而

$$\boldsymbol{F}(M) = P(M)\boldsymbol{i} + Q(M)\boldsymbol{j} + R(M)\boldsymbol{k},$$

其中 $P(M), Q(M), R(M)$ 是点 M 的数量函数.

利用场的概念,我们可以说向量函数 $\mathbf{grad}\, f(M)$ 确定了一个向量场——梯度场,它是由数量场 $f(M)$ 产生的.通常称函数 $f(M)$ 为这个向量场的势.而这个向量场又称为势场.必须注意,任意一个向量场不一定是势场,因为它不一定是某个数量函数的梯度.

例 5 试求数量场 $\dfrac{m}{r}$ 所产生的梯度场,其中常数 $m > 0$,$r = \sqrt{x^2 + y^2 + z^2}$ 为原点 O 与点 $M(x,y,z)$ 间的距离.

解 $$\dfrac{\partial}{\partial x}\left(\dfrac{m}{r}\right) = -\dfrac{m}{r^2} \cdot \dfrac{\partial r}{\partial x} = -\dfrac{mx}{r^3},$$

同理 $$\dfrac{\partial}{\partial y}\left(\dfrac{m}{r}\right) = -\dfrac{my}{r^3}, \dfrac{\partial}{\partial z}\left(\dfrac{m}{r}\right) = -\dfrac{mz}{r^3},$$

从而 $$\mathbf{grad}\, \dfrac{m}{r} = -\dfrac{m}{r^2}\left(\dfrac{x}{r}\boldsymbol{i} + \dfrac{y}{r}\boldsymbol{j} + \dfrac{z}{r}\boldsymbol{k}\right).$$

如果用 $\boldsymbol{r}^\circ$ 表示与 $\overrightarrow{OM}$ 同方向的单位向量,则

$$\boldsymbol{r}^\circ = \dfrac{x}{r}\boldsymbol{i} + \dfrac{y}{r}\boldsymbol{j} + \dfrac{z}{r}\boldsymbol{k},$$

因此

$$\mathbf{grad}\,\frac{m}{r} = -\,\frac{m}{r^2}\boldsymbol{r}^\circ.$$

上式右端在力学上可解释为:位于原点 O 而质量为 m 的质点对位于点 M 而质量为 1 的质点的引力.这引力的大小与两质点的质量的乘积成正比,而与它们距离的平方成反比,这引力的方向由点 M 指向原点.因此数量场 $\frac{m}{r}$ 的势场即梯度场 $\mathbf{grad}\,\frac{m}{r}$ 称为引力场,而函数 $\frac{m}{r}$ 称为引力势.

习题 9-7

1.设函数 $u = x + y^2 + z^3$,则它在点 $M_0(1,1,1)$ 处沿方向 $l = (2, -2, 1)$ 的方向导数为_____.

2.函数 $u = x^2 + y^2 - 2xz + 2y - 3$ 在点 $(1, -1, 2)$ 处的方向导数最大值为(   ).

A. $4\sqrt{2}$　　　　　B. $3\sqrt{2}$　　　　　C. $2\sqrt{2}$　　　　　D. $\sqrt{2}$

3.求函数 $z = x^2 - xy + y^2$ 在点 $(1,1)$ 处方向导数的最大值及相应方向.

4.求函数 $u = x^2 + y^2 + z^2$ 在曲线 $\begin{cases} x = t, \\ y = t^2, \\ z = t^3 \end{cases}$ 上点 $(1,1,1)$ 处沿曲线在该点的切线正方向(对应 t 增大的方向)的方向导数.

5.讨论函数 $z = f(x,y) = \sqrt{x^2 + y^2}$ 在 $(0,0)$ 点处的偏导数是否存在,方向导数是否存在.

第八节　多元函数的极值及其应用

在实际问题中,我们会遇到许多求多元函数最大值、最小值的问题.与一元函数的情形类似,多元函数的最大值、最小值与极大值、极小值有着密切的联系,下面以二元函数为例来讨论多元函数的极值问题.

一、多元函数的极值

定义　设函数 $z = f(x,y)$ 在点 (x_0,y_0) 的某一邻域内有定义,对于该邻域内异于 (x_0,y_0) 的任意一点 (x,y),如果 $f(x,y) < f(x_0,y_0)$,则称函数在 (x_0,y_0) 处有极大值,反之称函数在 (x_0,y_0) 处有极小值,极大值、极小值统称为极值,使得函数取得极值的点称为极值点.

例如,函数 $z = 3x^2 + 4y^2$ 在 $(0,0)$ 点有极小值,函数 $z = -\sqrt{x^2 + y^2}$ 在 $(0,0)$ 点有极大值,函数 $z = xy$ 在 $(0,0)$ 点无极值.

与导数在一元函数极值研究中的作用一样,偏导数也是研究多元函数极值的主要工具.

定理 1(必要条件)　设函数 $z = f(x,y)$ 在 $P_0(x_0,y_0)$ 有极值且存在偏导数,则 $f_x(P_0) = f_y(P_0) = 0$.

证　不妨设 $z = f(x,y)$ 在点 $P_0(x_0,y_0)$ 处有极大值,依照极大值的定义,在点 (x_0,y_0)

的某个邻域内异于 $P_0(x_0,y_0)$ 的点 (x,y) 都适合不等式

$$f(x,y) < f(x_0,y_0).$$

特别地,在该邻域内取 $y = y_0$ 而 $x \neq x_0$ 的点,也应满足 $f(x,y_0) < f(x_0,y_0)$,这表明一元函数 $f(x,y_0)$ 在 $x = x_0$ 处取得极大值,因而必有 $f_x(P_0) = 0$. 类似可证 $f_y(P_0) = 0$.

类似地,如果三元函数 $u = f(x,y,z)$ 在点 $P_0(x_0,y_0,z_0)$ 具有偏导数,那么它在点 $P_0(x_0,y_0,z_0)$ 具有极值的必要条件为 $f_x(P_0) = f_y(P_0) = f_z(P_0) = 0$.

与一元函数的情形类似,对于多元函数,凡是能使一阶偏导数同时为零的点称为函数的驻点.

根据定理 1 可知,具有偏导数的函数的极值点必定是驻点,但是函数的驻点不一定是极值点.例如,$z = xy$,由于 $z_x = y, z_y = x$,所以在 $(0,0)$ 点,有 $z_x = z_y = 0$,$(0,0)$ 点是驻点,但 $(0,0)$ 点显然不是极值点.

怎样判定一个驻点是否是极值点呢? 下面的定理 2 回答了这个问题.

定理 2(充分条件)　设函数 $z = f(x,y)$ 在点 $P_0(x_0,y_0)$ 的某邻域内有直到二阶的连续偏导数,$f_x(P_0) = f_y(P_0) = 0$.记

$$A = f_{xx}(P_0), B = f_{xy}(P_0), C = f_{yy}(P_0), D = AC - B^2.$$

(1) 当 $D > 0, A < 0$ 时,$f(P_0)$ 为极大值;

(2) 当 $D > 0, A > 0$ 时,$f(P_0)$ 为极小值;

(3) 当 $D < 0$ 时,$f(P_0)$ 不是极值;

(4) 当 $D = 0$ 时,$f(P_0)$ 是否为极值待定.

证　从略.

例 1　求函数 $f(x,y) = x^3 + y^3 - 3xy$ 的极值.

解　令 $\begin{cases} f_x = 3x^2 - 3y = 0, \\ f_y = 3y^2 - 3x = 0. \end{cases}$ 得驻点 $(0,0),(1,1)$.而

$$A = f_{xx} = 6x, B = f_{xy} = -3, C = f_{yy} = 6y, D = AC - B^2 = 36xy - 9.$$

列表计算极值:

驻点	D	A	极值否	极值 $f(x,y)$
$(0,0)$	-9	0	否	—
$(1,1)$	27	6	极小	-1

在讨论一元函数的极值问题时,我们知道函数的极值既可能在驻点处取得,也可能在导数不存在的点处取得,同样多元函数的极值也可能在个别偏导数不存在的点处取得.例如,函数 $z = -\sqrt{x^2 + y^2}$ 在 $(0,0)$ 点有极大值,但该函数在点 $(0,0)$ 处不存在偏导数.因此在考虑函数的极值问题时,除考虑函数的驻点外,还要考虑那些使偏导数不存在的点.

二、求最大值与最小值的一般方法

与一元函数类似,我们可以利用函数的极值来求函数的最大值和最小值,并且在本章第一节中我们已经学过,如果函数 $f(x,y)$ 在有界闭区域 D 上连续,则二元函数 $f(x,y)$ 在 D 上必能取得最大值和最小值,且函数最大值点或最小值点必在函数的极值点或在 D 的边界点

处取得,因此只需要求出 $f(x,y)$ 在各驻点和不可导点的函数值及其在边界上的函数值,然后加以比较即可.

在通常遇到的实际问题中,如果根据问题的性质,可以判定出函数 $f(x,y)$ 的最大值或最小值一定在 D 的内部取得,而函数 $f(x,y)$ 在 D 内只有一个驻点,则可以肯定该驻点处的函数值就是函数 $f(x,y)$ 在 D 上的最大值或最小值.

例2 要建造一个容积为 10 立方米的长方体无盖水池,底面材料单价每平方米 20 元,侧面材料单价每平方米 8 元.应如何设计尺寸,使得材料造价最省?

解 设水池长、宽分别为 x,y 米,则高为 $\dfrac{10}{xy}$ 米,材料造价

$$S = 20xy + 16 \times \frac{10}{xy}(x+y),(x > 0,y > 0).$$

令

$$\begin{cases} S_x = 20\left(y - \dfrac{8}{x^2}\right) = 0, \\ S_y = 20\left(x - \dfrac{8}{y^2}\right) = 0. \end{cases}$$

解得

$$\begin{cases} x = 2, \\ y = 2. \end{cases}$$

根据题意存在最小造价,而 $x = 2,y = 2$ 是唯一驻点,所以当水池长为 2 米,宽为 2 米,高为 $\dfrac{5}{2}$ 米时,水池的材料造价最省.

三、条件极值与拉格朗日乘数法

前面所讨论的极值问题,对于函数的自变量,一般只要求其在定义域内,并无其他限制条件,这类极值我们称为无条件极值,但在实际问题中,常会遇到对函数的自变量还有附加条件的极值问题,例如求表面积为 a^2 而体积最大的长方体的体积问题,像这样对自变量有附加条件的极值称为条件极值,有些情况下可以将条件极值问题转换为无条件极值问题,然而一般来讲这样做很不方便,下面我们要介绍求解一般条件极值问题的方法——拉格朗日乘数法.

要找函数 $z = f(x,y)$ 在附加条件 $\varphi(x,y) = 0$ 下的可能极值点,可以先做拉格朗日函数

$$L(x,y) = f(x,y) + \lambda \varphi(x,y),$$

其中 λ 为参数.求其对 x 与 y 的一阶偏导数,并使之为零,然后与附加条件联立起来,则

$$\begin{cases} f_x(P_0) + \lambda \varphi_x(P_0) = 0, \\ f_y(P_0) + \lambda \varphi_y(P_0) = 0, \\ \varphi(P_0) = 0. \end{cases}$$

由这方程组解出 x,y 及参数 λ ,这样得到的 (x_0,y_0) 就是函数 $f(x,y)$ 在附加条件 $\varphi(x,y) = 0$ 下的可能极值点.这方法还可以推广到自变量多于两个,而条件多于一个的情形.至于如何确定所求的点是否是极值点,在实际问题中往往可以根据问题本身的性质来判定.

例3 某公司通过报纸和电视传媒做某种产品的促销广告,根据统计资料,销售收入 R 与报纸广告费 x 及电视广告费 y（单位:万元）之间的关系有如下经验公式: $R = 15 + 14x +$

$32y - 8xy - 2x^2 - 10y^2$,在限定广告费为 1.5 万元的情况下,求相应的最优广告策略,并求出最大利润.

解　利润函数为 $L(x,y) = R - (x+y) = 15 + 13x + 31y - 8xy - 2x^2 - 10y^2$,本题即要求在条件 $x + y = 1.5$ 下,函数 $L(x,y)$ 的最大值.

令

$$F(x,y) = L(x,y) + \lambda\varphi(x,y)$$
$$= 15 + 13x + 31y - 8xy - 2x^2 - 10y^2 + \lambda(x + y - 1.5),$$

解方程组

$$\begin{cases} F_x = 13 - 8y - 4x + \lambda = 0, \\ F_y = 31 - 8x - 20y + \lambda = 0, \\ F_\lambda = x + y - 1.5 = 0, \end{cases}$$

得 $x = 0, y = 1.5$,这是唯一的驻点,又由题意可知,$L(x,y)$ 一定存在最大值,故当报纸广告费为 0 万元,电视广告费为 1.5 万元时,广告策略最优,并且此时最大利润为 $L(0, 1.5) = 39$(万元).

习题 9-8

1.下列各题中分别给出了四个结论,从中选出一个正确的结论.

(1) 函数 $z = x^3 + y^3 - 3x^2 - 3y^2$ 的极小值点是(　　).

A. $(0,0)$　　　　　B. $(2,2)$　　　　　C. $(2,0)$　　　　　D. $(0,2)$

(2) 已知函数 $f(x,y)$ 在点 $(0,0)$ 的某个邻域内连续,且 $\lim\limits_{(x,y)\to(0,0)} \dfrac{f(x,y) - xy}{(x^2 + y^2)^2} = 1$,则下述四个选项中,正确的是(　　).

A.点 $(0,0)$ 不是 $f(x,y)$ 的极值点

B.点 $(0,0)$ 是 $f(x,y)$ 的极大值点

C.点 $(0,0)$ 是 $f(x,y)$ 的极小值点

D.根据所给条件,无法判断 $(0,0)$ 是否为 $f(x,y)$ 的极值点

2.求 $z = \sqrt{x^2 + y^2}$ 的极值.

3.求函数 $z = x^2 + y^3 - y$ 的极值.

4.求函数 $f(x,y) = e^{2x}(x + y^2 + 2y)$ 的极值.

5.求函数 $f(x,y) = x^3 - y^3 + 3x^2 + 3y^2 - 9x$ 的极值.

6.求函数 $u = xyz$ 在适合附加条件 $\dfrac{1}{x} + \dfrac{1}{y} + \dfrac{1}{z} = \dfrac{1}{a}$ $(x > 0, y > 0, z > 0, a > 0)$ 下的极大值.

7.在平面 $x + y + z = 1$ 上求一点,使它与两定点 $P(1,0,1)$ 和 $Q(2,0,1)$ 的距离平方和为最小.

8.有盖长方体水箱长、宽、高分别为 x, y, z,若 $xyz = V = 2$,怎样用料最省?

9.求表面积为 a^2 而体积为最大的长方体的体积.

总习题九

1.填空题：

(1) 二元函数 $z = f(x,y)$ 在点 $P_0(x_0,y_0)$ 处的两个偏导数存在是 $z = f(x,y)$ 在点 $P_0(x_0,y_0)$ 处连续的_____条件(填：充分、必要、充要或无关)；

(2) 如果 $z = f(x,y)$ 的两个二阶混合偏导数 $\dfrac{\partial^2 z}{\partial x \partial y}$ 及 $\dfrac{\partial^2 z}{\partial y \partial x}$ 在区域 D 内_____，则这两个混合偏导数相等；

(3) 设 $f(x,y) = 3x + 2y$，则 $f[1,f(x,y)] = $ _____ ；

(4) 函数 $z = \ln(x + y) + \sqrt{1 - x^2 - y^2}$ 的定义域是_____；

(5) 设 $\mathrm{e}^z - xyz = 1$，则 $\dfrac{\partial z}{\partial x}\Big|_{(1,0,0)} = $ _____ ；

(6) 设函数 $z = f(x,xy)$，则 $\dfrac{\partial z}{\partial x} = $ _____ ．

2.下列各题中分别给出了四个结论，从中选出一个正确的结论.

(1) 函数 $f(x,y) = \begin{cases} \dfrac{xy}{\sqrt{x^2 + y^2}}, & (x,y) \neq (0,0), \\ 0, & (x,y) = (0,0), \end{cases}$ 在 $(0,0)$ 点处(   ).

A.极限值为 1　　　　B.极限值为 -1　　　　C.连续　　　　D.无极限

(2) 在曲线 $\begin{cases} x = t, \\ y = -t^2, \\ z = t^3, \end{cases}$ 的所有切线中，与平面 $x + 2y + z = 4$ 平行的切线(   ).

A.只有一条　　　　B.只有两条　　　　C.至少有三条　　　　D.不存在

(3) 设 $u = \arctan\dfrac{y}{x}$，则 $\dfrac{\partial u}{\partial x}$ 为(   ).

A. $\dfrac{x}{x^2 + y^2}$　　　　B. $\dfrac{-y}{x^2 + y^2}$　　　　C. $\dfrac{y}{x^2 + y^2}$　　　　D. $\dfrac{-x}{x^2 + y^2}$

(4) 如果函数 $z = f(x,y)$ 在点 $P_0(x_0,y_0)$ 处偏导数 $f_x(x_0,y_0)$，$f_y(x_0,y_0)$ 存在，则该函数在点 $P_0(x_0,y_0)$ 处(   ).

A.极限存在　　　　B.连续　　　　C.全微分存在　　　　D.以上都不对

(5) 曲面 $x^2 - 4y^2 + 2z^2 = 6$ 在点 $(2,2,3)$ 处的法线方程为(   ).

A. $x - 1 = \dfrac{y - 6}{-4} = \dfrac{z}{3}$　　　　　　　B. $\dfrac{x - 2}{-1} = \dfrac{y + 1}{-4} = \dfrac{z - 2}{3}$

C. $\dfrac{x - 1}{1} = \dfrac{y - 6}{4} = \dfrac{z - 1}{2}$　　　　　　D. $\dfrac{x - 2}{1} = \dfrac{y - 2}{-4} = \dfrac{z - 3}{3}$

(6) 设 $f(u,v)$ 具有一阶连续偏导数，$z = f(x^2 + y^2, x - y)$ 则 $\dfrac{\partial z}{\partial x}, \dfrac{\partial z}{\partial y}$ 分别为(   ).

A. $2yf_1' + f_2'$ 和 $2yf_1' - f_2'$　　　　　　B. $2xf_1' + f_2'$ 和 $2yf_1' - f_2'$

C. $2yf_1' + f_2'$ 和 $2xf_1' - f_2'$　　　　　　D. $2xf_1' - f_2'$ 和 $2yf_1' + f_2'$

3.计算 $\lim\limits_{(x,y)\to(0,0)}(x+y)\sin\dfrac{1}{xy}$.

4.讨论函数 $f(x,y)=\begin{cases}\dfrac{xy}{x^2+y^2}, & x^2+y^2\neq0,\\[3mm]0, & x^2+y^2=0\end{cases}$ 在 $(0,0)$ 处的连续性、可导性与可微性.

5.设 $z=x\sin(x+y)$,求 $\dfrac{\partial z}{\partial x},\dfrac{\partial z}{\partial y},\dfrac{\partial^2 z}{\partial x^2},\dfrac{\partial^2 z}{\partial y^2},\dfrac{\partial^2 z}{\partial x\partial y},\dfrac{\partial^2 z}{\partial y\partial x}$.

6. $e^z-\sin xyz=xy$,求 $\dfrac{\partial z}{\partial x},\dfrac{\partial z}{\partial y}$.

7.设 $z=f(e^x,xy,\sin y)$,其中 f 是可微函数,求 $\mathrm{d}z$.

8.已知函数 $z=f(x,y,u)=x^2+y^3+F(u)$, $u=x^2-y^2$,求 $\dfrac{\partial z}{\partial x},\dfrac{\partial z}{\partial y}$.

9.设 f 具有连续偏导,方程 $z=f(xz,z-y)$ 确定 z 是 x,y 的函数.求 $\dfrac{\partial z}{\partial x},\dfrac{\partial z}{\partial y}$.

10.求曲面 $x^2+2y^2+3z^2=21$ 上平行于平面 $x+4y+6z=0$ 的切平面方程.

11.某公司可通过电台和报纸两种方式做销售某种商品的广告,根据统计资料,销售收入 R(万元)与电台广告费用 x_1(万元)及报纸广告费用 x_2(万元)之间有如下经验公式:
$$R=15+14x_1+32x_2-8x_1x_2-2x_1^2-10x_2^2.$$
在广告费用不限的情况下,求最优广告策略.

数学家简介[7]

欧　拉

　　欧拉于 1707 年 4 月 15 日生于瑞士巴塞尔，1783 年 9 月 18 日卒于俄国圣彼得堡，是 18 世纪数学界最杰出的人物之一.

　　欧拉生于牧师家庭，小时候他就特别喜欢数学，不满 10 岁就开始自学《代数学》.这本书连他的几位老师都没读过.可小欧拉却读得津津有味，遇到不懂的地方，就用笔作个记号，事后再向别人请教.1720 年，13 岁的欧拉靠自己的努力考入了巴塞尔大学，得到当时最有名的数学家约翰·伯努利（Johann Bernoulli, 1667—1748）的精心指导.这在当时是个奇迹，曾轰动了数学界.小欧拉是这所大学，也是整个瑞士大学校园里年龄最小的学生.15 岁在巴塞尔大学获学士学位，翌年得硕士学位.1727 年，欧拉应圣彼得堡科学院的邀请到俄国.1731 年接替丹尼尔·伯努利成为物理教授.他以旺盛的精力投入研究，在俄国的 14 年中，他在分析学、数论和力学方面作了大量出色的工作.1741 年受普鲁士腓特烈大帝的邀请到柏林科学院工作，达 25 年之久.在柏林期间他的研究内容更加广泛，涉及行星运动、刚体运动、热力学、弹道学、人口学，这些工作和他的数学研究相互推动.欧拉这个时期在微分方程、曲面微分几何及其他数学领域的研究都是开创性的.1766 年他又回到了圣彼得堡.

　　欧拉渊博的知识，无穷无尽的创作精力和空前丰富的著作，都是令人惊叹不已的！他从 19 岁开始发表论文，直到 76 岁，半个多世纪写下了浩如烟海的书籍和论文.至今几乎每一个数学领域都可以看到欧拉的名字，从初等几何的欧拉线、多面体的欧拉定理、立体解析几何的欧拉变换公式、四次方程的欧拉解法到数论中的欧拉函数、微分方程的欧拉方程、级数论的欧拉常数、变分学的欧拉方程、复变函数的欧拉公式等，数也数不清.他对数学分析的贡献更独具匠心，《无穷小分析引论》一书便是他划时代的代表作，当时数学家们称他为"分析学的化身".

　　在欧拉的数学生涯中，他的视力一直在恶化.在 1735 年一次几乎致命的发热后的三年，他的右眼近乎失明，但他把这归咎于他为圣彼得堡科学院进行的辛苦的地图学工作.他在德国期间视力仍持续恶化，以至于弗雷德里克把他誉为"独眼巨人".欧拉的原本正常的左眼后来又遭受了白内障的困扰，在他于 1766 年被查出有白内障的几个星期后，导致了他近乎完全失明.即便如此，病痛似乎并未影响到欧拉的学术生产力，这大概归因于他的心算能力和超群的记忆力.比如，欧拉可以从头到尾毫不犹豫地背诵维吉尔的史诗《埃涅阿斯纪》，并能指出他所背诵的那个版本的每一页的第一行和最后一行是什么.在书记员的帮助下，欧拉在多个领域的研究其实变得更加高产了.在 1775 年，他平均每周就完成一篇数学论文.

　　欧拉始终保持着充沛的精力和清醒的头脑，直到临死的那一秒钟.那是在 1783 年 9 月 18 日，他 77 岁的时候.这天下午他当作消遣地推算了气球升高的定律.尔后，与雷克塞尔和家人吃了晚饭."赫歇尔的行星"（天王星）那时刚刚被发现，欧拉写出了他对这个行星轨道的计算.过了一会儿，他让他的孙子进来.就在喝着茶跟孩子玩的时候，他中风发作.手中烟斗掉了，只说出一句话"我要死了"，欧拉便停止了生命和计算.

　　欧拉是科学史上最多产的一位杰出的数学家，据统计他那不倦的一生，一共发表论文和专著 500 多种，其中分析、代数、数论占 40%，几何占 18%，物理和力学占 28%，天文学占

11%,弹道学、航海学、建筑学等占 3%,彼得堡科学院为了整理他的著作,足足忙碌了 47 年.
1909 年瑞士科学家开始出版《欧拉全集》,共 74 卷,直到 20 世纪 80 年代尚未出齐.

欧拉具有高尚的人格.拉格朗日是稍后于欧拉的大数学家,从 19 岁起和欧拉通信,讨论等周问题的一般解法,这引起变分法的诞生.等周问题是欧拉多年来苦心考虑的问题,拉格朗日的解法,博得欧拉的热烈赞扬,1759 年 10 月 2 日欧拉在回信中盛称拉格朗日的成就,并谦虚地压下自己在这方面较不成熟的作品暂不发表,使年青的拉格朗日的工作得以发表和流传,并赢得巨大的声誉.他晚年的时候,欧洲所有的数学家都把他当作老师,著名数学家拉普拉斯(Laplace)曾说过:"欧拉是我们的导师".

欧拉凭借其非凡的毅力、超人的才智、雄厚的知识、惊人的记忆进行科学研究,取得累累硕果,他所留下的科学遗产和为科学献身的精神,值得后人的尊敬和推崇.

第十章 重 积 分

在一元函数积分学中,我们曾经用和式的极限来定义一元函数 $f(x)$ 在区间 $[a,b]$ 上的定积分,并建立了定积分理论.若将一元函数定积分中的被积函数、积分范围分别推广到被积函数为二元函数和三元函数及其相应的积分范围,便得到二重积分和三重积分,统称为重积分.本章将介绍重积分的概念、性质、计算方法和它在几何、物理方面的一些应用.

第一节 二重积分的概念与性质

一、二重积分的概念

下面通过计算曲顶柱体的体积和平面薄片的质量引出二重积分的定义.

1.曲顶柱体的体积

曲顶柱体是指这样的立体:在空间直角坐标系中它的底是 xOy 平面上的一个有界闭区域 D,其侧面是以 D 的边界为准线的母线平行于 z 轴的柱面,其顶部是在区域 D 上的连续函数 $z=f(x,y)$,且 $f(x,y) \geqslant 0$ 所表示的曲面(如图 10-1).

现在讨论如何求曲顶柱体的体积.

分析这个问题,我们看到它与求曲边梯形的面积问题是类似的.可以用与定积分类似的方法(即分割、近似代替、求和、取极限的方法)来解决(如图 10-2).

(1) 分割闭区域 D 为 n 个小闭区域

$$\Delta\sigma_1, \Delta\sigma_2, \cdots, \Delta\sigma_n.$$

同时也用 $\Delta\sigma_i$ 表示第 i 个小闭区域的面积,用 $\mathrm{d}(\Delta\sigma_i)$ 表示区域 $\Delta\sigma_i$ 的直径(一个闭区域的直径是指闭区域上任意两点间距离的最大值),相应地,该曲顶柱体被分为 n 个小曲顶柱体.

(2) 在每个小闭区域上任取一点

$$(\xi_1,\eta_1),(\xi_2,\eta_2),\cdots,(\xi_n,\eta_n) ,$$

对第 i 个小曲顶柱体的体积,用高为 $f(\xi_i,\eta_i)$ 且底为 $\Delta\sigma_i$ 的平顶柱体的体积 $f(\xi_i,\eta_i)\Delta\sigma_i$ 来近似代替.

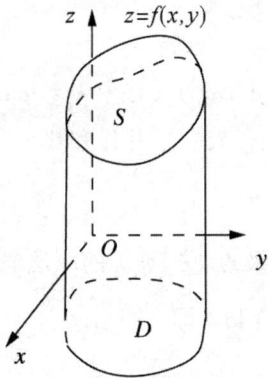
图 10-1

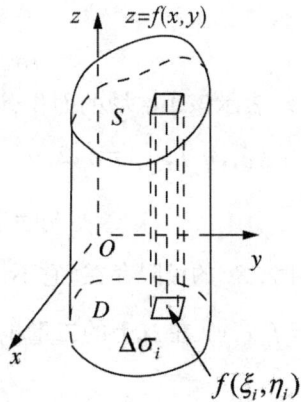
图 10-2

（3）这 n 个平顶柱体的体积之和

$$\sum_{i=1}^{n} f(\xi_i, \eta_i)\Delta\sigma_i$$

就是该曲顶柱体体积的近似值.

（4）用 λ 表示 n 个小闭区域 $\Delta\sigma_i$ 的直径的最大值，即 $\lambda = \max_{1 \leqslant i \leqslant n} d(\Delta\sigma_i)$. 当 $\lambda \to 0$（可理解为 $\Delta\sigma_i$ 收缩为一点）时，上述和式的极限就是该曲顶柱体的体积

$$V = \lim_{\lambda \to 0} \sum_{i=1}^{n} f(\xi_i, \eta_i)\Delta\sigma_i.$$

2.平面薄片的质量

设薄片在 xOy 平面占有平面闭区域 D，它在点 (x,y) 处的面密度是 $\rho = \rho(x,y)$. 设 $\rho(x,y) > 0$ 且在 D 上连续，求薄片的质量（如图 10-3）.

先分割闭区域 D 为 n 个小闭区域

$$\Delta\sigma_1, \Delta\sigma_2, \cdots, \Delta\sigma_n.$$

在每个小闭区域上任取一点

$$(\xi_1, \eta_1), (\xi_2, \eta_2), \cdots, (\xi_n, \eta_n).$$

近似地，若以点 (ξ_i, η_i) 处的面密度 $\rho(\xi_i, \eta_i)$ 代替小闭区域 $\Delta\sigma_i$ 上各点处的面密度，则得到第 i 块小薄片的质量的近似值为 $\rho(\xi_i, \eta_i)\Delta\sigma_i (i = 1,2\cdots, n)$，于是整个薄片质量的近似值是

$$\sum_{i=1}^{n} \rho(\xi_i, \eta_i)\Delta\sigma_i.$$

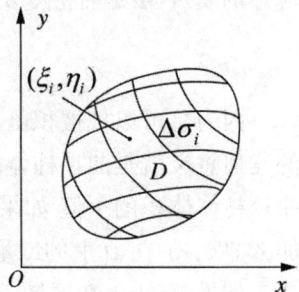
图 10-3

用 $\lambda = \max_{1 \leqslant i \leqslant n} d(\Delta\sigma_i)$ 表示 n 个小闭区域 $\Delta\sigma_i$ 的直径的最大值，当 D 无限细分，即当 $\lambda \to 0$ 时，上述和式的极限就是薄片的质量 M，即

$$M = \lim_{\lambda \to 0} \sum_{i=1}^{n} \rho(\xi_i, \eta_i)\Delta\sigma_i.$$

以上两个具体问题的实际意义虽然不同，但所求量都归结为同一形式的和的极限.抽象出来就得到下述二重积分的定义.

定义　设 D 是 xOy 平面上的有界闭区域，二元函数 $z = f(x,y)$ 在 D 上有界.将 D 分为 n

个小区域
$$\Delta\sigma_1, \Delta\sigma_2, \cdots, \Delta\sigma_n.$$

同时用 $\Delta\sigma_i$ 表示该小区域的面积,记 $\Delta\sigma_i$ 的直径为 $\mathrm{d}(\Delta\sigma_i)$,并令 $\lambda = \max\limits_{1\leqslant i\leqslant n}\mathrm{d}(\Delta\sigma_i)$.在 $\Delta\sigma_i$ 上任取一点 (ξ_i, η_i),$(i = 1, 2, \cdots, n)$,作乘积 $f(\xi_i, \eta_i)\Delta\sigma_i$,并作和式

$$S_n = \sum_{i=1}^{n} f(\xi_i, \eta_i)\Delta\sigma_i.$$

若 $\lambda \to 0$ 时,S_n 的极限存在(它不依赖于 D 的分法及点 (ξ_i, η_i) 的取法),则称这个极限值为函数 $z = f(x, y)$ 在 D 上的**二重积分**,记作 $\iint\limits_{D} f(x, y)\mathrm{d}\sigma$,即

$$\iint\limits_{D} f(x, y)\mathrm{d}\sigma = \lim_{\lambda\to 0}\sum_{i=1}^{n} f(\xi_i, \eta_i)\Delta\sigma_i, \tag{1}$$

其中 D 叫作**积分区域**,$f(x, y)$ 叫作**被积函数**,$\mathrm{d}\sigma$ 叫作**面积元素**,$f(x, y)\mathrm{d}\sigma$ 叫作**被积表达式**,x 与 y 叫作**积分变量**,$\sum\limits_{i=1}^{n} f(\xi_i, \eta_i)\Delta\sigma_i$ 叫作**积分和**.

在直角坐标系中,我们常用平行于 x 轴和 y 轴的直线把区域 D 分割成小矩形,它的边长是 Δx 和 Δy,从而 $\Delta\sigma = \Delta x \cdot \Delta y$.因此在直角坐标系中的面积元素可写成 $\mathrm{d}\sigma = \mathrm{d}x \cdot \mathrm{d}y$,二重积分也可记作

$$\iint\limits_{D} f(x, y)\mathrm{d}x\mathrm{d}y = \lim_{\lambda\to 0}\sum_{i=1}^{n} f(\xi_i, \eta_i)\Delta\sigma_i.$$

有了二重积分的定义,前面的体积和质量都可以用二重积分来表示.曲顶柱体的体积 V 是函数 $z = f(x, y)$ 在区域 D 上的二重积分

$$V = \iint\limits_{D} f(x, y)\mathrm{d}\sigma,$$

薄片的质量 M 是面密度 $\rho = \rho(x, y)$ 在区域 D 上的二重积分

$$M = \iint\limits_{D} \rho(x, y)\mathrm{d}\sigma.$$

因为总可以把被积函数 $z = f(x, y)$ 看作空间的一曲面,所以当 $f(x, y)$ 为正时,二重积分的几何意义就是曲顶柱体的体积;当 $f(x, y)$ 为负时,柱体就在 xOy 平面下方,二重积分就是曲顶柱体体积的负值.如果 $f(x, y)$ 在某部分区域上是正的,而在其余的部分区域上是负的,那么 $f(x, y)$ 在 D 上的二重积分就等于这些部分区域上柱体体积的代数和.

如果 $f(x, y)$ 在区域 D 上的二重积分存在[和式的极限(1)存在],则称 $f(x, y)$ 在 D 上可积.什么样的函数是可积的呢?与一元函数定积分的情形一样,我们只给出有关结论,而不作证明.

如果 $f(x, y)$ 是闭区域 D 上连续或分块连续的函数,则 $f(x, y)$ 在 D 上可积.

我们总假定 $z = f(x, y)$ 在闭区域 D 上连续,所以 $f(x, y)$ 在 D 上的二重积分都是存在的,以后就不再一一加以说明.

由二重积分的概念很容易得出这样的结论:二重积分 $\iint\limits_{D} f(x, y)\mathrm{d}\sigma$ 值的大小只与函数 $f(x, y)$ 及区域 D 有关,而与区域 D 的分割和 (ξ_i, η_i) 的取法无关,也与积分变量用何字母表示无关.

二、二重积分的性质

设二元函数 $f(x,y)$，$g(x,y)$ 在闭区域 D 上连续，于是这些函数的二重积分存在.由于二重积分的定义与定积分定义类似，都是和式的极限，因此，二重积分也具有类似于定积分的一些基本性质.下面列举这些性质.

性质1 常数因子可提到积分号外面.设 k 是常数，则

$$\iint\limits_{D} kf(x,y)\,\mathrm{d}\sigma = k\iint\limits_{D} f(x,y)\,\mathrm{d}\sigma .$$

性质2 函数的和或差的积分等于各函数积分的和或差,即

$$\iint\limits_{D} [f(x,y) \pm g(x,y)]\,\mathrm{d}\sigma = \iint\limits_{D} f(x,y)\,\mathrm{d}\sigma \pm \iint\limits_{D} g(x,y)\,\mathrm{d}\sigma .$$

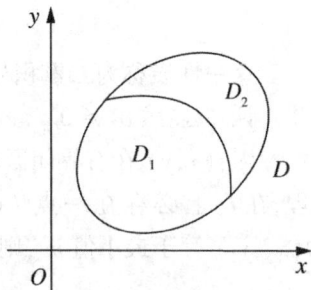

图 10-4

性质3（区域的可加性） 设闭区域 D 被有限条曲线分为有限个部分闭区域，则 D 上的二重积分等于各部分闭区域上二重积分的和.

例如 D 分为区域 D_1 和 D_2（如图 10-4），则

$$\iint\limits_{D} f(x,y)\,\mathrm{d}\sigma = \iint\limits_{D_1} f(x,y)\,\mathrm{d}\sigma + \iint\limits_{D_2} f(x,y)\,\mathrm{d}\sigma . \qquad (2)$$

性质3 表示二重积分对积分区域具有可加性.

性质4 设在闭区域 D 上 $f(x,y) = 1$，σ 为区域 D 的面积，则

$$\iint\limits_{D} 1\,\mathrm{d}\sigma = \iint\limits_{D} \mathrm{d}\sigma = \sigma .$$

从几何意义上来看性质4是明显成立的.因为高为 1 的平顶柱体的体积在数值上就等于柱体的底面积.

性质5 设在闭区域 D 上有 $f(x,y) \leqslant g(x,y)$，则

$$\iint\limits_{D} f(x,y)\,\mathrm{d}\sigma \leqslant \iint\limits_{D} g(x,y)\,\mathrm{d}\sigma .$$

由于

$$- |f(x,y)| \leqslant f(x,y) \leqslant |f(x,y)| ,$$

又有

$$\left| \iint\limits_{D} f(x,y)\,\mathrm{d}\sigma \right| \leqslant \iint\limits_{D} |f(x,y)|\,\mathrm{d}\sigma .$$

这就是说，函数二重积分的绝对值必小于或等于该函数绝对值的二重积分.

性质6（估值定理） 设 M、m 分别为 $f(x,y)$ 在闭区域 D 上的最大值和最小值，σ 为 D 的面积，则有

$$m\sigma \leqslant \iint\limits_{D} f(x,y)\,\mathrm{d}\sigma \leqslant M\sigma .$$

上述不等式是对二重积分估值的不等式.因为 $m \leqslant f(x,y) \leqslant M$，所以由性质5有

$$\iint\limits_{D} m\,\mathrm{d}\sigma \leqslant \iint\limits_{D} f(x,y)\,\mathrm{d}\sigma \leqslant \iint\limits_{D} M\,\mathrm{d}\sigma ,$$

即

$$m\sigma = \iint\limits_D m\mathrm{d}\sigma \leqslant \iint\limits_D f(x,y)\mathrm{d}\sigma \leqslant \iint\limits_D M\mathrm{d}\sigma = M\sigma.$$

性质 7(二重积分的中值定理) 设函数 $f(x,y)$ 在闭区域 D 上连续,σ 是 D 的面积,则在 D 上至少存在一点 (ξ,η),使得

$$\iint\limits_D f(x,y)\mathrm{d}\sigma = f(\xi,\eta) \cdot \sigma.$$

这一性质称为二重积分的中值定理.

证 显然 $\sigma \neq 0$.

因 $f(x,y)$ 在有界闭区域 D 上连续,根据有界闭区域上连续函数取得最大值、最小值定理,在 D 上必存在一点 (x_1,y_1),使 $f(x_1,y_1)$ 等于最大值 M,又存在一点 (x_2,y_2),使 $f(x_2,y_2)$ 等于最小值 m,则对于 D 上所有点 (x,y),有

$$m = f(x_2,y_2) \leqslant f(x,y) \leqslant f(x_1,y_1) = M.$$

由性质 6 得

$$m\sigma \leqslant \iint\limits_D f(x,y)\mathrm{d}\sigma \leqslant M\sigma$$

或

$$m \leqslant \frac{1}{\sigma}\iint\limits_D f(x,y)\mathrm{d}\sigma \leqslant M.$$

根据闭区域上连续函数的介值定理知,D 上必存在一点 (ξ,η),使得

$$\frac{1}{\sigma}\iint\limits_D f(x,y)\mathrm{d}\sigma = f(\xi,\eta),$$

即

$$\iint\limits_D f(x,y)\mathrm{d}\sigma = f(\xi,\eta)\sigma, \quad (\xi,\eta) \in D.$$

证毕.

二重积分的中值定理的几何意义可叙述如下:

当 $S:z = f(x,y)$ 为空间一连续曲面时,对以 S 为顶的曲顶柱体,必定存在一个以 D 为底,以 D 内某点 (ξ,η) 的函数值 $f(\xi,\eta)$ 为高的平顶柱体,它的体积 $f(\xi,\eta) \cdot \sigma$ 就等于这个曲顶柱体的体积.

例 1 比较积分 $\iint\limits_D \ln(x+y)\mathrm{d}\sigma$ 与 $\iint\limits_D [\ln(x+y)]^2\mathrm{d}\sigma$ 的大小,其中 D 是顶点为 $A(1,1)$,$B(2,0)$,$C(1,0)$ 的三角形.

解 直线 AB 方程为 $x+y = 2$,由于在 D 上任意一点都有 $1 \leqslant x+y \leqslant 2$,则

$$\ln(x+y) \geqslant [\ln(x+y)]^2,$$

所以由性质 5 可得

$$\iint\limits_D \ln(x+y)\mathrm{d}\sigma \geqslant \iint\limits_D [\ln(x+y)]^2\mathrm{d}\sigma.$$

例 2 利用二重积分的性质估计积分 $I = \iint\limits_D (x+y+1)\mathrm{d}\sigma$ 的值,其中 D 是矩形闭区域

$0 \leqslant x \leqslant 1, 0 \leqslant y \leqslant 2.$

解　因为在 D 上有 $1 \leqslant x + y + 1 \leqslant 4$, 而 D 的面积为 2, 由性质 6 可得

$$2 \leqslant \iint\limits_{D} (x + y + 1) \mathrm{d}\sigma \leqslant 8.$$

习题 10-1

1. 设平面薄片占有 xOy 面上的闭区域为 D, 它在点 (x, y) 处的面密度为 $\mu(x, y)$, 这里 $\mu(x, y) > 0$ 且在 D 上连续. 试用二重积分表示该薄片的质量.

2. 根据二重积分的性质, 比较 $\iint\limits_{D} \ln(x + y) \mathrm{d}\sigma$ 与 $\iint\limits_{D} [\ln(x + y)]^2 \mathrm{d}\sigma$ 的大小,

(1) D 表示以 $(2, 0)$、$(1, 0)$、$(1, 1)$ 为顶点的三角形;

(2) D 表示矩形区域 $\{(x, y) \mid 3 \leqslant x \leqslant 5, 0 \leqslant y \leqslant 1\}$.

3. 根据二重积分的性质, 估计下列积分的值:

(1) $I = \iint\limits_{D} (x + y + 1) \mathrm{d}\sigma$, $D = \{(x, y) \mid 0 \leqslant x \leqslant 1, 0 \leqslant y \leqslant 2\}$;

(2) $I = \iint\limits_{D} (x^2 + 4y^2 + 9) \mathrm{d}\sigma$, $D = \{(x, y) \mid x^2 + y^2 \leqslant 4\}$.

第二节　二重积分的计算

　　虽然上一节内容给出了计算二重积分的方法和步骤, 但在实际应用时按定义和性质去计算二重积分是十分复杂和困难的, 只有少数二重积分(被积函数和积分区域特别简单)可用定义计算. 下面我们借助二重积分的几何意义给出二重积分的计算方法, 把二重积分的计算化为连续两次定积分的计算.

一、利用直角坐标系计算二重积分

　　根据二重积分的几何意义可知, 当被积函数 $f(x, y) \geqslant 0$ 时, 二重积分 $\iint\limits_{D} f(x, y) \mathrm{d}\sigma$ 的值等于

以 D 为底, 以曲面 $z = f(x, y)$ 为顶的曲顶柱体的体积. 下面用"切片法"来求曲顶柱体的体积 V.

　　设积分区域 D 由两条平行直线 $x = a, x = b$ 及两条连续曲线 $y = \varphi_1(x), y = \varphi_2(x)$ 所围成, 如图 10-5 所示, 其中 $a < b, \varphi_1(x) < \varphi_2(x)$, 则 D 可表示为

$$D = \{(x, y) \mid a \leqslant x \leqslant b, \varphi_1(x) \leqslant y \leqslant \varphi_2(x)\}.$$

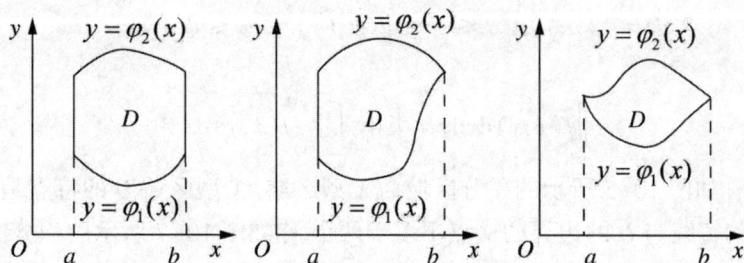

图 10-5

用平行于 yOz 坐标面的平面 $x = x_0 (a \leqslant x_0 \leqslant b)$ 去截曲顶柱体,得一截面,它是一个以区间 $[\varphi_1(x_0), \varphi_2(x_0)]$ 为底,以 $z = f(x_0, y)$ 为曲边的曲边梯形(见图 10-6),所以这个截面的面积为

$$A(x_0) = \int_{\varphi_1(x_0)}^{\varphi_2(x_0)} f(x_0, y) \mathrm{d}y .$$

由此,我们可以看到这个截面面积是 x_0 的函数.一般地,过区间 $[a, b]$ 上任一点且平行于 yOz 坐标面的平面,与曲顶柱体相交所得截面的面积为

$$A(x) = \int_{\varphi_1(x)}^{\varphi_2(x)} f(x, y) \mathrm{d}y .$$

其中 y 是积分变量, x 在积分时保持不变.因此,在区间 $[a, b]$ 上, $A(x)$ 是 x 的函数,应用计算平行截面面积为已知的立体体积的方法,得曲顶柱体的体积为

图 10-6

$$V = \int_a^b A(x) \mathrm{d}x = \int_a^b \left[\int_{\varphi_1(x)}^{\varphi_2(x)} f(x, y) \mathrm{d}y \right] \mathrm{d}x ,$$

即得

$$\iint\limits_D f(x, y) \mathrm{d}\sigma = \int_a^b \left[\int_{\varphi_1(x)}^{\varphi_2(x)} f(x, y) \mathrm{d}y \right] \mathrm{d}x ,$$

或记作

$$\iint\limits_D f(x, y) \mathrm{d}\sigma = \int_a^b \mathrm{d}x \int_{\varphi_1(x)}^{\varphi_2(x)} f(x, y) \mathrm{d}y .$$

上式右端是一个先对 y ,后对 x 积分的**二次积分或累次积分**.这里应当注意的是:做第一次积分时,因为是在求 x 处的截面积 $A(x)$,所以 x 是 a, b 之间任何一个固定的值, y 是积分变量;做第二次积分时,是沿着 x 轴累加这些薄片的体积 $A(x) \cdot \mathrm{d}x$,所以 x 是积分变量.

在上面的讨论中,开始假定了 $f(x, y) \geqslant 0$,而事实上,即使没有这个条件,上面的公式也正确.这里把此结论叙述如下:

若 $z = f(x, y)$ 在闭区域 D 上连续, $D: a \leqslant x \leqslant b, \varphi_1(x) \leqslant y \leqslant \varphi_2(x)$,则

$$\iint\limits_D f(x, y) \mathrm{d}x\mathrm{d}y = \int_a^b \mathrm{d}x \int_{\varphi_1(x)}^{\varphi_2(x)} f(x, y) \mathrm{d}y . \qquad (1)$$

类似地,若 $z = f(x, y)$ 在闭区域 D 上连续,积分区域 D 由两条平行直线 $y = c, y = d$ 及两条连续曲线 $x = \psi_1(y), x = \psi_2(y)$ (如图 10-7)所围成,其中 $c < d, \psi_1(y) < \psi_2(y)$,则 D 可表示为

$$D = \{(x, y) \mid c \leqslant y \leqslant d, \psi_1(y) \leqslant x \leqslant \psi_2(y)\} .$$

则有

$$\iint\limits_D f(x, y) \mathrm{d}x\mathrm{d}y = \int_c^d \mathrm{d}y \int_{\psi_1(y)}^{\psi_2(y)} f(x, y) \mathrm{d}x . \qquad (2)$$

以后我们称如图 10-5 所示的积分区域为 X 型区域, X 型区域 D 的特点是:穿过 D 内部且平行于 y 轴的直线与 D 的边界的交点不多于两个.称如图 10-7 所示的积分区域为 Y 型区域, Y 型区域 D 的特点是:穿过 D 内部且平行于 x 轴的直线与 D 的边界的交点不多于两个.

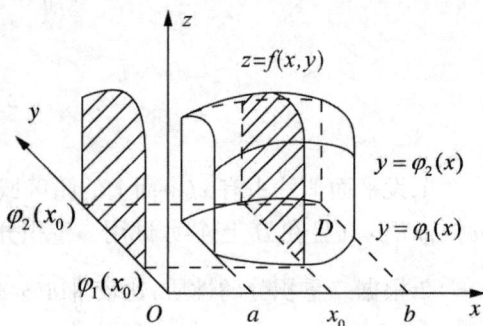

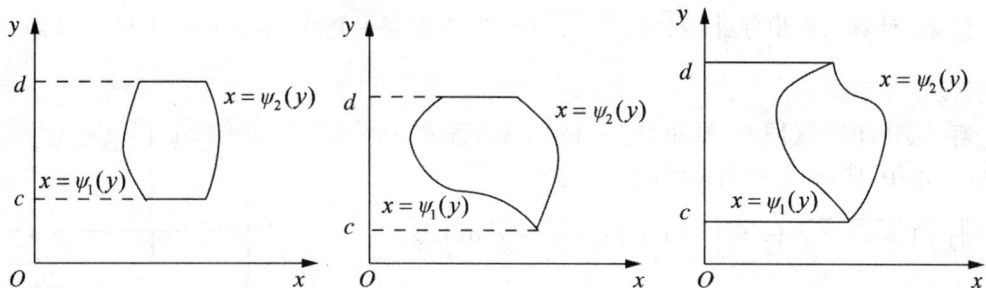

图 10-7

从上述计算公式可以看出,将二重积分化为两次定积分的关键是确定积分限,而确定积分限又依赖于区域 D 的几何形状.因此,必须先正确地画出 D 的图形,将 D 表示为 X 型区域或 Y 型区域.如果 D 不能直接表示成 X 型区域或 Y 型区域,则应将 D 划分成若干个无公共内点的小区域,并使每个小区域能表示成 X 型区域或 Y 型区域,再利用二重积分对区域具有可加性相加,区域 D 上的二重积分就是这些小区域上的二重积分之和,如图 10-8 所示.

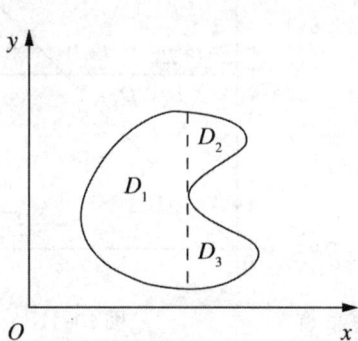

图 10-8

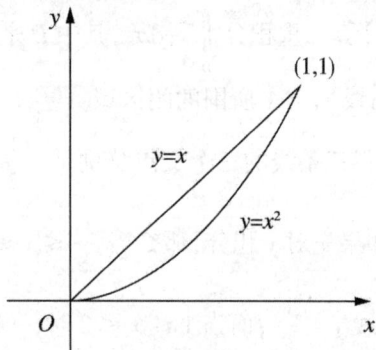

图 10-9

例 1 计算二重积分 $\iint\limits_{D} xy\mathrm{d}\sigma$,其中 D 为直线 $y=x$ 与抛物线 $y=x^2$ 所包围的闭区域.

解 画出区域 D 的图形,求出 $y=x$ 与 $y=x^2$ 两条曲线的交点,它们是 $(0,0)$ 及 $(1,1)$,区域 D(见图 10-9)可表示为

$$0 \leqslant x \leqslant 1, x^2 \leqslant y \leqslant x.$$

因此由公式(1)得

$$\iint\limits_{D} xy\mathrm{d}\sigma = \int_0^1 x\mathrm{d}x \int_{x^2}^x y\mathrm{d}y = \int_0^1 \left[\frac{x}{2}y^2 \right] \Big|_{x^2}^x \mathrm{d}x$$

$$= \frac{1}{2} \int_0^1 (x^3 - x^5)\,\mathrm{d}x = \frac{1}{24}.$$

本题也可以化为先对 x,后对 y 的积分,这时区域 D 可表示为:$0 \leqslant y \leqslant 1, y \leqslant x \leqslant \sqrt{y}$.由公式(2)得

$$\iint\limits_{D} xy\mathrm{d}\sigma = \int_0^1 y\mathrm{d}y \int_y^{\sqrt{y}} x\mathrm{d}x \,,$$

积分后与上面结果相同.

例 2 计算二重积分 $\iint\limits_{D} y\sqrt{1+x^2-y^2}\,d\sigma$ ，其中 D 是由直线 $y=x$, $x=-1$ 和 $y=1$ 所围成的闭区域.

解 画出积分区域 D ，易知 $D:-1\leqslant x\leqslant 1$, $x\leqslant y\leqslant 1$. 如图 10-10 所示，若利用公式（1），则有

$$\iint\limits_{D} y\sqrt{1+x^2-y^2}\,d\sigma=\int_{-1}^{1}\left(\int_{x}^{1} y\sqrt{1+x^2-y^2}\,dy\right)dx$$

$$=-\frac{1}{3}\int_{-1}^{1}\left[(1+x^2-y^2)^{\frac{3}{2}}\right]\Big|_{x}^{1}dx$$

$$=-\frac{1}{3}\int_{-1}^{1}(|x|^3-1)\,dx=-\frac{2}{3}\int_{0}^{1}(x^3-1)\,dx=\frac{1}{2}.$$

若利用公式（2），则有

$$\iint\limits_{D} y\sqrt{1+x^2-y^2}\,d\sigma=\int_{-1}^{1} y\left(\int_{-1}^{y}\sqrt{1+x^2-y^2}\,dx\right)dy,$$

也可得同样的结果.

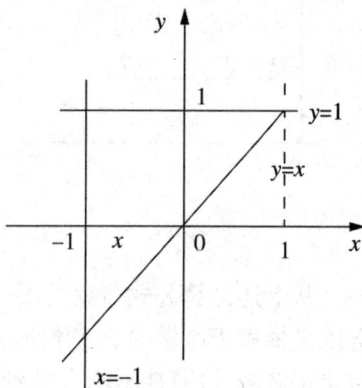

图 10-10

例 3 计算二重积分 $\iint\limits_{D}\dfrac{x^2}{y^2}d\sigma$ ，其中 D 是直线 $y=2$, $y=x$ 和双曲线 $xy=1$ 所围的闭区域.

解 求得三条线的三个交点分别是 $\left(\dfrac{1}{2},2\right)$, $(1,1)$ 及 $(2,2)$. 如果先对 y 积分，那么当 $\dfrac{1}{2}\leqslant x\leqslant 1$ 时，y 的下限是双曲线 $y=\dfrac{1}{x}$ ；而当 $1\leqslant x\leqslant 2$ 时，y 的下限是直线 $y=x$ ，因此需要用直线 $x=1$ 把区域 D 分为 D_1 和 D_2 两部分，如图 10-11 所示.

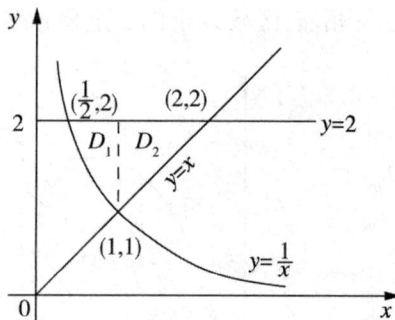

图 10-11

$$D_1:\frac{1}{2}\leqslant x\leqslant 1,\ \frac{1}{x}\leqslant y\leqslant 2;$$

$$D_2:1\leqslant x\leqslant 2,\ x\leqslant y\leqslant 2.$$

于是

$$\iint\limits_{D}\frac{x^2}{y^2}d\sigma=\iint\limits_{D_1}\frac{x^2}{y^2}d\sigma+\iint\limits_{D_2}\frac{x^2}{y^2}d\sigma=\int_{\frac{1}{2}}^{1}dx\int_{\frac{1}{x}}^{2}\frac{x^2}{y^2}dy+\int_{1}^{2}dx\int_{x}^{2}\frac{x^2}{y^2}dy$$

$$=\int_{\frac{1}{2}}^{1}\left[-\frac{x^2}{y}\right]\Big|_{\frac{1}{x}}^{2}dx+\int_{1}^{2}\left[-\frac{x^2}{y}\right]\Big|_{x}^{2}dx$$

$$=\int_{\frac{1}{2}}^{1}\left(x^3-\frac{x^2}{2}\right)dx+\int_{1}^{2}\left(x-\frac{x^2}{2}\right)dx$$

$$=\left[\frac{x^4}{4}-\frac{x^3}{6}\right]\Big|_{\frac{1}{2}}^{1}+\left[\frac{x^2}{2}-\frac{x^3}{6}\right]\Big|_{1}^{2}=\frac{27}{64}.$$

如果先对 x 积分，那么 $D:1\leqslant y\leqslant 2,\ \dfrac{1}{y}\leqslant x\leqslant y$ ，于是

$$\iint_D \frac{x^2}{y^2}d\sigma = \int_1^2 dy \int_{\frac{1}{y}}^y \frac{x^2}{y^2}dx = \int_1^2 \left[\frac{x^3}{3y^2}\right]\Big|_{\frac{1}{y}}^y dy$$

$$= \int_1^2 \left(\frac{y}{3} - \frac{1}{3y^5}\right)dy = \left[\frac{y^2}{6} + \frac{1}{12y^4}\right]\Big|_1^2 = \frac{27}{64}.$$

由此可见,对于这种区域 D,如果先对 y 积分,就需要把区域 D 分成几个区域来计算.这比先对 x 积分烦琐多了.所以,把重积分化为累次积分时,需要根据区域 D 和被积函数的特点,选择适当的次序进行积分.原则是既要使计算能进行,又要使计算尽可能地简便.这需要通过自己的实践,逐渐灵活地掌握它.

例4　设 $f(x,y)$ 连续,证明

$$\int_a^b dx \int_a^x f(x,y)dy = \int_a^b dy \int_y^b f(x,y)dx.$$

证　上式左端可表示为

$$\int_a^b dx \int_a^x f(x,y)dy = \iint_D f(x,y)d\sigma,$$

其中 $D:a \le x \le b, a \le y \le x$,如图 10-12 所示.区域 D 也可表示为:$a \le y \le b, y \le x \le b$,于是改变积分次序,可得

$$\iint_D f(x,y)d\sigma = \int_a^b dy \int_y^b f(x,y)dx,$$

由此可得所要证明的等式.

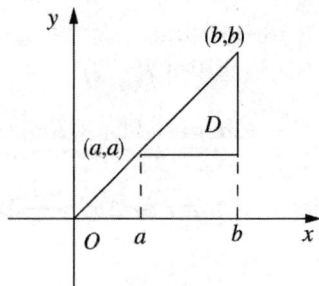

例5　计算二重积分 $\iint_D \frac{\sin x}{x}d\sigma$,其中 D 是直线 $y=x$ 与抛物线 $y=x^2$ 所围成的区域.

图 10-12

解　把区域 D 表示为 X 型区域,即 $D = \{(x,y) \mid 0 \le x \le 1, x^2 \le y \le x\}$.于是

$$\iint_D \frac{\sin x}{x}d\sigma = \int_0^1 dx \int_{x^2}^x \frac{\sin x}{x}dy = \int_0^1 \left[\frac{\sin x}{x}y\right]\Big|_{x^2}^x dx$$

$$= \int_0^1 (1-x)\sin x dx$$

$$= [-\cos x + x\cos x - \sin x]\Big|_0^1$$

$$= 1 - \sin 1 \approx 0.158\,5$$

注　如果化为 Y 型区域即先对 x 积分,则有

$$\iint_D \frac{\sin x}{x}d\sigma = \int_0^1 dy \int_y^{\sqrt{y}} \frac{\sin x}{x}dx.$$

由于 $\frac{\sin x}{x}$ 的原函数不能由初等函数表示,往下计算就困难了,这也说明计算二重积分时,除应注意积分区域 D 的特点(区分是 X 型区域,还是 Y 型区域)外,还应注意被积函数的特点,并适当选择积分次序.

二、利用极坐标系计算二重积分

前面已经介绍了二重积分在直角坐标系下的计算方法,但是,有些二重积分,如 $\iint_D x^2 d\sigma$,其中 D 为 $1 \le x^2 + y^2 \le 4$ 在第一象限的部分,如果采用直角坐标系下的计算方法,

会很烦琐；又如 $\iint\limits_{D}\mathrm{e}^{-(x^2+y^2)}\mathrm{d}\sigma$ ，其中 D 为 $x^2+y^2\leqslant a^2$ 围成的圆域，在直角坐标系下无法计算，因为 e^{-x^2} 的原函数不能用初等函数表示出来．下面我们讨论利用极坐标变换，计算二重积分的方法．

把极点放在直角坐标系的原点，极轴与 x 轴重合，那么点 P 的极坐标 $P(r,\theta)$ 与该点的直角坐标 $P(x,y)$ 有如下关系

$$x=r\cos\theta,y=r\sin\theta;0\leqslant r<+\infty,0\leqslant\theta\leqslant 2\pi.$$

在直角坐标系中，我们用平行于 x 轴和 y 轴的两族直线分割区域 D 为一系列小矩形，从而得到面积元素 $\mathrm{d}\sigma=\mathrm{d}x\mathrm{d}y$ ．

在极坐标系中，用" $r=$ 常数 "的一族同心圆，以及" $\theta=$ 常数 "的一族过极点的射线，将区域 D 分成 n 个小区域 $\Delta\sigma_i(i=1,2,\cdots,n)$ ，如图 10-13所示．

小区域面积可表示为

$$\Delta\sigma_i=\frac{1}{2}[(r_i+\Delta r_i)^2\Delta\theta_i-r_i^2\Delta\theta_i]$$

$$=r_i\Delta r_i\Delta\theta_i+\frac{1}{2}\Delta r_i^2\Delta\theta_i.$$

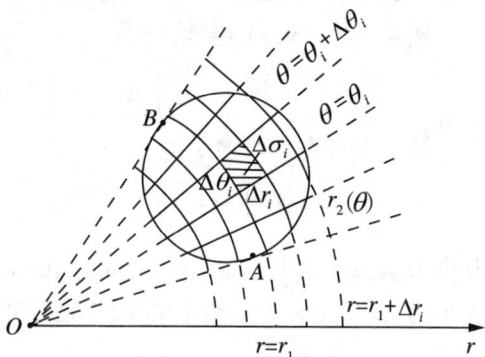

图 10-13

记

$$\Delta\rho_i=\sqrt{(\Delta r_i)^2+(\Delta\theta_i)^2},(i=1,2,\cdots,n),$$

则有

$$\Delta\sigma_i=r_i\Delta r_i\Delta\theta_i+o(\Delta\rho_i),$$

故有

$$\mathrm{d}\sigma=r\mathrm{d}r\mathrm{d}\theta,$$

则

$$\iint\limits_{D}f(x,y)\mathrm{d}\sigma=\iint\limits_{D}f(r\cos\theta,r\sin\theta)r\mathrm{d}r\mathrm{d}\theta.$$

这就是由直角坐标二重积分变换到极坐标二重积分的公式．在做极坐标变换时，只要将被积函数中的 x,y 分别换成 $r\cos\theta,r\sin\theta$ ，并把直角坐标的面积元素 $\mathrm{d}\sigma=\mathrm{d}x\mathrm{d}y$ 换成极坐标的面积元素 $r\mathrm{d}r\mathrm{d}\theta$ 即可．但必须指出的是：区域 D 必须用极坐标系表示．

在极坐标系下的二重积分，同样也可以化为二次积分计算．下面分三种情况讨论：

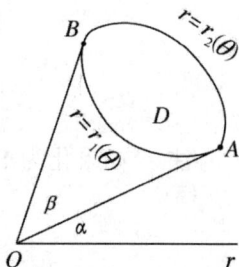

图 10-14

（1）极点 O 在区域 D 外部，如图 10-14 所示．

设区域 D 在两条射线 $\theta=\alpha,\theta=\beta$ 之间，两射线将区域 D 的边界分为两部分，其方程分别为 $r=r_1(\theta),r=r_2(\theta)$ 且均为 $[\alpha,\beta]$ 上的连续函数．此时

$$D=\{(r,\theta)\mid r_1(\theta)\leqslant r\leqslant r_2(\theta),\alpha\leqslant\theta\leqslant\beta\}.$$

于是

$$\iint\limits_{D}f(r\cos\theta,r\sin\theta)r\mathrm{d}r\mathrm{d}\theta=\int_{\alpha}^{\beta}\mathrm{d}\theta\int_{r_1(\theta)}^{r_2(\theta)}f(r\cos\theta,r\sin\theta)r\mathrm{d}r.$$

（2）极点 O 在区域 D 内部，如图 10-15 所示．若区域 D 的边界曲线方程为 $r=r(\theta)$ ，这

时积分区域 D 为

$$D = \{(r,\theta) \mid 0 \leqslant r \leqslant r(\theta), 0 \leqslant \theta \leqslant 2\pi\},$$

且 $r(\theta)$ 在 $[0, 2\pi]$ 上连续.

于是

$$\iint\limits_{D} f(r\cos\theta, r\sin\theta) r \mathrm{d}r \mathrm{d}\theta = \int_{0}^{2\pi} \mathrm{d}\theta \int_{0}^{r(\theta)} f(r\cos\theta, r\sin\theta) r \mathrm{d}r.$$

（3）极点 O 在区域 D 的边界上，如图 10-16 所示.

$$D = \{(r,\theta) \mid \alpha \leqslant \theta \leqslant \beta, 0 \leqslant r \leqslant r(\theta)\},$$

且 $r(\theta)$ 在 $[0, 2\pi]$ 上连续，则有

$$\iint\limits_{D} f(r\cos\theta, r\sin\theta) r \mathrm{d}r \mathrm{d}\theta = \int_{\alpha}^{\beta} \mathrm{d}\theta \int_{0}^{r(\theta)} f(r\cos\theta, r\sin\theta) r \mathrm{d}r.$$

在计算二重积分时，是否采用极坐标变换，应根据积分区域 D 与被积函数的形式来决定. 一般来说，当积分区域为圆域或部分圆域，以及被积函数可表示为 $f(x^2 + y^2)$ 或 $f\left(\dfrac{y}{x}\right)$ 等形式时，常采用极坐标变换，可简化二重积分的计算.

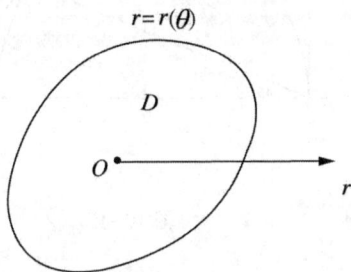

图 10-15

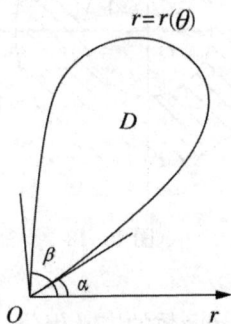

图 10-16

例 6　计算二重积分 $\iint\limits_{D} xy^2 \mathrm{d}\sigma$，其中 D 是单位圆在第一象限的部分.

解　采用极坐标系. D 可表示为

$$0 \leqslant \theta \leqslant \frac{\pi}{2}, 0 \leqslant r \leqslant 1,\text{如图 10-17 所示,}$$

于是有

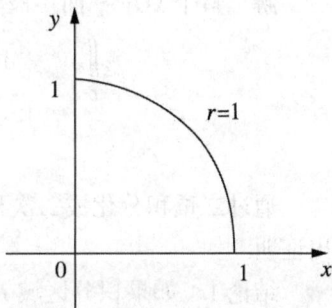

图 10-17

$$\iint\limits_{D} xy^2 \mathrm{d}\sigma = \int_{0}^{\frac{\pi}{2}} \mathrm{d}\theta \int_{0}^{1} r\cos\theta \cdot r^2 \sin^2\theta \cdot r \mathrm{d}r$$

$$= \int_{0}^{\frac{\pi}{2}} \cos\theta \sin^2\theta \mathrm{d}\theta \int_{0}^{1} r^4 \mathrm{d}r = \frac{1}{15}.$$

例 7　计算二重积分 $\iint\limits_{D} x^2 \mathrm{d}\sigma$，其中 D 是二圆 $x^2 + y^2 = 1$

和 $x^2 + y^2 = 4$ 之间的环形闭区域.

解　区域 $D: 0 \leqslant \theta \leqslant 2\pi, 1 \leqslant r \leqslant 2$，如图 10-18 所示.

于是

$$\iint\limits_{D} x^2 \mathrm{d}\sigma = \int_0^{2\pi} \mathrm{d}\theta \int_1^2 r^2 \cos^2\theta \times r \mathrm{d}r = \int_0^{2\pi} \frac{1 + \cos 2\theta}{2} \mathrm{d}\theta \int_1^2 r^3 \mathrm{d}r = \frac{15}{4}\pi.$$

例 8 计算 $\iint\limits_{D} y \mathrm{d}x \mathrm{d}y$,其中 D 是由 $x^2 + y^2 = 2ax(a > 0)$ 与 x 轴围成的上半圆区域,如图 10-19 所示.

解 D 在极坐标系中 $0 \le \theta \le \dfrac{\pi}{2}$,$0 \le r \le 2a\cos\theta$,于是

$$\iint\limits_{D} y \mathrm{d}x \mathrm{d}y = \int_0^{\frac{\pi}{2}} \mathrm{d}\theta \int_0^{2a\cos\theta} r^2 \sin\theta \mathrm{d}r$$

$$= \frac{8a^3}{3} \int_0^{\frac{\pi}{2}} \cos^3\theta \sin\theta \mathrm{d}\theta = \frac{2}{3}a^3.$$

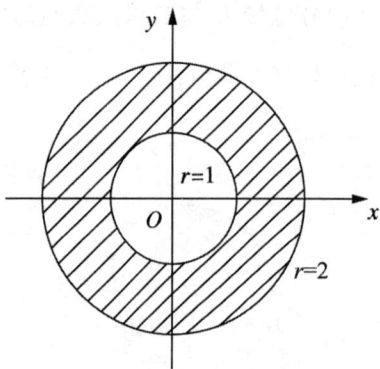

图 10-18

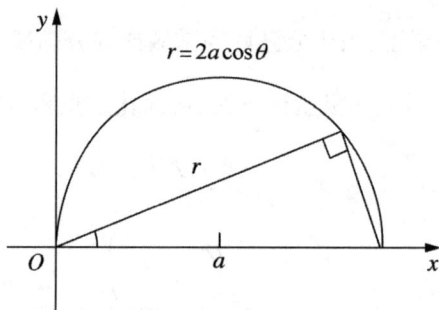

图 10-19

类似于一元函数的广义积分,对于二元函数也有广义积分.二元广义积分的计算只需仿照一元广义积分即可.

例 9 计算 $\iint\limits_{D} \mathrm{e}^{-x^2-y^2} \mathrm{d}x \mathrm{d}y$,其中 D 为整个 xOy 平面.

解 整个 xOy 平面用极坐标表示是 $D: 0 \le r < +\infty, 0 \le \theta \le 2\pi$,则

$$\iint\limits_{D} \mathrm{e}^{-x^2-y^2} \mathrm{d}x \mathrm{d}y = \int_{-\infty}^{+\infty} \int_{-\infty}^{+\infty} \mathrm{e}^{-x^2-y^2} \mathrm{d}x \mathrm{d}y = \int_0^{2\pi} \mathrm{d}\theta \int_0^{+\infty} \mathrm{e}^{-r^2} r \mathrm{d}r$$

$$= 2\pi \lim_{b \to +\infty} \frac{1}{2}(1 - \mathrm{e}^{-b^2}) = \pi.$$

通过二重积分化成二次积分的公式,容易明白二重积分的下述结论.这里我们就不再给出证明.

结论 1 如果积分区域 D 关于 y 轴对称,$D_1 = \{(x,y) \mid (x,y) \in D, x \ge 0\}$,则

$$\iint\limits_{D} f(x,y) \mathrm{d}\sigma = \begin{cases} 0, & \text{当} f(-x,y) = -f(x,y) \text{ 时,} \\ 2\iint\limits_{D_1} f(x,y) \mathrm{d}\sigma, & \text{当} f(-x,y) = f(x,y) \text{ 时.} \end{cases}$$

结论 2 如果积分区域 D 关于 x 轴对称,$D_1 = \{(x,y) \mid (x,y) \in D, y \ge 0\}$,则

$$\iint\limits_{D} f(x,y)\mathrm{d}\sigma = \begin{cases} 0, & \text{当 } f(x,-y) = -f(x,y) \text{ 时,} \\ 2\iint\limits_{D_1} f(x,y)\mathrm{d}\sigma, & \text{当 } f(x,-y) = f(x,y) \text{ 时.} \end{cases}$$

结论 3 如果积分区域 D 关于坐标原点 O 对称,$D_1 = \{(x,y) \mid (x,y) \in D, x \geq 0\}$,则

$$\iint\limits_{D} f(x,y)\mathrm{d}\sigma = \begin{cases} 0, & \text{当 } f(-x,-y) = -f(x,y) \text{ 时,} \\ 2\iint\limits_{D_1} f(x,y)\mathrm{d}\sigma, & \text{当 } f(-x,-y) = f(x,y) \text{ 时.} \end{cases}$$

结论 4 如果积分区域 D 关于直线 $y = x$ 对称,则

$$\iint\limits_{D} f(x,y)\mathrm{d}\sigma = \iint\limits_{D} f(y,x)\mathrm{d}\sigma.$$

例 10 计算 $\iint\limits_{D} (|x| + |y|)\mathrm{d}x\mathrm{d}y$,$D: x^2 + y^2 \leq 1$.

分析 积分区域 D 关于 x,y 轴均对称,被积函数 $f(x,y) = |x| + |y|$ 关于 x,y 均是偶函数,利用对称性去掉绝对值符号.

解 采用直角坐标系,$\iint\limits_{D} (|x| + |y|)\mathrm{d}x\mathrm{d}y = 4\int_0^1 \mathrm{d}x \int_0^{\sqrt{1-x^2}} (x+y)\mathrm{d}y = \dfrac{8}{3}$.

在利用对称性计算二重积分时,要同时考虑被积函数的奇偶性和积分区域的对称性,不能只注意积分区域关于坐标轴的对称性,而忽视被积函数应具有相应的奇偶性.

习题 10-2

1.画出积分区域,把 $\iint\limits_{D} f(x,y)\mathrm{d}\sigma$ 化为二次积分,其中积分域 D 为:

(1) 由直线 $y = x$ 及抛物线 $y^2 = 4x$ 所围成的闭区域;

(2) 环形闭区域 $1 \leq x^2 + y^2 \leq 4$ 位于第一象限的部分.

2.改变二次积分的积分次序:

(1) $\int_0^2 \mathrm{d}y \int_{y^2}^{2y} f(x,y)\mathrm{d}x$;

(2) $\int_1^e \mathrm{d}x \int_0^{\ln x} f(x,y)\mathrm{d}y$;

(3) $\int_0^1 \mathrm{d}y \int_0^y f(x,y)\mathrm{d}x$;

(4) $\int_{\frac{1}{2}}^1 \mathrm{d}y \int_{\frac{1}{y}}^2 f(x,y)\mathrm{d}x + \int_1^{\sqrt{2}} \mathrm{d}y \int_{y^2}^2 f(x,y)\mathrm{d}x$.

3.求函数 $f(x,y) = \sin^2 x \cos^2 y$ 在正方形区域 D 内的平均值.
$$D = \{(x,y) \mid 0 \leq x \leq \pi, 0 \leq y \leq \pi\}.$$

4.计算下列二重积分.

(1) $\iint\limits_{D} (x^2 + y^2)\mathrm{d}\sigma$,$D = \{(x,y) \mid |x| \leq 1, |y| \leq 1\}$;

(2) $\iint\limits_{D} x\cos(x+y)\mathrm{d}\sigma$,其中 D 是直线 $y = x, x = \pi, y = 0$ 所围成的区域;

(3) $\iint\limits_{D}(x^2+y^2-x)\mathrm{d}\sigma$,其中 D 是直线 $y=2,y=x,y=2x$ 所围成的区域;

(4) $\iint\limits_{D}x\sqrt{y}\,\mathrm{d}x\mathrm{d}y$,其中 D 是抛物线 $y=x^2,y^2=x$ 所围成的区域.

5.求由曲面 $z=x^2+2y^2$ 及 $z=6-2x^2-y^2$ 所围成的立体的体积.

6.在极坐标系下计算二重积分:

(1) $\iint\limits_{D}(x^2+y^2)\mathrm{d}x\mathrm{d}y$, $D=\{(x,y)\mid x^2+y^2\leqslant a^2,x\geqslant 0,y\geqslant 0\}$;

(2) $\iint\limits_{D}\mathrm{e}^{x^2+y^2}\mathrm{d}x\mathrm{d}y$, $D=\{(x,y)\mid x^2+y^2\leqslant 4\}$;

(3) $\iint\limits_{D}\ln(1+x^2+y^2)\mathrm{d}x\mathrm{d}y$,其中 D 是由圆周 $x^2+y^2=1$ 及坐标轴所围成的位于第一象限的闭区域.

7.将下列积分化为极坐标形式,并计算其值.

(1) $\int_{0}^{2a}\mathrm{d}x\int_{0}^{\sqrt{2ax-x^2}}(x^2+y^2)\mathrm{d}y$;

(2) $\int_{0}^{a}\mathrm{d}x\int_{0}^{x}\sqrt{x^2+y^2}\,\mathrm{d}y$.

8.作适当坐标变换,计算下列二重积分.

(1) $\iint\limits_{D}\dfrac{x^2}{y^2}\mathrm{d}x\mathrm{d}y$,其中 D 是由 $xy=1,x=2,y=x$ 所围成的平面闭区域;

(2) $\iint\limits_{D}\sqrt{x^2+y^2}\,\mathrm{d}x\mathrm{d}y$,其中 D 是圆环形闭区域 $\{(x,y)\mid a^2\leqslant x^2+y^2\leqslant b^2\}$.

9.计算以 xOy 面上的闭区域 $x^2+y^2\leqslant ax$ 为底,以曲面 $z=x^2+y^2$ 为顶的曲顶柱体的体积.

第三节　三重积分

一、三重积分的概念

三重积分是二重积分的推广,它在物理学和力学中同样有着重要的应用.

在引入二重积分概念时,我们曾考虑过平面薄片的质量,类似地,现在我们考虑求解空间物体的质量问题.

设一物体占有空间区域 Ω ,在 Ω 中每一点 (x,y,z) 处的体密度为 $\rho(x,y,z)$,其中 $\rho(x,y,z)$ 是 Ω 上的正值连续函数.试求该物体的质量.

先将空间区域 Ω 任意分割成 n 个小区域

$$\Delta v_1,\ \Delta v_2,\ \cdots,\ \Delta v_n,$$

(同时也用 Δv_i 表示第 i 个小区域的体积).在每个小区域 Δv_i 上任取一点 (ξ_i,η_i,ζ_i) ,由于 $\rho(x,y,z)$ 是连续函数,当区域 Δv_i 充分小时,密度可以近似看成是不变的,且等于在点 (ξ_i,η_i,ζ_i) 处的密度,因此每一小块 Δv_i 的质量近似等于

$$\rho(\xi_i,\eta_i,\zeta_i)\Delta v_i,$$

物体的质量就近似等于

$$\sum_{i=1}^{n} \rho(\xi_i, \eta_i, \zeta_i) \Delta v_i.$$

令小区域的个数 n 无限增加,而且每个小区域 Δv_i 无限地收缩为一点,即小区域的最大直径 $\lambda = \max_{1 \leqslant i \leqslant n} d(\Delta v_i) \to 0$ 时,取极限即得该物体的质量

$$M = \lim_{\lambda \to 0} \sum_{i=1}^{n} \rho(\xi_i, \eta_i, \zeta_i) \Delta v_i.$$

从变密度空间物体的质量计算这类问题,我们抽象出三重积分的概念:

定义　设 Ω 是空间的有界闭区域,$f(x,y,z)$ 是 Ω 上的有界函数,任意将 Ω 分成 n 个小区域 $\Delta v_1, \Delta v_2, \cdots, \Delta v_n$,同时用 Δv_i 表示该小区域的体积,记 Δv_i 的直径为 $d(\Delta v_i)$,并令 $\lambda = \max_{1 \leqslant i \leqslant n} d(\Delta v_i)$,在 Δv_i 上任取一点 (ξ_i, η_i, ζ_i),$(i = 1, 2, \cdots, n)$,作乘积 $f(\xi_i, \eta_i, \zeta_i) \Delta v_i$,把这些乘积加起来得和式 $\sum_{i=1}^{n} f(\xi_i, \eta_i, \zeta_i) \Delta v_i$,若极限 $\lim_{\lambda \to 0} \sum_{i=1}^{n} f(\xi_i, \eta_i, \zeta_i) \Delta v_i$ 存在(它不依赖于区域 Ω 的分法及点 (ξ_i, η_i, ζ_i) 的取法),则称这个极限值为函数 $f(x,y,z)$ 在空间区域 Ω 上的**三重积分**,记作

$$\iiint\limits_{\Omega} f(x,y,z) \, dv,$$

即

$$\iiint\limits_{\Omega} f(x,y,z) \, dv = \lim_{\lambda \to 0} \sum_{i=1}^{n} f(\xi_i, \eta_i, \zeta_i) \Delta v_i,$$

其中 $f(x,y,z)$ 叫作**被积函数**,Ω 叫作**积分区域**,dv 叫作**体积元素**.

在直角坐标系中,若对区域 Ω 用平行于三个坐标面的平面来分割,于是把区域分成一些小长方体.和二重积分完全类似,此时三重积分可用符号 $\iiint\limits_{\Omega} f(x,y,z) \, dx dy dz$ 来表示,即在直角坐标系中体积元素 dv 可记为 $dx dy dz$.

有了三重积分的定义,物体的质量就可用密度函数 $\rho(x,y,z)$ 在区域 Ω 上的三重积分表示,即

$$M = \iiint\limits_{\Omega} \rho(x,y,z) \, dv,$$

如果在区域 Ω 上 $f(x,y,z) = 1$,并且 Ω 的体积记作 V,那么由三重积分定义可知

$$\iiint\limits_{\Omega} 1 \, dv = \iiint\limits_{\Omega} dv = V.$$

这就是说,三重积分 $\iiint\limits_{\Omega} dv$ 在数值上等于区域 Ω 的体积.

三重积分的存在性和基本性质,与二重积分相类似,此处不再重述.

二、三重积分的计算

1.直角坐标系下的计算

为简单起见,在直角坐标系下,我们采用微元分析法来给出计算三重积分的公式.

三重积分 $\iiint\limits_{\Omega} f(x,y,z) \, dv$ 表示占空间区域 Ω 的物体的质量.设 Ω 是柱形区域,其上、下底面分别由连续曲面 $z = z_1(x,y), z = z_2(x,y)$ 所围成,它们在 xOy 平面上的投影是有界闭区域

D；Ω 的侧面由柱面所围成，其母线平行于 z 轴，准线是 D 的边界线.这时，区域 Ω 可表示为

$$\Omega = \{(x,y,z) \mid z_1(x,y) \leqslant z \leqslant z_2(x,y), (x,y) \in D\}.$$

先在区域 D 内点 (x,y) 处取一面积微元 $\mathrm{d}\sigma = \mathrm{d}x\mathrm{d}y$，对应地有 Ω 中的一个小条,再用与 xOy 面平行的平面去截此小条,得到小薄片,如图 10-20 所示.

于是以 $\mathrm{d}\sigma$ 为底,以 $\mathrm{d}z$ 为高的小薄片的质量为

$$f(x,y,z)\mathrm{d}x\mathrm{d}y\mathrm{d}z.$$

把这些小薄片沿 z 轴方向积分,得小条的质量为

$$\left[\int_{z_1(x,y)}^{z_2(x,y)} f(x,y,z)\mathrm{d}z\right]\mathrm{d}x\mathrm{d}y.$$

然后,再在区域 D 上积分,就得到物体的质量

$$\iint_D \left[\int_{z_1(x,y)}^{z_2(x,y)} f(x,y,z)\mathrm{d}z\right]\mathrm{d}x\mathrm{d}y.$$

也就是说,得到了三重积分的计算公式

$$\iiint_\Omega f(x,y,z)\mathrm{d}v = \iint_D \left[\int_{z_1(x,y)}^{z_2(x,y)} f(x,y,z)\mathrm{d}z\right]\mathrm{d}x\mathrm{d}y = \iint_D \mathrm{d}x\mathrm{d}y \int_{z_1(x,y)}^{z_2(x,y)} f(x,y,z)\mathrm{d}z. \quad (1)$$

例 1 计算三重积分 $\iiint_\Omega x\mathrm{d}x\mathrm{d}y\mathrm{d}z$，其中 Ω 是三个坐标面与平面 $x+y+z=1$ 所围成的区域,如图 10-21 所示.

解 积分区域 Ω 在 xOy 平面的投影区域 D 是由坐标轴与直线 $x+y=1$ 围成的区域：$0 \leqslant x \leqslant 1$，$0 \leqslant y \leqslant 1-x$，所以

$$\iiint_\Omega x\mathrm{d}x\mathrm{d}y\mathrm{d}z = \iint_D \mathrm{d}x\mathrm{d}y \int_0^{1-x-y} x\mathrm{d}z = \int_0^1 \mathrm{d}x \int_0^{1-x} \mathrm{d}y \int_0^{1-x-y} x\mathrm{d}z$$

$$= \int_0^1 \mathrm{d}x \int_0^{1-x} x(1-x-y)\mathrm{d}y$$

$$= \int_0^1 x\frac{(1-x)^2}{2}\mathrm{d}x = \frac{1}{24}.$$

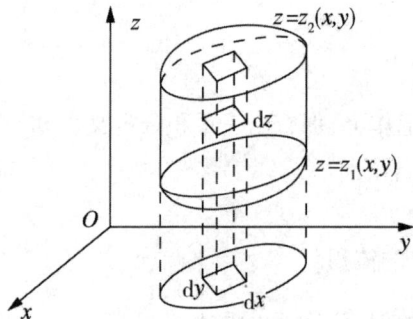

图 10-20

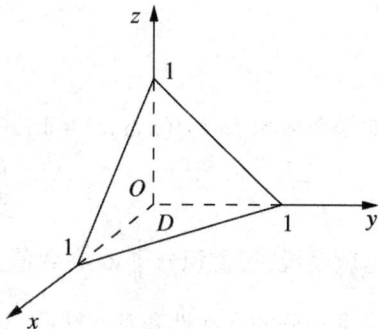

图 10-21

例 2 计算三重积分 $\iiint_\Omega z\mathrm{d}v$，其中 $\Omega: x \geqslant 0, y \geqslant 0, z \geqslant 0, x^2+y^2+z^2 \leqslant R^2$，如图 10-22 所示.

解 区域 Ω 在 xOy 平面上的投影区域 $D: x \geqslant 0, y \geqslant 0, x^2+y^2 \leqslant R^2$.对于 D 中任意一点 (x,y)，相应地竖坐标从 $z=0$ 变到 $z=\sqrt{R^2-x^2-y^2}$.因此,由公式(1),得

$$\iiint\limits_{\Omega} z \mathrm{d}v = \iint\limits_{D} \mathrm{d}x\mathrm{d}y \int_{0}^{\sqrt{R^2-x^2-y^2}} z\mathrm{d}z = \iint\limits_{D} \frac{1}{2}(R^2 - x^2 - y^2)\,\mathrm{d}x\mathrm{d}y$$

$$= \frac{1}{2}\int_{0}^{\frac{\pi}{2}}\mathrm{d}\theta \int_{0}^{R}(R^2 - \rho^2)\rho\,\mathrm{d}\rho$$

$$= \frac{1}{2}\cdot\frac{\pi}{2}\left[R^2\cdot\frac{\rho^2}{2} - \frac{\rho^4}{4}\right]\Bigg|_{0}^{R} = \frac{\pi}{16}R^4.$$

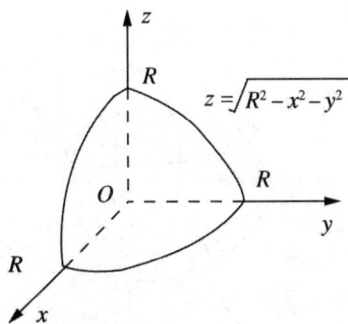

图 10-22

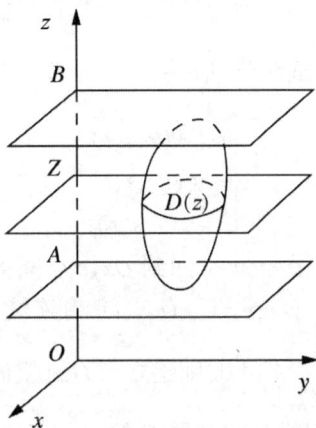

图 10-23

　　当三重积分化为累次积分时,除上面所说的方法外,还可以用先求二重积分再求定积分的方法计算.若积分区域 Ω(如图 10-23)在 z 轴的投影区间为 $[A,B]$,对于区间内的任意一点 z,过 z 作平行于 xOy 面的平面,该平面与区域 Ω 相交为一平面区域,记作 $D(z)$.这时三重积分可以化为先对区域 $D(z)$ 求二重积分,再对 z 在 $[A,B]$ 上求定积分,得

$$\iiint\limits_{\Omega} f(x,y,z)\,\mathrm{d}v = \int_{A}^{B}\mathrm{d}z \iint\limits_{D(z)} f(x,y,z)\,\mathrm{d}x\mathrm{d}y . \tag{2}$$

我们可利用公式(2)重新计算例 2 中的积分.

　　区域 Ω 在 z 轴上的投影区间为 $[0,R]$,对于该区间中任意一点 z,相应地有一平面区域 $D(z):x \geqslant 0, y \geqslant 0$ 与 $x^2 + y^2 \leqslant R^2 - z^2$ 与之对应.由公式(2),得

$$\iiint\limits_{\Omega} z\mathrm{d}v = \int_{0}^{R}\mathrm{d}z \iint\limits_{D(z)} z\mathrm{d}x\mathrm{d}y .$$

　　求内层积分时,z 可以看作常数,并且 $D(z):x^2 + y^2 \leqslant R^2 - z^2$ 是 $\dfrac{1}{4}$ 圆,其面积为

$\dfrac{\pi}{4}(R^2 - z^2)$,所以

$$\iiint\limits_{\Omega} z\mathrm{d}v = \int_{0}^{R} z\cdot\frac{1}{4}\pi(R^2 - z^2)\,\mathrm{d}z = \frac{\pi}{16}R^4 .$$

　　例 3　计算三重积分 $\displaystyle\iiint\limits_{\Omega} z^2\mathrm{d}v$,其中 $\Omega : \dfrac{x^2}{a^2} + \dfrac{y^2}{b^2} + \dfrac{z^2}{c^2} \leqslant 1.$

　　解　我们利用公式(2)将三重积分化为累次积分.区域 Ω 在 z 轴上的投影区间为 $[-c,c]$,对于区间内任意一点 z,相应地有一平面区域 $D(z)$,表示为

$$\frac{x^2}{a^2\left(1-\dfrac{z^2}{c^2}\right)}+\frac{y^2}{b^2\left(1-\dfrac{z^2}{c^2}\right)}\leqslant 1.$$

与之相对应,该区域是一椭圆(如图 10-24),其面积为 $\pi ab\left(1-\dfrac{z^2}{c^2}\right)$.所以

$$\iiint\limits_{\Omega}z^2\mathrm{d}v=\int_{-c}^{c}z^2\mathrm{d}z\iint\limits_{D(z)}\mathrm{d}x\mathrm{d}y=\int_{-c}^{c}\pi abz^2\left(1-\frac{z^2}{c^2}\right)\mathrm{d}z=\frac{4}{15}\pi abc^3.$$

对于三重积分 $\iiint\limits_{\Omega}f(x,y,z)\mathrm{d}v$ 作变量替换

$$\begin{cases}x=x(r,s,t),\\y=y(r,s,t),\\z=z(r,s,t).\end{cases}$$

它给出了 $Orst$ 空间到 $Oxyz$ 空间的一个映射,若 $x(r,s,t),y(r,s,t),z(r,s,t)$ 有连续的一阶偏导数,且 $\dfrac{\partial(x,y,z)}{\partial(r,s,t)}\neq 0$,则建立了 $Orst$ 空间中区域 Ω^* 和 $Oxyz$ 空间中相应区域 Ω 的一一对应,有

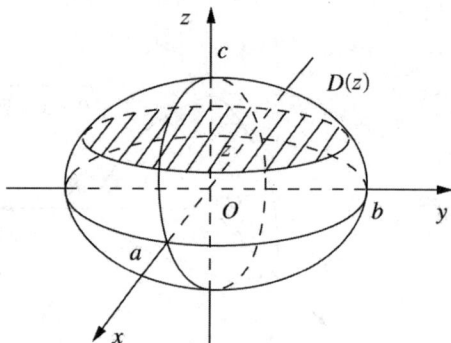

图 10-24

$$\mathrm{d}V=\left|\frac{\partial(x,y,z)}{\partial(r,s,t)}\right|\mathrm{d}r\mathrm{d}s\mathrm{d}t.$$

于是,有换元公式

$$\iiint\limits_{\Omega}f(x,y,z)\mathrm{d}v=\iiint\limits_{\Omega^*}f[x(r,s,t),y(r,s,t),z(r,s,t)]\cdot\left|\frac{\partial(x,y,z)}{\partial(r,s,t)}\right|\mathrm{d}r\mathrm{d}s\mathrm{d}t.$$

作为变量替换的实例,我们给出应用最为广泛的两种变换:柱面坐标变换及球面坐标变换.

2.柱面坐标变换

三重积分在柱面坐标系中的计算法如下:

变换

$$\begin{cases}x=r\cos\theta,\\y=r\sin\theta,\\z=z.\end{cases}$$

称为**柱面坐标变换**,空间中点 $M(x,y,z)$ 与 (r,θ,z) 建立了一一对应关系,把 (r,θ,z) 称为**点 $M(x,y,z)$ 的柱面坐标**.不难看出,柱面坐标实际是极坐标的推广.这里 r,θ 为点 M 在 xOy 面上的投影 P 的极坐标. $0\leqslant r<+\infty,0\leqslant\theta\leqslant 2\pi,-\infty<z<+\infty$,如图10-25 所示.

柱面坐标系的三组坐标面为

(1) $r=$ 常数 ,以 z 轴为轴的圆柱面;

(2) $\theta=$ 常数 ,过 z 轴的半平面;

(3) $z=$ 常数 ,平行于 xOy 面的平面.

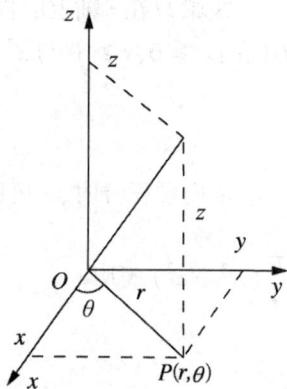

图 10-25

由于 $\dfrac{\partial(x,y,z)}{\partial(r,\theta,z)} = \begin{vmatrix} cos\theta & -rsin\theta & 0 \\ sin\theta & rcos\theta & 0 \\ 0 & 0 & 1 \end{vmatrix} = r$，则在柱面坐标变换下，体积元素之间的关系式为

$$dxdydz = rdrd\theta dz .$$

于是，柱面坐标变换下三重积分换元公式为

$$\iiint\limits_{\Omega} f(x,y,z)dxdydz = \iiint\limits_{\Omega} f(rcos\theta,rsin\theta,z)rdrd\theta dz . \qquad (3)$$

至于变换为柱面坐标后的三重积分计算，则可化为三次积分来进行．通常把积分区域 Ω 向 xOy 面投影得投影区域 D，以确定 r,θ 的取值范围，z 的范围确定同直角坐标系情形．

例 4 计算三重积分 $\iiint\limits_{\Omega} z\sqrt{x^2+y^2}dxdydz$，其中 Ω 是由锥面 $z = \sqrt{x^2+y^2}$ 与平面 $z=1$ 所围成的区域．

解 在柱面坐标系下，积分区域 Ω 表示为 $r \leqslant z \leqslant 1, 0 \leqslant r \leqslant 1$，$0 \leqslant \theta \leqslant 2\pi$，如图 10-26 所示．

所以有

$$\iiint\limits_{\Omega} z\sqrt{x^2+y^2}dxdydz = \int_0^{2\pi}d\theta\int_0^1 dr\int_r^1 z \cdot r^2 dz$$

$$= 2\pi\int_0^1\frac{1}{2}r^2(1-r^2)dr = \frac{2}{15}\pi .$$

例 5 计算三重积分 $\iiint\limits_{\Omega}(x^2+y^2)dxdydz$，其中 Ω 是由曲线

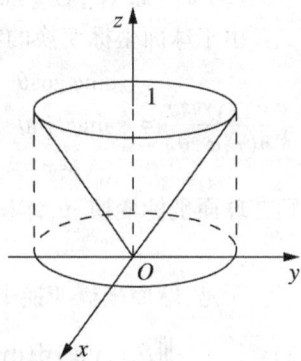

图 10-26

$y^2 = 2z, x = 0$ 绕 z 轴旋转一周而成的曲面与两平面 $z=2, z=8$ 所围之区域．

解 曲线 $y^2 = 2z, x = 0$ 绕 z 轴旋转，所得旋转面方程为 $x^2+y^2 = 2z$．

设由旋转曲面与平面 $z=2$ 所围成的区域为 Ω_1，该区域在 xOy 平面上的投影为 D_1，$D_1 = \{(x,y) \mid x^2+y^2 \leqslant 4\}$．由旋转曲面与 $z=8$ 所围成的区域为 Ω_2，Ω_2 在 xOy 平面上的投影为 D_2，$D_2 = \{(x,y) \mid x^2+y^2 \leqslant 16\}$．则有 $\Omega_2 = \Omega \cup \Omega_1$，如图 10-27 所示．

$$\iiint\limits_{\Omega}(x^2+y^2)dxdydz = \iiint\limits_{\Omega_2}(x^2+y^2)dxdydz - \iiint\limits_{\Omega_1}(x^2+y^2)dxdydz$$

$$= \iint\limits_{D_2}drd\theta\int_{\frac{r^2}{2}}^8 r^3 dz - \iint\limits_{D_1}drd\theta\int_{\frac{r^2}{2}}^2 r^3 dz$$

$$= \int_0^{2\pi}d\theta\int_0^4 dr\int_{\frac{r^2}{2}}^8 r^3 dz - \int_0^{2\pi}d\theta\int_0^2 dr\int_{\frac{r^2}{2}}^2 r^3 dz$$

$$= 336\pi .$$

3.球面坐标变换

三重积分在球面坐标系中的计算法如下：

变换

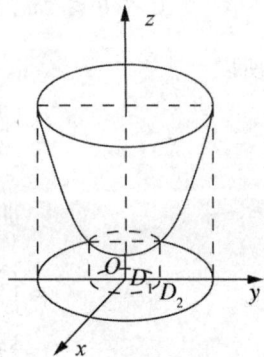

图 10-27

$$\begin{cases} x = r\sin\varphi\cos\theta, \\ y = r\sin\varphi\sin\theta, \\ z = r\cos\varphi, \end{cases}$$

称为**球面坐标变换**，空间中点 $M(x,y,z)$ 与 (r,φ,θ) 建立了一一对应关系，把 (r,φ,θ) 称为点 $M(x,y,z)$ 的**球面坐标**，如图 10-28 所示，其中

$$0 \leqslant r < +\infty, 0 \leqslant \varphi < \pi, 0 \leqslant \theta < 2\pi.$$

球面坐标系的三组坐标面为

（1）$r =$ 常数，以原点为中心的球面；

（2）$\varphi =$ 常数，以原点为顶点、z 轴为轴、半顶角为 φ 的圆锥面；

（3）$\theta =$ 常数，过 z 轴的半平面.

由于球面坐标变换的雅可比行列式为

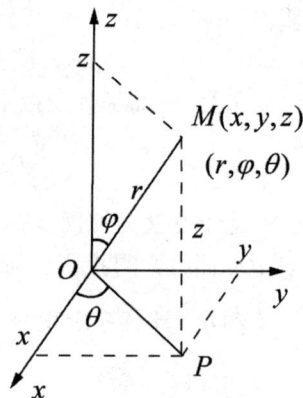

图 10-28

$$\frac{\partial(x,y,z)}{\partial(r,\varphi,\theta)} = \begin{vmatrix} \sin\varphi\cos\theta & r\cos\varphi\cos\theta & -r\sin\varphi\sin\theta \\ \sin\varphi\sin\theta & r\cos\varphi\sin\theta & r\sin\varphi\cos\theta \\ \cos\varphi & -r\sin\varphi & 0 \end{vmatrix} = r^2\sin\varphi,$$

则在球面坐标变换下，体积元素之间的关系式为

$$\mathrm{d}x\mathrm{d}y\mathrm{d}z = r^2\sin\varphi\mathrm{d}r\mathrm{d}\theta\mathrm{d}\varphi.$$

于是，球面坐标变换下三重积分的换元公式为

$$\iiint\limits_{\Omega} f(x,y,z)\mathrm{d}x\mathrm{d}y\mathrm{d}z = \iiint\limits_{\Omega} f(r\sin\varphi\cos\theta, r\sin\varphi\sin\theta, r\cos\varphi) \cdot r^2\sin\varphi\mathrm{d}r\mathrm{d}\varphi\mathrm{d}\theta. \tag{4}$$

例 6 计算三重积分 $\iiint\limits_{\Omega}(x^2 + y^2 + z^2)\mathrm{d}x\mathrm{d}y\mathrm{d}z$，其中 Ω 表示圆锥面 $x^2 + y^2 = z^2$ 与球面 $x^2 + y^2 + z^2 = 2Rz$ 所围的较大部分立体.

解 在球面坐标变换下，球面方程变形为 $r = 2R\cos\varphi$，锥面为 $\varphi = \dfrac{\pi}{4}$，如图 10-29 所示.这时积分区域 Ω 表示为

$$0 \leqslant \theta \leqslant 2\pi, \ 0 \leqslant \varphi \leqslant \frac{\pi}{4}, \ 0 \leqslant r \leqslant 2R\cos\varphi,$$

所以

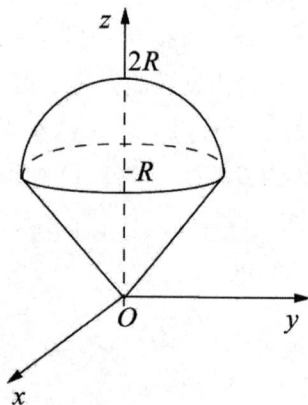

图 10-29

$$\iiint\limits_{\Omega}(x^2 + y^2 + z^2)\mathrm{d}x\mathrm{d}y\mathrm{d}z$$

$$= \iiint\limits_{\Omega} r^2 \cdot r^2\sin\varphi\mathrm{d}r\mathrm{d}\varphi\mathrm{d}\theta$$

$$= \int_0^{2\pi}\mathrm{d}\theta \int_0^{\frac{\pi}{4}}\mathrm{d}\varphi \int_0^{2R\cos\varphi} r^4\sin\varphi\mathrm{d}r$$

$$= \frac{2\pi}{5}\int_0^{\frac{\pi}{4}}\sin\varphi(r^5)\Big|_0^{2R\cos\varphi}\mathrm{d}\varphi = \frac{28}{15}\pi R^5.$$

例 7 计算三重积分 $\iiint\limits_{\Omega}(2z + \sqrt{x^2 + y^2})\mathrm{d}x\mathrm{d}y\mathrm{d}z$，其中 Ω 是由曲面 $x^2 + y^2 + z^2 = a^2$，

$x^2 + y^2 + z^2 = 4a^2$, $\sqrt{x^2 + y^2} = z$ 所围成的区域.

解 积分区域用球面坐标系表示显然容易,但球面坐标变换应为

$$x = r\sin\varphi\cos\theta, y = r\sin\varphi\sin\theta, z = r\cos\varphi,$$

这时 $dv = r^2\sin\varphi dr d\varphi d\theta$,积分区域 Ω 表示为

$a \leq r \leq 2a, 0 \leq \varphi \leq \dfrac{\pi}{4}, 0 \leq \theta \leq 2\pi$,如图 10-30

所示.

所以

$$\iiint\limits_{\Omega} (2z + \sqrt{x^2 + y^2}) dxdydz$$

$$= \int_0^{2\pi} d\theta \int_0^{\frac{\pi}{4}} d\varphi \int_a^{2a} (2r\cos\varphi + r\sin\varphi) r^2 \sin\varphi dr$$

$$= \left(\frac{15}{8} + \frac{15}{16}\pi\right) a^4 \pi.$$

图 10-30

值得注意的是,三重积分的计算是选择直角坐标,还是柱面坐标或球面坐标转化成三次积分,通常要综合考虑积分域和被积函数的特点.一般来说,当积分区域 Ω 的边界面中有柱面或圆锥面时,常采用柱面坐标系;有球面或圆锥面时,常采用球面坐标系.另外,与二重积分类似,三重积分也可利用在对称区域上被积函数关于变量成奇偶函数以简化计算.

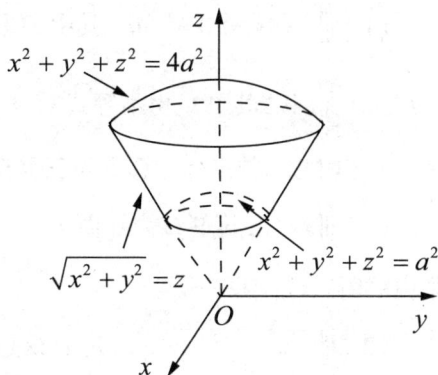

习题 10-3

1.化三重积分 $I = \iiint\limits_{\Omega} f(x,y,z) dxdydz$ 为三次积分,其中积分区域 Ω 分别是:

(1)由双曲抛物面 $xy = z$ 及平面 $x + y - 1 = 0, z = 0$ 所围成的闭区域;

(2)由曲面 $z = x^2 + y^2$ 及平面 $z = 1$ 所围成的闭区域.

2.在直角坐标系下计算三重积分:

(1)$\iiint\limits_{\Omega} xy^2z^3 dxdydz$,其中 Ω 是由曲面 $z = xy$ 与平面 $y = x, x = 1, z = 0$ 所围成的闭区域;

(2)$\iiint\limits_{\Omega} \dfrac{dxdydz}{(1 + x + y + z)^3}$,其中 Ω 为平面 $x = 0, y = 0, z = 0, x + y + z = 1$ 所围的四面体;

(3)$\iiint\limits_{\Omega} xzdxdydz$,其中 Ω 由面 $z = y, z = 0, y = 1, y = x^2$ 围成.

3.利用柱面坐标计算下列三重积分:

(1)$\iiint\limits_{\Omega} zdv$,其中 Ω 是由曲面 $z = \sqrt{2 - x^2 - y^2}$ 及 $z = x^2 + y^2$ 所围成的闭区域;

(2)$\iiint\limits_{\Omega} (x^2 + y^2) dv$,其中 Ω 是由曲面 $25(x^2 + y^2) = 4z^2$ 及平面 $z = 5$ 所围成的闭区域.

4.利用球面坐标计算下列三重积分.

（1）$\iiint\limits_{\Omega}(x^2+y^2+z^2)\mathrm{d}v$，其中 Ω 是由球面 $x^2+y^2+z^2=1$ 所围成的闭区域；

（2）$\iiint\limits_{\Omega}z\mathrm{d}v$，其中 Ω 由不等式 $x^2+y^2+(z-a)^2\leqslant a^2, x^2+y^2\leqslant z^2$ 所确定.

5.选用适当的坐标计算下列三重积分.

（1）$\iiint\limits_{\Omega}xy\mathrm{d}v$，其中 Ω 为柱面 $x^2+y^2=1$ 及平面 $z=1,z=0,x=0,y=0$ 所围成的在第一卦限内的闭区域；

（2）$\iiint\limits_{\Omega}\sqrt{x^2+y^2+z^2}\mathrm{d}v$，其中 Ω 是由曲面 $x^2+y^2+z^2=z$ 所围成的闭区域.

6.利用三重积分计算由下列曲面所围成的立体的体积.

（1）$z=6-x^2-y^2$ 及 $z=\sqrt{x^2+y^2}$；

（2）$z=x^2+y^2, z^2=x^2+y^2$.

第四节　重积分的应用

我们利用定积分的元素法解决了许多求总量的问题,这种元素法也可以推广到重积分的应用中,如果所考察的某个量 u 对于闭区域具有可加性(即当闭区域 D 分成许多小闭区域时,所求量 u 相应地分成许多部分量,且 u 等于部分量之和),并且在闭区域 D 内任取一个直径很小的闭区域 $\mathrm{d}\Omega$ 时,相应的部分量可近似地表示为 $f(M)\mathrm{d}\Omega$ 的形式,其中 M 为 $\mathrm{d}\Omega$ 内的某一点,这个 $f(M)\mathrm{d}\Omega$ 称为所求量 u 的元素而记作 $\mathrm{d}u$,以它为被积表达式,在闭区域 D 上积分

$$u=\int_D f(M)\mathrm{d}\Omega,\qquad\qquad(1)$$

这就是所求量的积分表达式,显然当区域 D 为平面闭区域, M 为 D 内点 (x,y) 时, $\mathrm{d}\Omega=\mathrm{d}\sigma$ 即为面积微元,则(1)式可表示为

$$u=\iint_D f(x,y)\mathrm{d}\sigma.$$

当区域 D 为空间闭区域, M 为 D 内点 (x,y,z) 时, $\mathrm{d}\Omega=\mathrm{d}v$ 即为体积微元,则(1)式可表示为

$$u=\iiint_D f(x,y,z)\mathrm{d}v.$$

下面讨论重积分的一些应用.

一、曲面的面积

设曲面 S 的方程为 $z=f(x,y)$,曲面 S 在 xOy 坐标面上的投影区域为 D , $f(x,y)$ 在 D 上具有连续偏导数 $f_x(x,y)$ 和 $f_y(x,y)$,要求计算曲面 S 的面积 A .

在 D 上任取一面积微元 $\mathrm{d}\sigma$,在 $\mathrm{d}\sigma$ 内任取一点 $P(x,y)$,对应曲面 S 上的点 $M(x,y,f(x,y))$ 在 xOy 平面上的投影即点 P ,点 M 处曲面 S 有切平面,设为

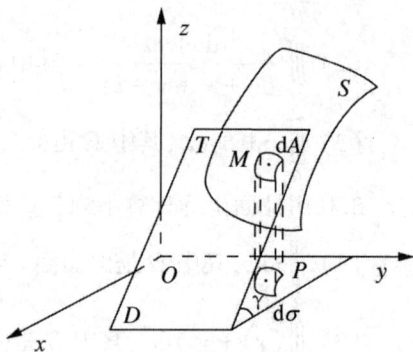

图 10-31

T,如图 10-31 所示,以小区域 $\mathrm{d}\sigma$ 的边界为准线,作母线平行于 z 轴的柱面,这个柱面在曲面 S 上截下一小片曲面,其面积记为 ΔA;柱面在切平面上截下一小片平面,其面积记为 $\mathrm{d}A$. 由于 $\mathrm{d}\sigma$ 的直径很小,切平面 T 上的那一小片平面的面积 $\mathrm{d}A$ 可近似代替曲面 S 上相应的那一小片曲面的面积 ΔA,即

$$\Delta A \approx \mathrm{d}A.$$

设点 M 处曲面 S 的法线(指向朝上)与 z 轴正向的夹角为 γ,则根据投影定理有

$$\mathrm{d}A = \frac{\mathrm{d}\sigma}{\cos\gamma}.$$

因为

$$\cos\gamma = \frac{1}{\sqrt{1 + f_x^2(x,y) + f_y^2(x,y)}},$$

所以

$$\mathrm{d}A = \sqrt{1 + f_x^2(x,y) + f_y^2(x,y)}\,\mathrm{d}\sigma,$$

这就是曲面 S 的面积元素.以它为被积表达式在闭区域 D 上积分,得

$$A = \iint\limits_{D} \sqrt{1 + f_x^2(x,y) + f_y^2(x,y)}\,\mathrm{d}\sigma$$

或

$$A = \iint\limits_{D} \sqrt{1 + \left(\frac{\partial z}{\partial x}\right)^2 + \left(\frac{\partial z}{\partial y}\right)^2}\,\mathrm{d}x\mathrm{d}y,$$

这就是**曲面面积的计算公式**.

设曲面方程为 $x = g(y,z)$ (或 $y = h(z,x)$),则可把曲面投影到 yOz 面上(或 zOx 面上),得投影区域 D_{yz} (或 D_{zx}),类似可得

$$A = \iint\limits_{D_{yz}} \sqrt{1 + \left(\frac{\partial x}{\partial y}\right)^2 + \left(\frac{\partial x}{\partial z}\right)^2}\,\mathrm{d}y\mathrm{d}z$$

或

$$A = \iint\limits_{D_{zx}} \sqrt{1 + \left(\frac{\partial y}{\partial x}\right)^2 + \left(\frac{\partial y}{\partial z}\right)^2}\,\mathrm{d}z\mathrm{d}x.$$

例1 求半径为 a 的球的表面积.

解 取上半球面方程为 $z = \sqrt{a^2 - x^2 - y^2}$,则它在 xOy 面上的投影区域 D 可表示为

$$x^2 + y^2 \leqslant a^2.$$

由

$$\frac{\partial z}{\partial x} = \frac{-x}{\sqrt{a^2 - x^2 - y^2}},$$

$$\frac{\partial z}{\partial y} = \frac{-y}{\sqrt{a^2 - x^2 - y^2}},$$

得

$$\sqrt{1 + \left(\frac{\partial z}{\partial x}\right)^2 + \left(\frac{\partial z}{\partial y}\right)^2} = \frac{a}{\sqrt{a^2 - x^2 - y^2}}.$$

因为这个函数在闭区域 D 上无界,不能直接应用曲面面积公式来计算,由广义积分得

$$A = 2\iint\limits_D \frac{a}{\sqrt{a^2 - x^2 - y^2}} \mathrm{d}x\mathrm{d}y.$$

用极坐标,得

$$A = 2a\int_0^{2\pi}\mathrm{d}\theta\int_0^a \frac{r}{\sqrt{a^2 - r^2}}\mathrm{d}r = 4\pi a^2.$$

例 2 求旋转抛物面 $z = \dfrac{1}{2}(x^2 + y^2)$ 被圆柱面 $x^2 + y^2 = R^2$ 所截下部分的曲面面积 S.

解 曲面的图形如图 10-32 所示.

曲面的方程为 $z = \dfrac{1}{2}(x^2 + y^2)$,它在 xOy 坐标面上的投影区域为 $D: x^2 + y^2 = r^2 \leqslant R^2$,即 $r \leqslant R$.

由 $\dfrac{\partial z}{\partial x} = x$,$\dfrac{\partial z}{\partial y} = y$ 得

$$S = \iint\limits_D \sqrt{1 + \left(\frac{\partial z}{\partial x}\right)^2 + \left(\frac{\partial z}{\partial y}\right)^2}\mathrm{d}x\mathrm{d}y$$

$$= \iint\limits_D \sqrt{1 + x^2 + y^2}\mathrm{d}x\mathrm{d}y.$$

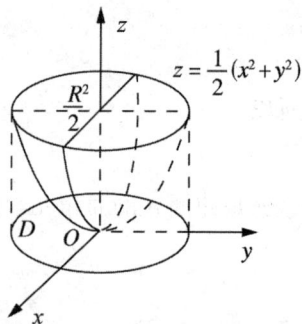

图 10-32

用极坐标,则

$$S = \iint\limits_D \sqrt{1 + r^2}\,r\mathrm{d}r\mathrm{d}\theta = \int_0^{2\pi}\mathrm{d}\theta\int_0^R r\sqrt{1 + r^2}\mathrm{d}r$$

$$= 2\pi \cdot \frac{1}{2}\int_0^R \sqrt{1 + r^2}\mathrm{d}(1 + r^2) = \frac{2}{3}\pi\left[(1 + R^2)^{\frac{3}{2}} - 1\right].$$

二、质心、转动惯量、引力

1.质心

设在 xOy 平面上有 n 个质点,它们分别位于点 (x_1, y_1),(x_2, y_2),$\cdots$,(x_n, y_n) 处,质量分别为 $m_1, m_2, \cdots, m_n$.由力学知识知道,该质点系的**质心**的坐标为

$$\bar{x} = \frac{M_y}{M} = \frac{\sum\limits_{i=1}^n m_i x_i}{\sum\limits_{i=1}^n m_i}, \qquad \bar{y} = \frac{M_x}{M} = \frac{\sum\limits_{i=1}^n m_i y_i}{\sum\limits_{i=1}^n m_i},$$

其中 $M = \sum\limits_{i=1}^n m_i$ 为该质点系的总质量.$M_y = \sum\limits_{i=1}^n m_i x_i$,$M_x = \sum\limits_{i=1}^n m_i y_i$ 分别为该质点系对 y 轴和 x 轴的**静矩**.

设有一平面薄片,占有 xOy 面上的闭区域 D,在点 (x, y) 处的面密度为 $\rho(x, y)$,$\rho(x, y)$ 在 D 上连续,现在要找该薄片的重心坐标.

在闭区域 D 上任取一直径很小的闭区域 $\mathrm{d}\sigma$(这个小闭域的面积也记作 $\mathrm{d}\sigma$),(x, y) 是这个闭区域上的一个点.由于 $\mathrm{d}\sigma$ 直径很小,且 $\rho(x, y)$ 在 D 上连续,所以薄片中相应于 $\mathrm{d}\sigma$ 的部分的质量近似等于 $\rho(x, y)\mathrm{d}\sigma$,这部分质量可近似看作集中在点 (x, y) 上,于是可写出

静矩元素 $\mathrm{d}M_y$ 及 $\mathrm{d}M_x$ 分别为

$$\mathrm{d}M_y = x\rho(x,y)\mathrm{d}\sigma, \mathrm{d}M_x = y\rho(x,y)\mathrm{d}\sigma.$$

以这些元素为被积表达式,在闭区域 D 上积分,便得

$$M_y = \iint\limits_D x\rho(x,y)\mathrm{d}\sigma, \quad M_x = \iint\limits_D y\rho(x,y)\mathrm{d}\sigma.$$

又由第一节知道,薄片的质量为

$$M = \iint\limits_D \rho(x,y)\mathrm{d}\sigma.$$

所以,薄片的重心的坐标为

$$\bar{x} = \frac{M_y}{M} = \frac{\iint\limits_D x\rho(x,y)\mathrm{d}\sigma}{\iint\limits_D \rho(x,y)\mathrm{d}\sigma}, \quad \bar{y} = \frac{M_x}{M} = \frac{\iint\limits_D y\rho(x,y)\mathrm{d}\sigma}{\iint\limits_D \rho(x,y)\mathrm{d}\sigma}.$$

如果薄片是均匀的,即面密度为常量,则上式中可把 ρ 提到积分记号外面,并从分子、分母中约去,于是便得到**均匀薄片质心**的坐标为

$$\bar{x} = \frac{1}{A}\iint\limits_D x\mathrm{d}\sigma, \quad \bar{y} = \frac{1}{A}\iint\limits_D y\mathrm{d}\sigma, \tag{2}$$

其中 $A = \iint\limits_D \mathrm{d}\sigma$ 为闭区域 D 的面积.这时薄片的质心完全由闭区域 D 的形状所决定.我们把均匀平面薄片的质心叫作这个平面薄片所占的平面图形的**形心**.因此平面图形 D 的形心就可用公式(2)计算.

例3　求在 $r=1, r=2$ 之间的均匀半圆环薄片的质心,如图 10-33 所示.

解　因为闭区域 D 对称于 y 轴,所以质心 $C(\bar{x},\bar{y})$ 必位于 y 轴上,于是 $\bar{x}=0$,D 的面积为

$$A = \frac{1}{2}\times 2^2\pi - \frac{1}{2}\times 1^2\pi = \frac{3}{2}\pi.$$

而

$$\iint\limits_D y\mathrm{d}\sigma = \int_0^\pi \sin\theta\mathrm{d}\theta\int_1^2 r^2\mathrm{d}r = [-\cos\theta]\Big|_0^\pi \cdot \left[\frac{1}{3}r^3\right]\Big|_1^2 = \frac{14}{3},$$

所以,由公式(2)得

$$\bar{y} = \frac{1}{A}\iint\limits_D y\mathrm{d}\sigma = \frac{1}{\frac{3}{2}\pi}\cdot\frac{14}{3} = \frac{28}{9\pi},$$

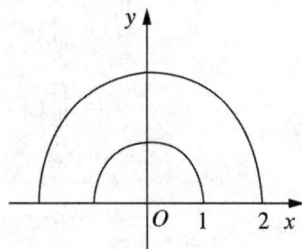

图 10-33

即质心为 $\left(0, \dfrac{28}{9\pi}\right)$.

2.转动惯量

设在 xOy 平面上有 n 个质点,它们分别位于点 $(x_1,y_1),(x_2,y_2),\cdots,(x_n,y_n)$ 处,质量分别为 $m_1,m_2,\cdots,m_n$.由力学知识知道,该质点系对于 x 轴和 y 轴的转动惯量依次为

$$I_x = \sum_{i=1}^n y_i^2 m_i, \quad I_y = \sum_{i=1}^n x_i^2 m_i.$$

设有一薄片,占有 xOy 面上的闭区域 D ,在点 (x,y) 处的面密度为 $\rho(x,y)$,假定 $\rho(x,y)$ 在 D 上连续.现在要求该薄片对于 x 轴的转动惯量 I_x 以及对于 y 轴的转动惯量 I_y .

应用元素法.在闭区域 D 上任取一直径很小的闭区域 $d\sigma$ (该小闭区域的面积也记作 $d\sigma$),点 (x,y) 是这小闭区域上的一个点.因为 $d\sigma$ 的直径很小,且 $\rho(x,y)$ 在 D 上连续,所以薄片中相应于 $d\sigma$ 部分的质量近似等于 $\rho(x,y)d\sigma$,这部分质量可近似看作集中在点 (x,y) 上,于是可写出薄片对于 x 轴以及对于 y 轴的转动惯量元素

$$dI_x = y^2\rho(x,y)\,d\sigma, \quad dI_y = x^2\rho(x,y)\,d\sigma.$$

以这些元素为被积表达式,在闭区域 D 上积分,便得

$$I_x = \iint\limits_D y^2\rho(x,y)\,d\sigma, \quad I_y = \iint\limits_D x^2\rho(x,y)\,d\sigma. \tag{3}$$

例 4 求由 $y^2 = 4ax, y = 2a$ 及 y 轴所围成的均质薄片(面密度为 1)关于 y 轴的转动惯量,如图 10-34 所示.

解 区域 D 由不等式 $0 \le y \le 2a, 0 \le x \le \dfrac{y^2}{4a}$ 所确定.根据转动惯量 I_y 的计算公式,得

$$
\begin{aligned}
I_y &= \iint\limits_D x^2 d\sigma = \int_0^{2a}dy\int_0^{\frac{y^2}{4a}}x^2 dx \\
&= \frac{1}{192a^3}\int_0^{2a}y^6 dy = \frac{1}{192a^3}\cdot\frac{1}{7}y^7\Big|_0^{2a} \\
&= \frac{2}{21}a^4.
\end{aligned}
$$

类似地,占有空间有界闭区域 Ω ,在点 (x,y,z) 处的密度为 $\rho(x,y,z)$ (假定 $\rho(x,y,z)$ 在 Ω 上连续)的物体对于 x,y,z 轴的转动惯量为

$$I_x = \iiint\limits_\Omega (y^2 + z^2)\rho(x,y,z)\,dv,$$

$$I_y = \iiint\limits_\Omega (x^2 + z^2)\rho(x,y,z)\,dv,$$

$$I_z = \iiint\limits_\Omega (x^2 + y^2)\rho(x,y,z)\,dv.$$

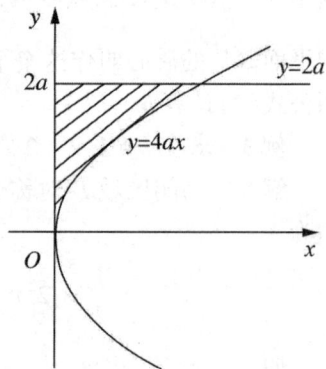

图 10-34

3. 引力

设有一薄片,占有 xOy 平面上的闭区域 D ,在点 (x,y) 处的面密度为 $\rho(x,y)$,假定 $\rho(x,y)$ 在 D 上连续.现在要计算该薄片对位于 z 轴上的点 $M_0(0,0,a)(a > 0)$ 处的单位质量的质点的引力.

我们应用元素法来求引力 $\boldsymbol{F} = (F_x, F_y, F_z)$.在闭区域 D 上任取一直径很小的闭区域 $d\sigma$ (这一小闭区域的面积也记作 $d\sigma$), (x,y) 是 $d\sigma$ 上的一个点.薄片中对应 $d\sigma$ 的部分的质量近似等于 $\rho(x,y)d\sigma$,这部分质量可近似看作集中在点 (x,y) 处,于是,按两质点间的引力公式,可得出薄片中对应 $d\sigma$ 的部分对该质点的引力的大小近似地为 $G\dfrac{\rho(x,y)d\sigma}{r^2}$,引力的方向与 $(x,y,0-a)$ 一致,其中 $r = \sqrt{x^2 + y^2 + a^2}$, G 为引力常数.于是薄片对该质点的引力

在三个坐标轴上的投影 F_x, F_y, F_z 的元素为

$$\mathrm{d}F_x = G\frac{\rho(x,y)x\mathrm{d}\sigma}{r^3},$$

$$\mathrm{d}F_y = G\frac{\rho(x,y)y\mathrm{d}\sigma}{r^3},$$

$$\mathrm{d}F_z = G\frac{\rho(x,y)(0-a)\mathrm{d}\sigma}{r^3}.$$

以这些元素为被积表达式,在闭区域 D 上积分,便得到

$$F_x = G\iint\limits_{D}\frac{\rho(x,y)x}{(x^2+y^2+a^2)^{\frac{3}{2}}}\mathrm{d}\sigma,$$

$$F_y = G\iint\limits_{D}\frac{\rho(x,y)y}{(x^2+y^2+a^2)^{\frac{3}{2}}}\mathrm{d}\sigma,$$

$$F_z = -Ga\iint\limits_{D}\frac{\rho(x,y)}{(x^2+y^2+a^2)^{\frac{3}{2}}}\mathrm{d}\sigma.$$

例 5 求面密度为常量、半径为 R 的匀质圆形薄片:$x^2+y^2 \leqslant R^2, z = 0$ 对位于 z 轴上点 $M_0(0,0,a)(a>0)$ 处单位质量的质点的引力.

解 由积分区域的对称性易知,$F_x = F_y = 0$.记面密度为常量 ρ,这时

$$F_z = -Ga\rho\iint\limits_{D}\frac{\mathrm{d}\sigma}{(x^2+y^2+a^2)^{\frac{3}{2}}}\mathrm{d}\sigma = -Ga\rho\int_0^{2\pi}\mathrm{d}\theta\int_0^R\frac{r\mathrm{d}r}{(r^2+a^2)^{\frac{3}{2}}}$$

$$= -\pi Ga\rho\int_0^R\frac{\mathrm{d}(r^2+a^2)}{(r^2+a^2)^{\frac{3}{2}}} = 2\pi Ga\rho\left(\frac{1}{\sqrt{R^2+a^2}}-\frac{1}{a}\right),$$

故所求引力为 $\left(0,0,2\pi Ga\rho\left(\frac{1}{\sqrt{R^2+a^2}}-\frac{1}{a}\right)\right)$.

习题 10-4

1.求球面 $x^2+y^2+z^2 = a^2$ 含在圆柱面 $x^2+y^2 = ax$ 内部的那部分面积.

2.求锥面 $z = \sqrt{x^2+y^2}$ 被柱面 $z^2 = 2x$ 所割下部分的曲面面积.

3.设薄片所占的闭区域 D 由 $y = \sqrt{2px}$,$x = x_0, y = 0$ 所围成,求均匀薄片的质心.

4.设均匀薄片(面密度为常数 1)所占闭区域 D 为矩形闭区域 $\{(x,y) \mid 0 \leqslant x \leqslant a, 0 \leqslant y \leqslant b\}$,求转动惯量 I_x, I_y.

总 习 题 十

1.填空题:

(1) 函数 $f(x,y)$ 在有界闭区域 D 上的二重积分存在的充分条件是 $f(x,y)$ 在 D 上_____;

（2）设 D 是由圆周 $x^2 + y^2 = a^2$ 所围成的闭区域，$f(x,y)$ 在 D 上连续，则 $\lim\limits_{a \to 0^+} \dfrac{1}{\pi a^2} \iint\limits_{D} f(x,y)\,d\sigma = $ _____.

（3）设 $f(t)$ 为连续函数，$F(t) = \int_1^t dy \int_y^t f(x)\,dx\,(t > 1)$. 交换积分次序后化为对 x 的定积分，则得 $F(t) = $ _____，于是 $F'(t) = $ _____.

2.选择题：

（1）设 D 是由圆周 $x^2 + y^2 = R^2$ 所围成的闭区域，则 $\iint\limits_{D} \sqrt{x^2 + y^2}\,d\sigma = ($ ___ $)$.

A. $\iint\limits_{D} R\,dxdy = \pi R^3$ 　　　　　B. $\int_0^{2\pi} d\theta \int_0^R \rho\,d\rho = \pi R^2$

C. $\int_0^{2\pi} d\theta \int_0^R \rho^2\,d\rho = \dfrac{2}{3}\pi R^3$ 　　　D. $\int_0^{2\pi} d\theta \int_0^R R^2\,d\rho = 2\pi R^3$

（2）设平面闭区域 $D = \{(x,y) \mid x^2 + y^2 \leqslant R^2\}$，$D_1 = \{(x,y) \mid x^2 + y^2 \leqslant R^2, x \geqslant 0, y \geqslant 0\}$，则下列等式中正确的是(___).

A. $\iint\limits_{D} x\,dxdy = 4\iint\limits_{D_1} x\,dxdy$ 　　　B. $\iint\limits_{D} y\,dxdy = 4\iint\limits_{D_1} y\,dxdy$

C. $\iint\limits_{D} xy\,dxdy = 4\iint\limits_{D_1} xy\,dxdy$ 　　D. $\iint\limits_{D} x^2\,dxdy = 4\iint\limits_{D_1} x^2\,dxdy$

3.计算下列二重积分：

（1）$\iint\limits_{D} |\cos(x+y)|\,d\sigma$，其中 D 由直线 $y = 0$，$y = x$ 和 $x = \dfrac{\pi}{2}$ 所围成；

（2）$\iint\limits_{D} \sqrt{R^2 - x^2 - y^2}\,d\sigma$，其中 D 是由圆周 $x^2 + y^2 = Rx$ 所围成的闭区域；

（3）$\iint\limits_{D} (x^2 + 3x - 6y + 9)\,d\sigma$，其中 D 是由圆周 $x^2 + y^2 \leqslant 1$ 所围成的闭区域.

4.设平面薄片所占的闭区域 D 由直线 $x + y = 2$，$y = x$ 和 x 轴所围成，它的面密度 $\mu(x,y) = x^2 + y^2$，求该薄片的质量.

5.求由抛物线 $y = x^2$ 及直线 $y = 1$ 所围成的均匀薄片（面密度为常数 μ）对于直线 $y = -1$ 的转动惯量.

6.选用适当的坐标计算三重积分 $\iiint\limits_{\Omega} xyz\,dv$，其中 Ω 是由曲面 $x^2 + y^2 + z^2 = 1$ 及三个坐标平面所围成的在第一卦限内的闭区域.

第十一章　曲线积分与曲面积分

第十章已经把积分概念从积分范围为数轴上一个区间的情形推广到积分范围为平面或空间内的一个区域的情形.本章将继续把积分范围推广为一段曲线弧或一片曲面.

第一节　对弧长的曲线积分

本节将研究定义在平面或空间曲线段上函数的积分.

一、对弧长曲线积分的概念与性质

在设计曲线形细长构件时,通常需要计算它们的质量,而构件的线密度(单位长度的质量)却是因点而异的.工程技术人员常常用这样的方法计算一个构件的质量:设构件为平面 xOy 内一条有质量的曲线 L , L 上任一点 (x,y) 处的线密度为 $\rho(x,y)$,如图 11-1 所示.

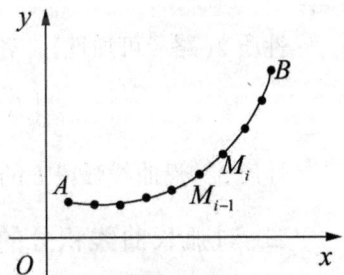

图 11-1

将曲线 L 分成 n 个小段曲线 $L_i(i=1,2,\cdots,n)$, Δs_i 表示曲线段 L_i 长度;任取 $(\xi_i,\eta_i)\in L_i$,得第 i 小段质量的近似值为 $\rho(\xi_i,\eta_i)\Delta s_i$.

当把 L 分割得越来越细(即 $\lambda \triangleq \max\{\Delta s_1,\Delta s_2,\cdots,\Delta s_n\}\to 0$),则整个曲线构件的质量为

$$\lim_{\lambda\to 0}\sum_{i=1}^{n}\rho(\xi_i,\eta_i)\Delta s_i .$$

这种和的极限在研究其他问题时也会遇到,因此给出下面概念.

定义　设 L 为 xOy 面内的一条光滑曲线段,函数 $f(x,y)$ 在 L 上有界.在 L 上任意插入一点列 $M_1,M_2,\cdots,M_{n-1}$,把 L 分成 n 个小段.设第 i 个小段的长度为 Δs_i , (ξ_i,η_i) 为第 i 个小段上任意取定的一点,作乘积 $f(\xi_i,\eta_i)\Delta s_i$ $(i=1,2,\cdots,n)$,并作和 $\sum_{i=1}^{n}f(\xi_i,\eta_i)\Delta s_i$,如果各小弧段长度的最大值 $\lambda\to 0$,且和的极限总存在,则称此极限为函数 $f(x,y)$ 在曲线 L 上的**对弧长的曲线积分**或**第一型曲线积分**,记作 $\int_L f(x,y)\mathrm{d}s$,即

$$\int_L f(x,y)\mathrm{d}s = \lim_{\lambda\to 0}\sum_{i=1}^{n}f(\xi_i,\eta_i)\Delta s_i , \tag{1}$$

其中 $f(x,y)$ 叫作**被积函数**, L 叫作**积分路径**, $\mathrm{d}s$ 叫作**弧长微元**.

特别地,如果 L 是闭曲线,那么函数 $f(x,y)$ 在闭曲线 L 上对弧长的曲线积分记作

$$\oint_L f(x,y)\,\mathrm{d}s .$$

若 L 为空间上的光滑曲线段，$f(x,y,z)$ 为定义在 L 上的函数，则可类似地定义 $f(x,y,z)$ 在空间曲线 L 上对弧长的曲线积分，记作

$$\int_L f(x,y,z)\,\mathrm{d}s .$$

这样，本节开始所求的曲线形构件的质量可表示为

$$M = \int_L \rho(x,y)\,\mathrm{d}s .$$

类似于函数的定积分，并不是所有的 $f(x,y)$ 在曲线 L 上都是可积的.不过，当函数 $f(x,y)$ 在光滑曲线弧 L 上连续时，第一型曲线积分 $\int_L f(x,y)\,\mathrm{d}s$ 都是存在的.因此，下文中总假定 $f(x,y)$ 在 L 上是连续的.

关于第一型曲线积分也和定积分一样具有下述重要性质.

性质 1（线性性） 设 α、β 为任意常数，则 $\int_L \big[\alpha f(x,y) + \beta g(x,y)\big]\mathrm{d}s = \alpha \int_L f(x,y)\,\mathrm{d}s + \beta \int_L g(x,y)\,\mathrm{d}s$.

性质 2（路径可加性） 若积分弧段 L 可分成两段光滑曲线弧 L_1 和 L_2，则

$$\int_L f(x,y)\,\mathrm{d}s = \int_{L_1} f(x,y)\,\mathrm{d}s + \int_{L_2} f(x,y)\,\mathrm{d}s .$$

性质 3 设曲线弧段 L 的弧长为 l，则 $\int_L \mathrm{d}s = l$.

二、对弧长曲线积分的计算

定理 设 $f(x,y)$ 在曲线段 L 上连续，L 的参数方程为

$$x = \varphi(t),\ y = \psi(t),\ (\alpha \leqslant t \leqslant \beta) ,$$

其中 $\varphi(t),\psi(t)$ 在 $[\alpha,\beta]$ 上具有一阶连续导数，且 $\varphi'^2(t) + \psi'^2(t) \neq 0$，则曲线积分 $\int_L f(x,y)\,\mathrm{d}s$ 存在，且

$$\int_L f(x,y)\,\mathrm{d}s = \int_\alpha^\beta f\big[\varphi(t),\psi(t)\big]\sqrt{\varphi'^2(t) + \psi'^2(t)}\,\mathrm{d}t .$$

证 设 $I = \int_\alpha^\beta f\big[\varphi(t),\psi(t)\big]\sqrt{\varphi'^2(t) + \psi'^2(t)}\,\mathrm{d}t$，在 L 上顺次插入，如图 11-1 所示.

$$M_i(\varphi(t_i),\psi(t_i))(i = 1,2,\cdots,n-1) ,$$
$$M_0 = A = (\varphi(\alpha),\psi(\alpha)),\cdots ,$$
$$M_n = B = (\varphi(\beta),\psi(\beta)) ,$$

其中 $\alpha = t_0 < t_1 < \cdots < t_{n-1} < t_n = \beta$.设 Δs_i 为弧段 $M_{i-1}M_i$ 的长度，则

$$\Delta s_i = \int_{t_{i-1}}^{t_i} \sqrt{\varphi'^2(t) + \psi'^2(t)}\,\mathrm{d}t.$$

令 $\sigma = \sum_{i=1}^n f\big[\varphi(\xi_i),\psi(\xi_i)\big]\Delta s_i$，其中 $(\varphi(\xi_i),\psi(\xi_i))$ 为弧段 $M_{i-1}M_i$ 上任意一点.那么

$$\sigma - I = \sum_{i=1}^n f\big[\varphi(\xi_i),\psi(\xi_i)\big]\Delta s_i - \int_\alpha^\beta f\big[\varphi(t),\psi(t)\big]\sqrt{\varphi'^2(t) + \psi'^2(t)}\,\mathrm{d}t$$

$$= \sum_{i=1}^{n} \int_{t_{i-1}}^{t_i} \{f[\varphi(\xi_i),\psi(\xi_i)] - f[\varphi(t),\psi(t)]\} \sqrt{\varphi'^2(t) + \psi'^2(t)}\,dt.$$

设 L 的弧长为 s . $f[\varphi(t),\psi(t)]$ 为 $[\alpha,\beta]$ 上的连续函数,因此一致连续.所以对任意给定正数 ε ,存在 δ ,当 $t_i - t_{i-1} < \delta$ 时,有

$$|f[\varphi(\xi_i),\psi(\xi_i)] - f[\varphi(t),\psi(t)]| < \frac{\varepsilon}{s}, \quad \xi_i \in [t_{i-1},t_i].$$

因此

$$|\sigma - I| \leqslant \sum_{i=1}^{n} \int_{t_{i-1}}^{t_i} |\{f[\varphi(\xi_i),\psi(\xi_i)] - f[\varphi(t),\psi(t)]\}| \sqrt{\varphi'^2(t) + \psi'^2(t)}\,dt <$$

$$\frac{\varepsilon}{s} \int_{\alpha}^{\beta} \sqrt{\varphi'^2(t) + \psi'^2(t)}\,dt = \frac{\varepsilon}{s} \cdot s = \varepsilon,$$

又 $t_i - t_{i-1} \to 0\,(i = 1,2,\cdots,n)$ 等价于 $\lambda \triangleq \max\{\Delta s_1, \Delta s_2, \cdots, \Delta s_n\} \to 0$.

从而

$$\int_L f(x,y)\,ds = \lim_{\lambda \to 0} \sigma = \int_{\alpha}^{\beta} f[\varphi(t),\psi(t)] \sqrt{\varphi'^2(t) + \psi'^2(t)}\,dt.$$

特别地,如果平面光滑曲线 L 的方程为

$$y = \psi(x), \quad (a \leqslant x \leqslant b),$$

则

$$\int_L f(x,y)\,ds = \int_a^b f[x,\psi(x)] \sqrt{1 + \psi'^2(x)}\,dx.$$

如果平面光滑曲线 L 的方程为

$$x = \varphi(y), \quad (c \leqslant y \leqslant d),$$

则

$$\int_L f(x,y)\,ds = \int_c^d f[\varphi(y),y] \sqrt{\varphi'^2(y) + 1}\,dy.$$

若空间曲线 L 的方程为 $x = \varphi(t),y = \psi(t),z = \omega(t),(\alpha \leqslant t \leqslant \beta)$,则

$$\int_L f(x,y,z)\,ds = \int_{\alpha}^{\beta} f[\varphi(t),\psi(t),\omega(t)] \sqrt{\varphi'^2(t) + \psi'^2(t) + \omega'^2(t)}\,dt.$$

例 1 计算 $\int_L \sqrt{y}\,ds$,其中 L 是抛物线 $y = x^2$ 上点 $O(0,0)$ 与点 $B(1,1)$ 之间的一段弧.

解 曲线的方程为 $y = x^2\,(0 \leqslant x \leqslant 1)$,如图 11-2 所示,因此

$$\int_L \sqrt{y}\,ds = \int_0^1 \sqrt{x^2} \sqrt{1 + (x^2)'^2}\,dx$$

$$= \int_0^1 x\sqrt{1 + 4x^2}\,dx$$

$$= \frac{1}{12}(5\sqrt{5} - 1).$$

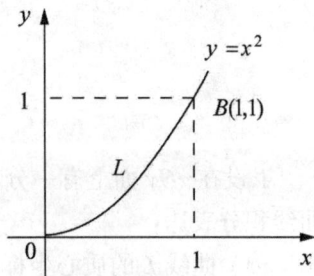

图 11-2

例 2 计算 $\int_L e^{\sqrt{x^2+y^2}}\,ds$,其中 L 是从 $A(0,1)$ 沿圆周 $x^2 + y^2 = 1$ 到 $B\left(\frac{\sqrt{2}}{2}, -\frac{\sqrt{2}}{2}\right)$ 处的一段弧.

解 曲线段 L 的参数方程为

$$x = \cos t, \quad y = \sin t, \quad -\frac{\pi}{4} \leqslant t \leqslant \frac{\pi}{2}.$$

从而

$$ds = \sqrt{(-\sin t)^2 + (\cos t)^2}\, dt = dt.$$

因此

$$\int_L e^{\sqrt{x^2 + y^2}}\, ds = \int_{-\frac{\pi}{4}}^{\frac{\pi}{2}} e\, dt = \frac{3}{4} e\pi.$$

例 3 计算曲线积分 $\int_L (x^2 + y^2 + z^2)\, ds$，其中 L 为螺旋线

$$x = a\cos t, \, y = a\sin t, \, z = kt$$

上相应于 t 从 0 到 2π 的一段弧.

解 在曲线 L 上有 $x^2 + y^2 + z^2 = (a\cos t)^2 + (a\sin t)^2 + (kt)^2 = a^2 + k^2 t^2$，并且

$$ds = \sqrt{(-a\sin t)^2 + (a\cos t)^2 + k^2}\, dt = \sqrt{a^2 + k^2}\, dt,$$

于是

$$\int_L (x^2 + y^2 + z^2)\, ds = \int_0^{2\pi} (a^2 + k^2 t^2)\, \sqrt{a^2 + k^2}\, dt = \frac{2}{3}\pi\sqrt{a^2 + k^2}(3a^2 + 4\pi^2 k^2).$$

例 4 计算 $\int_L (x^2 + y^2 + 2z)\, ds$，其中 L 为球面 $x^2 + y^2 + z^2 = a^2$ 和平面 $x + y + z = 0$ 的交线.

解 由对称性得

$$\int_L x^2 ds = \int_L y^2 ds = \int_L z^2 ds = \frac{1}{3}\int_L (x^2 + y^2 + z^2)\, ds,$$

由于在 L 上成立 $x^2 + y^2 + z^2 = a^2$，且 L 是一个半径为 a 的圆周，因此

$$\int_L (x^2 + y^2 + z^2)\, ds = \int_L a^2 ds = a^2 \int_L ds = 2\pi a^3.$$

同理

$$\int_L x ds = \int_L y ds = \int_L z ds = \frac{1}{3}\int_L (x + y + z)\, ds = 0.$$

于是

$$\int_L (x^2 + y^2 + 2z)\, ds = \int_L x^2 ds + \int_L y^2 ds + \int_L 2z ds = \frac{4}{3}\pi a^3.$$

习题 11-1

1.设在 xOy 面上有一分布着质量的曲线 L，在点 (x, y) 处它的线密度为 $\mu(x, y)$.试用曲线积分表达：

(1) 曲线 L 的质心坐标 $\bar{x}, \bar{y}$；

(2) 曲线 L 对 x 轴，对 y 轴的转动惯量 I_x, I_y.

2.计算下列弧长的曲线积分：

(1) $\int_L (x^2 + y^2)\, ds$.其中 L 为 $x = a(\cos t + t\sin t)$，$y = a(\sin t - t\cos t)$ $(0 \leqslant t \leqslant 2\pi)$；

(2) $\int_L (x + y)\mathrm{d}s$，其中 L 是连接 $(1,0)$ 与 $(0,1)$ 两点的直线段；

(3) $\oint_L (x^2 + y^2)^n \mathrm{d}s$．其中 L 为圆周 $x = a\cos t, y = a\sin t\,(a > 0, 0 \leqslant t \leqslant 2\pi)$；

(4) $\int_L y^2 \mathrm{d}s$，其中 L 为摆线的一拱 $x = a(t - \sin t)$，$y = a(1 - \cos t)$ $(0 \leqslant t \leqslant 2\pi)$；

(5) $\int_L \sqrt{x^2 + y^2}\,\mathrm{d}s$，其中 L 为圆周 $x^2 + y^2 = ax$．

第二节　对坐标的曲线积分

一、对坐标的曲线积分的概念与性质

在物理学中还会碰到另一种类型的曲线积分．在 xOy 平面内，设一个质点在一变力 $\boldsymbol{F} = P(x,y)\,\boldsymbol{i} + Q(x,y)\boldsymbol{j}$ 的作用下，沿光滑曲线弧 L 由 A 点运动到 B 点，求此过程中变力 $\boldsymbol{F}$ 所做的功．

如果 $\boldsymbol{F}$ 是一个常力，作用于质点，使之沿直线从 A 点运动到 B 点，$\boldsymbol{F}$ 与位移方向 $\boldsymbol{s}$ 的夹角为 θ，记 $|\boldsymbol{F}| = F, |\boldsymbol{s}| = s$，则 $W = \boldsymbol{F} \cdot \boldsymbol{s} = F \cdot s \cdot \cos\theta$．

设 $P(x,y), Q(x,y)$ 在有向曲线弧 $L = \overgroup{AB}$ 上连续，我们在 L 上沿 L 的方向插入 $n - 1$ 个分点 $M_1, M_2, \cdots,$ M_{n-1} 将曲线弧 L 分割为 n 个有向小弧段，如图 11-3 所示，

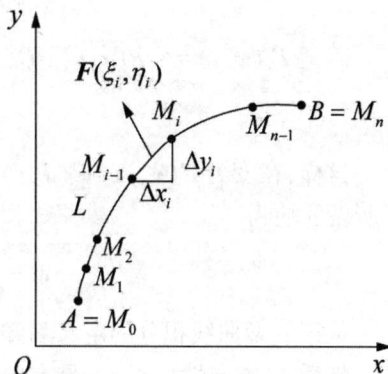

图 11-3

$\overgroup{M_{i-1}M_i}(i = 1, 2, \cdots, n,\ M_0 = A, M_n = B)$，其长为 Δs_i．在每个有向小弧段上任取一点 (ξ_i, η_i)，当 Δs_i 很小时，有向小弧段 $\overgroup{M_{i-1}M_i}$ 可近似地用有向线段

$$\overrightarrow{M_{i-1}M_i} = (\Delta x_i)\,\boldsymbol{i} + (\Delta y_i)\boldsymbol{j}$$

来代替，其中 $\Delta x_i = x_i - x_{i-1}$，$\Delta y_i = y_i - y_{i-1}$；$\overgroup{M_{i-1}M_i}$ 上任一点 (ξ_i, η_i) 处的力 $\boldsymbol{F}(\xi_i, \eta_i) = P(\xi_i, \eta_i)\boldsymbol{i} + Q(\xi_i, \eta_i)\boldsymbol{j}$ 来近似代替这小弧段上各点处的力．这样，变力 $\boldsymbol{F}(x,y)$ 在这一有向小弧段上所做的功 ΔW_i 可以近似地等于常力 $\boldsymbol{F}(\xi_i, \eta_i)$ 沿有向线段 $\overrightarrow{M_{i-1}M_i}$ 所做的功 $\Delta W_i = \boldsymbol{F}(\xi_i, \eta_i) \cdot \overrightarrow{M_{i-1}M_i}$，即

$$\Delta W_i \approx P(\xi_i, \eta_i)\Delta x_i + Q(\xi_i, \eta_i)\Delta y_i.$$

于是，$\boldsymbol{F}$ 在整个曲线弧 L 上所做的功的近似值为

$$W = \sum_{i=1}^{n} \Delta W_i \approx \sum_{i=1}^{n} \left[P(\xi_i, \eta_i)\Delta x_i + Q(\xi_i, \eta_i)\Delta y_i \right].$$

记 $\lambda = \max_{1 \leqslant i \leqslant n}\{\Delta s_i\}$．令 $\lambda \to 0$，取上述和式的极限，即可定义为变力 $\boldsymbol{F}(x,y)$ 沿有向线段弧 L 所做的功，即

$$W = \lim_{\lambda \to 0} \sum_{i=1}^{n} \left[P(\xi_i, \eta_i)\Delta x_i + Q(\xi_i, \eta_i)\Delta y_i \right].$$

从大量这种类型的和式极限计算问题中，我们抽象出第二型曲线积分的定义．

定义 设函数 $P(x,y)$，$Q(x,y)$ 在有向光滑曲线 L 上有界.在 L 内插入一点列 $P_0 = A$，$P_1,P_2,\cdots,P_n = B$ 得到 n 个有向小弧段 $\overrightarrow{P_{i-1}P_i}$（$i = 1,2,\cdots,n$），设 $\Delta x_i = x_i - x_{i-1}$，$\Delta y_i = y_i - y_{i-1}$，$(\xi_i,\eta_i)$ 为 L_i 上任意一点，λ 为各小弧段长度的最大值.如果极限 $\lim\limits_{\lambda \to 0}\sum\limits_{i=1}^{n}\left[P(\xi_i,\eta_i)\Delta x_i + Q(\xi_i,\eta_i)\Delta y_i\right]$ 总存在,则称此极限为函数 $P(x,y)$，$Q(x,y)$ 在有向曲线 L 上的**对坐标的曲线积分**或**第二型曲线积分**,记作

$$\int_L P(x,y)\mathrm{d}x + Q(x,y)\mathrm{d}y \text{ 或 } \int_{AB} P(x,y)\mathrm{d}x + Q(x,y)\mathrm{d}y. \tag{2}$$

特别地,如果 L 是有向闭曲线,则记作

$$\oint_L P(x,y)\mathrm{d}x + Q(x,y)\mathrm{d}y. \tag{3}$$

若记 $\boldsymbol{F}(x,y) = (P(x,y),Q(x,y))$，$\mathrm{d}\boldsymbol{r} = (\mathrm{d}x,\mathrm{d}y)$，则(2)式可写成向量形式

$$\int_L \boldsymbol{F} \cdot \mathrm{d}\boldsymbol{r} \text{ 或 } \int_{AB} \boldsymbol{F} \cdot \mathrm{d}\boldsymbol{r}. \tag{4}$$

这样,在变力 $\boldsymbol{F}(x,y) = P(x,y)\boldsymbol{i} + Q(x,y)\boldsymbol{j}$ 作用下质点沿光滑曲线弧 L 从点 A 移动到点 B 所做的功为

$$W = \int_L P(x,y)\mathrm{d}x + Q(x,y)\mathrm{d}y.$$

从第二型曲线积分的定义易知,它具有如下性质:

性质 1（方向性） 设 L 是有向曲线弧，L^- 是与 L 方向相反的有向曲线弧,则

$$\int_{L^-} P(x,y)\mathrm{d}x + Q(x,y)\mathrm{d}y = -\int_L P(x,y)\mathrm{d}x + Q(x,y)\mathrm{d}y.$$

性质 2（线性性） 设 α，β 为任意常数，$\boldsymbol{F}$，$\boldsymbol{G}$ 为向量函数，$\mathrm{d}\boldsymbol{r} = (\mathrm{d}x,\mathrm{d}y)$，则

$$\int_L [\alpha\boldsymbol{F} + \beta\boldsymbol{G}]\mathrm{d}\boldsymbol{r} = \alpha\int_L \boldsymbol{F}\mathrm{d}\boldsymbol{r} + \beta\int_L \boldsymbol{G}\mathrm{d}\boldsymbol{r}.$$

性质 3（路径可加性） 如果把 L 分成 L_1 和 L_2，则

$$\int_L P\mathrm{d}x + Q\mathrm{d}y = \int_{L_1} P\mathrm{d}x + Q\mathrm{d}y + \int_{L_2} P\mathrm{d}x + Q\mathrm{d}y.$$

二、对坐标的曲线积分的计算

为了方便第二型曲线积分的计算,我们给出如下定理:

定理 设 $P(x,y)$，$Q(x,y)$ 是定义在光滑有向曲线

$$L: x = \varphi(t), y = \psi(t)$$

上的连续函数,当参数 t 单调地由 α 变到 β 时,点 $M(x,y)$ 从 L 的起点 A 沿 L 方向运动到终点 B，则

$$\int_L P(x,y)\mathrm{d}x + Q(x,y)\mathrm{d}y$$
$$= \int_{\alpha}^{\beta}\{P[\varphi(t),\psi(t)]\varphi'(t) + Q[\varphi(t),\psi(t)]\psi'(t)\}\mathrm{d}t.$$

证 从略.

对于沿封闭曲线 L 的第二型曲线积分(2)的计算,可在 L 上任意选取一点作为起点,沿 L 所指定的方向前进,最后回到这一点.

类似地,我们可以给出沿空间有向曲线 L 的第二型曲线积分 $\int_L P\mathrm{d}x + Q\mathrm{d}y + R\mathrm{d}z$ 的定义.

若空间曲线 L 的参数方程为

$$x = \varphi(t), y = \psi(t), z = \omega(t), \quad t \in [\alpha, \beta],$$

则

$$\int_L P(x,y,z)\mathrm{d}x + Q(x,y,z)\mathrm{d}y + R(x,y,z)\mathrm{d}z$$

$$= \int_\alpha^\beta \{ P[\varphi(t), \psi(t), \omega(t)]\varphi'(t) + Q[\varphi(t), \psi(t), \omega(t)]\psi'(t) +$$

$$R[\varphi(t), \psi(t), \omega(t)]\omega'(t) \} \mathrm{d}t.$$

其中, α 对应于 L 的起点, β 对应于 L 的终点.

例 1　计算 $\int_L (x^2 + 2xy)\mathrm{d}x + (x^2 + y^4)\mathrm{d}y$, 其中 L 为由点 $O(0,0)$ 到点 $A(1,1)$ 的直线段.

解　L 的参数方程为　$x = t, y = t, 0 \leqslant t \leqslant 1$

$$\int_L (x^2 + 2xy)\mathrm{d}x + (x^2 + y^4)\mathrm{d}y$$

$$= \int_0^1 (t^2 + 2t^2 + t^2 + t^4)\mathrm{d}t$$

$$= \frac{4}{3}t^3 + \frac{1}{5}t^5 \Big|_0^1 = \frac{23}{15}.$$

例 2　计算 $\int_L xy\mathrm{d}x$, 其中 L 为抛物线 $y^2 = x$ 上从点 $A(1, -1)$ 到点 $B(1,1)$ 的一段弧, 如图 11-4 所示.

解法一　以 x 为积分变量. L 分为 AO 和 OB 两部分:

AO 的方程为 $y = -\sqrt{x}$, x 从 1 变到 0; OB 的方程为

$y = \sqrt{x}$, x 从 0 变到 1.

因此

$$\int_L xy\mathrm{d}x = \int_{AO} xy\mathrm{d}x + \int_{OB} xy\mathrm{d}x$$

$$= \int_1^0 x(-\sqrt{x})\mathrm{d}x + \int_0^1 x\sqrt{x}\mathrm{d}x = \frac{4}{5}.$$

解法二　以 y 为积分变量. L 的方程为 $x = y^2$, y 从 -1 变到 1.因此

$$\int_L xy\mathrm{d}x = \int_{-1}^1 y^2 y(y^2)'\mathrm{d}y = 2\int_{-1}^1 y^4\mathrm{d}y = \frac{4}{5}.$$

例 3　设在力场 $\boldsymbol{F} = (y, -x, z)$ 作用下, 质点由 $A(R,0,0)$ 沿 L 移动到 $B(R,0,2k\pi)$, 求质点所做的功.其中 L 为

(1) $x = R\cos t, y = R\sin t, z = kt, 0 \leqslant t \leqslant 2\pi$;

(2) 直线 AB.

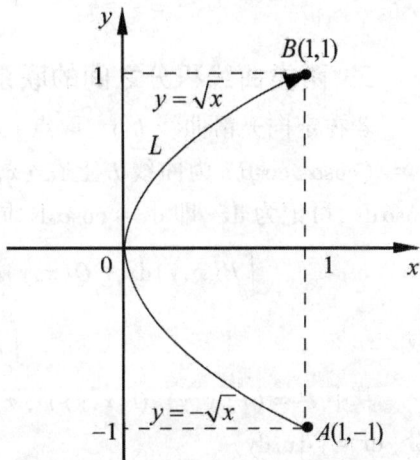

图 11-4

解 $W = \int_L \boldsymbol{F} \cdot \mathrm{d}\boldsymbol{r} = \int_L y\mathrm{d}x - x\mathrm{d}y + z\mathrm{d}z$

（1）由于 $\mathrm{d}x = -R\sin t\mathrm{d}t, \mathrm{d}y = R\cos t\mathrm{d}t, \mathrm{d}z = k\mathrm{d}t$，所以

$$W = \int_0^{2\pi}(-R^2\sin^2 t - R^2\cos^2 t + k^2 t)\mathrm{d}t = \int_0^{2\pi}(k^2 t - R^2)\mathrm{d}t = 2\pi(k^2\pi - R^2).$$

（2）L 的参数方程为

$$x = R, y = 0, z = t, 0 \leqslant t \leqslant 2k\pi,$$

由于 $\mathrm{d}x = 0, \mathrm{d}y = 0, \mathrm{d}z = \mathrm{d}t$，所以 $W = \int_0^{2k\pi} t\mathrm{d}t = 2k^2\pi^2$.

例 4 计算 $\int_\Gamma x^3\mathrm{d}x + 3zy^2\mathrm{d}y - yx^2\mathrm{d}z$，其中 Γ 为点 $A(3,2,1)$ 到点 $B(0,0,0)$ 的直线段 AB.

解 直线段的方程是

$$\frac{x}{3} = \frac{y}{2} = \frac{z}{1}$$

化为参数方程得

$$x = 3t, y = 2t, z = t, (0 \leqslant t \leqslant 1),$$

所以

$$\int_\Gamma x^3\mathrm{d}x + 3zy^2\mathrm{d}y - yx^2\mathrm{d}z$$

$$= \int_1^0 [(3t)^3 \cdot 3 + 3t(2t)^2 \cdot 2 - (3t)^2 \cdot 2t]\mathrm{d}t$$

$$= 87\int_1^0 t^3\mathrm{d}t$$

$$= -\frac{87}{4}.$$

三、两类曲线积分之间的联系

若在定向光滑曲线 L 上，取点 (x,y) 的一个 L 的弧长微元 $\mathrm{d}s$，作向量 $\mathrm{d}\boldsymbol{r} = \boldsymbol{\tau}\mathrm{d}s$，其中 $\boldsymbol{\tau} = (\cos\alpha, \cos\beta)$ 为曲线 L 上在 (x,y) 处与 L 同向的切向量. 那么 $\mathrm{d}s$ 在 x 轴上的投影为 $\cos\alpha\mathrm{d}s$，可记为 $\mathrm{d}x$，即 $\mathrm{d}x = \cos\alpha\mathrm{d}s$. 同理 $\mathrm{d}y = \cos\beta\mathrm{d}s$. 第二型曲线积分又可以表示为

$$\int_L P(x,y)\mathrm{d}x + Q(x,y)\mathrm{d}y = \int_L [P(x,y)\cos\alpha + Q(x,y)\cos\beta]\mathrm{d}s$$

或

$$\int_L \boldsymbol{F} \cdot \mathrm{d}\boldsymbol{r} = \int_L \boldsymbol{F} \cdot \boldsymbol{\tau}\mathrm{d}s.$$

其中 $\boldsymbol{F} = (P(x,y), Q(x,y))$，$\boldsymbol{\tau} = (\cos\alpha, \cos\beta)$ 为有向曲线弧 L 上点 (x,y) 处的切向量，$\mathrm{d}\boldsymbol{r} = (\mathrm{d}x, \mathrm{d}y)$.

类似地有

$$\int_L P\mathrm{d}x + Q\mathrm{d}y + R\mathrm{d}z = \int_L [P\cos\alpha + Q\cos\beta + R\cos\gamma]\mathrm{d}s$$

或

$$\int_L \boldsymbol{F} \cdot \mathrm{d}\boldsymbol{r} = \int_L \boldsymbol{F} \cdot \boldsymbol{\tau}\mathrm{d}s.$$

其中 $\mathbf{F} = (P, Q, R)$, $\boldsymbol{\tau} = (\cos\alpha, \cos\beta, \cos\gamma)$ 为有向曲线段 L 上点 (x, y, z) 处的切向量，$d\mathbf{r} = (dx, dy, dz)$.

例 4 设 $f(x, y) = \dfrac{1}{2}\ln(x^2 + y^2)$, $L: y = x^2, 1 \leqslant x \leqslant 2$, 试计算 $\displaystyle\int_L \dfrac{\partial f}{\partial \boldsymbol{\tau}} ds$. 其中 $\dfrac{\partial f}{\partial \boldsymbol{\tau}}$ 表示函数 $f(x, y)$ 沿 L 的正向切方向 $\boldsymbol{\tau}$ 的方向导数.

解 $\dfrac{\partial f}{\partial \boldsymbol{\tau}} = f_x{}'\cos\alpha + f_y{}'\cos\beta$

$\qquad\quad = \dfrac{x}{x^2 + y^2}\cos\alpha + \dfrac{y}{x^2 + y^2}\cos\beta.$

由第一、二型曲线积分的关系知

$$\int_L \frac{\partial f}{\partial \boldsymbol{\tau}} ds = \int_L \frac{x}{x^2 + y^2} dx + \frac{y}{x^2 + y^2} dy$$

$$= \int_1^2 \frac{x}{x^2 + x^4} dx + \int_1^4 \frac{y}{y + y^2} dy = \frac{1}{2}(\ln 5 + \ln 2).$$

习题 11-2

1. 设力 $\mathbf{F}$ 的大小为常量 f, 方向朝着 x 轴正向. 质量为 m 的质点在力 $\mathbf{F}$ 的作用下沿圆弧 $y = \sqrt{r^2 - x^2}$ 自点 $A(r, 0)$ 移动到点 $B(0, r)$, 求力 $\mathbf{F}$ 所做的功.

2. 计算下列第二型曲线积分：

(1) $\displaystyle\oint_L x\,dy - y\,dx$, 其中 L 是以 $A(0, 0), B(1, 0), C(1, 2)$ 为顶点的闭折线 $ABCA$；

(2) $\displaystyle\oint_L xy\,dx$, 其中 L 是圆周 $x^2 + y^2 = 2ax(a > 0)$ 及 x 轴所围成的在第一象限内区域的整个边界（按逆时针方向绕行）；

(3) $\displaystyle\int_L (x^2 - y^2)\,dx$, 其中 L 是抛物线 $y = x^2$ 上从点 $(0, 0)$ 到点 $(2, 4)$ 的一段弧；

(4) $\displaystyle\int_L xy\,dx + (y - x)\,dy$, 其中 L 为曲线 $y = x^3$ 上从点 $(0, 0)$ 到点 $(1, 1)$ 的有向弧段；

(5) $\displaystyle\int_\Gamma x\,dx + y\,dy + (x + y - 1)\,dz$, 其中 Γ 为点 $(1, 1, 1)$ 到点 $(1, 3, 4)$ 的直线段.

3. 计算 $\displaystyle\int_L (x + y)\,dx + (y - x)\,dy$, 其中 L 是：

(1) 抛物线 $y^2 = x$ 上从点 $(1, 1)$ 到点 $(4, 2)$ 的一段弧；

(2) 从点 $(1, 1)$ 到点 $(4, 2)$ 的直线段；

(3) 曲线 $x = 2t^2 + t + 1, y = t^2 + 1$ 上从点 $(1, 1)$ 到点 $(4, 2)$ 的一段弧.

第三节　格林公式及其应用

一、格林公式

本节讨论区域 D 上的二重积分与 D 的边界曲线 L 上对坐标的曲线积分之间的联系.下面要介绍的格林公式告诉我们,在平面闭区域 D 上的二重积分可以通过沿闭区域 D 的边界曲线 L 上的曲线积分来表述.

单连通与复连通区域:设 D 为平面区域,如果 D 内任一闭曲线所围的部分都属于 D ,则称 D 为平面单连通区域,否则称为复连通区域(区域 D 内有"洞").

对平面区域 D 的边界曲线 L ,我们规定 L 的正方向如下:当观察者沿 L 行走时,区域 D 总在它的左边.相反的方向称为负方向,记为 L^- .

定理 1　设闭区域 D 由分段光滑的曲线 L 围成,函数 $P(x,y)$ 及 $Q(x,y)$ 在 D 上具有一阶连续偏导数,则有

$$\iint\limits_D (\frac{\partial Q}{\partial x} - \frac{\partial P}{\partial y})\mathrm{d}x\mathrm{d}y = \oint_L P\mathrm{d}x + Q\mathrm{d}y , \qquad (1)$$

其中 L 是 D 的取正向的边界曲线.

证　根据区域 D 的不同形状,一般可分为三种情况证明.

Ⅰ) D 既是 X 型区域,又是 Y 型区域(如图 11-5 所示)(即平行于坐标轴的直线和 L 至多交于两点的情形).

设 $D = \{(x,y) \mid \varphi_1(x) \leqslant y \leqslant \varphi_2(x) , a \leqslant x \leqslant b\}$.因为 $\frac{\partial P}{\partial y}$ 连续,所以由二重积分的计算法有

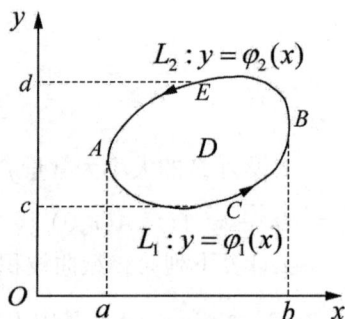

图 11-5

$$\iint\limits_D \frac{\partial P}{\partial y}\mathrm{d}x\mathrm{d}y$$
$$= \int_a^b \left\{ \int_{\varphi_1(x)}^{\varphi_2(x)} \frac{\partial P(x,y)}{\partial y}\mathrm{d}y \right\} \mathrm{d}x$$
$$= \int_a^b \{ P[x,\varphi_2(x)] - P[x,\varphi_1(x)] \}\mathrm{d}x.$$

另一方面,由第二型曲线积分的性质及计算法有

$$\oint_L P\mathrm{d}x = \int_{\overset{\frown}{ACB}} P\mathrm{d}x + \int_{\overset{\frown}{BEA}} P\mathrm{d}x = \int_a^b P[x,\varphi_1(x)]\mathrm{d}x + \int_b^a P[x,\varphi_2(x)]\mathrm{d}x .$$

因此

$$-\iint\limits_D \frac{\partial P}{\partial y}\mathrm{d}x\mathrm{d}y = \oint_L P\mathrm{d}x .$$

设 $D = \{(x,y) \mid \psi_1(y) \leqslant x \leqslant \psi_2(y) , c \leqslant y \leqslant d\}$.类似地可证

$$\iint\limits_D \frac{\partial Q}{\partial x}\mathrm{d}x\mathrm{d}y = \oint_L Q\mathrm{d}y .$$

由于 D 既是 X 型区域,又是 Y 型区域,所以以上两式同时成立,两式合并即得

$$\iint\limits_D (\frac{\partial Q}{\partial x} - \frac{\partial P}{\partial y})\mathrm{d}x\mathrm{d}y = \oint_L P\mathrm{d}x + Q\mathrm{d}y .$$

Ⅱ）若区域 D 是由一条分段光滑的闭曲线围成的,则可通过加辅助线将其分割为有限个既是 X 型区域,又是 Y 型区域,如图 11-6 所示.

$$\iint\limits_{D}\left(\frac{\partial Q}{\partial x} - \frac{\partial P}{\partial y}\right)\mathrm{d}x\mathrm{d}y = \sum_{k=1}^{3}\iint\limits_{D_k}\left(\frac{\partial Q}{\partial x} - \frac{\partial P}{\partial y}\right)\mathrm{d}x\mathrm{d}y$$

$$= \sum_{k=1}^{3}\int_{\partial D_k}P\mathrm{d}x + Q\mathrm{d}y = \oint_{L}P\mathrm{d}x + Q\mathrm{d}y.$$

这里, ∂D_k 表示 D_k 正向边界.

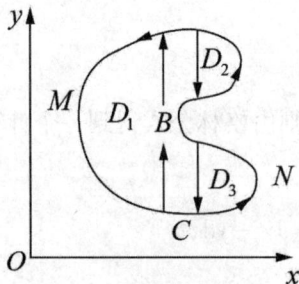

图 11-6

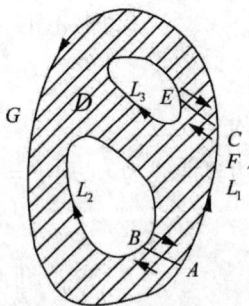

图 11-7

Ⅲ）如果 D 是复连通区域,如图 11-7 所示,可以用两条直线段 AB 和 CE 把区域 D 的边界曲线连结起来,则 D 是以 AB、L_2、BA、AFC、CE、L_3、EC 及 CGA 为边界曲线的单连通区域. 由(Ⅱ)知

$$\iint\limits_{D}\left(\frac{\partial Q}{\partial x} - \frac{\partial P}{\partial y}\right)\mathrm{d}x\mathrm{d}y$$

$$= \left\{\int_{AB} + \int_{L_2} + \int_{BA} + \int_{AFC} + \int_{CE} + \int_{L_3} + \int_{EC} + \int_{CGA}\right\}(P\mathrm{d}x + Q\mathrm{d}y)$$

$$= \left\{\int_{L_2} + \int_{L_3} + \int_{L_1}\right\}(P\mathrm{d}x + Q\mathrm{d}y)$$

$$= \oint_{L}P\mathrm{d}x + Q\mathrm{d}y.$$

若在公式（1）中取 $P = -y$, $Q = x$,则得区域 D 的面积为

$$S_D = \iint\limits_{D}\mathrm{d}\sigma = \frac{1}{2}\oint_{L}x\mathrm{d}y - y\mathrm{d}x.$$

对复连通区域 D,格林公式右端应包括沿区域 D 的全部边界的曲线积分,且边界的方向对区域 D 来说都是正向.

例 1　设 L 是任意一条分段光滑的闭曲线, L 方向为正方向,证明

$$\oint_{L}2xy\mathrm{d}x + x^2\mathrm{d}y = 0.$$

证　令 $P = 2xy$, $Q = x^2$,则 $\frac{\partial Q}{\partial x} - \frac{\partial P}{\partial y} = 2x - 2x = 0$.

因此,由格林公式有

$$\oint_{L}2xy\mathrm{d}x + x^2\mathrm{d}y = \iint\limits_{D}0\mathrm{d}x\mathrm{d}y = 0.$$

例 2 计算曲线积分 $I = \int_L (y^2 - \cos y)\mathrm{d}x + x\sin y\,\mathrm{d}y$.其中

$$L: y = \sin x, 0 \le x \le \pi.$$

解 记 $P = y^2 - \cos y, Q = x\sin y$.补充: $\overline{AO}: y = 0(0 \le x \le \pi)$,则 $L + \overline{AO}$ 构成封闭曲线.由格林公式

$$I = \left(\int_{L+\overline{AO}} - \int_{\overline{AO}} \right)(y^2 - \cos y)\mathrm{d}x + x\sin y\,\mathrm{d}y$$

$$= 2\iint_D y\,\mathrm{d}x\mathrm{d}y - \int_\pi^0 (-1)\,\mathrm{d}x$$

$$= -\frac{\pi}{2}.$$

设区域 D 的边界曲线为 L ,取 $P = -y, Q = x$,则由格林公式得到一个计算平面区域 D 的面积 S_D 公式

$$S_D = \iint_D \mathrm{d}x\mathrm{d}y = \frac{1}{2}\oint_L x\mathrm{d}y - y\mathrm{d}x.$$

我们可以用上述公式来求平面图形的面积.

例 3 求椭圆 $\dfrac{x^2}{a^2} + \dfrac{y^2}{b^2} = 1$ 所围成图形的面积 S .

解 设 D 是由椭圆 $x = a\cos\theta, y = b\sin\theta$ 所围成的区域.

令 $P = -y, Q = x$,则 $\dfrac{\partial Q}{\partial x} - \dfrac{\partial P}{\partial y} = 2$.

于是由格林公式,

$$S_D = \iint_D \mathrm{d}x\mathrm{d}y = \frac{1}{2}\oint_L x\mathrm{d}y - y\mathrm{d}x$$

$$= \frac{1}{2}\int_0^{2\pi} (ab\sin^2\theta + ab\cos^2\theta)\mathrm{d}\theta$$

$$= \frac{1}{2}ab\int_0^{2\pi} \mathrm{d}\theta$$

$$= \pi ab.$$

二、平面上曲线积分与路径无关的条件

不难得出,当函数沿着连接 A, B 两个端点的路径 L 积分,积分的值不仅会因端点的变化而变化,还会随着路径的不同而不同.特殊地,如重力做功只与路径的端点值有关而与路径无关.下面我们来探究平面上曲线积分与路径无关的条件.首先给出积分与路径无关的定义.

定义 设 D 是一个平面区域, $P(x,y), Q(x,y)$ 在区域 D 内具有一阶连续偏导数.如果对于区域 D 内任意指定的两个点 A, B 以及区域 D 内从点 A 到点 B 的任意两条光滑曲线 L_1 , L_2 ,等式

$$\int_{L_1} P\mathrm{d}x + Q\mathrm{d}y = \int_{L_2} P\mathrm{d}x + Q\mathrm{d}y$$

恒成立,则称曲线积分 $\int_L P\mathrm{d}x + Q\mathrm{d}y$ 在 D 内**与路径无关**,否则称**与路径有关**.

设曲线积分 $\int_L P\mathrm{d}x + Q\mathrm{d}y$ 在 D 内与路径无关,L_1 和 L_2 是 D 内任意两条从点 A 到点 B 的曲线,则有

$$\int_{L_1} P\mathrm{d}x + Q\mathrm{d}y = \int_{L_2} P\mathrm{d}x + Q\mathrm{d}y .$$

因为

$$\int_{L_1} P\mathrm{d}x + Q\mathrm{d}y = \int_{L_2} P\mathrm{d}x + Q\mathrm{d}y \Leftrightarrow \int_{L_1} P\mathrm{d}x + Q\mathrm{d}y - \int_{L_2} P\mathrm{d}x + Q\mathrm{d}y = 0 \Leftrightarrow$$

$$\int_{L_1} P\mathrm{d}x + Q\mathrm{d}y + \int_{L_2^-} P\mathrm{d}x + Q\mathrm{d}y = 0 \Leftrightarrow \int_{L_1+L_2^-} P\mathrm{d}x + Q\mathrm{d}y = 0 ,$$

所以有如下结论:

曲线积分 $\int_L P\mathrm{d}x + Q\mathrm{d}y$ 在 D 内与路径无关的充分必要条件是,沿 D 内任意闭曲线 L 的曲线积分 $\oint_L P\mathrm{d}x + Q\mathrm{d}y$ 等于零.

定理 2　设区域 D 是一个单连通区域,函数 $P(x,y)$ 及 $Q(x,y)$ 在 D 内具有一阶连续偏导数,则曲线积分 $\int_L P\mathrm{d}x + Q\mathrm{d}y$ 在 D 内与路径无关(或沿 D 内任意闭曲线的曲线积分为零)的充分必要条件是等式 $\dfrac{\partial Q}{\partial x} = \dfrac{\partial P}{\partial y}$ 在 D 内恒成立.

证　先证充分性.若 $\dfrac{\partial Q}{\partial x} = \dfrac{\partial P}{\partial y}$,则 $\dfrac{\partial Q}{\partial x} - \dfrac{\partial P}{\partial y} = 0$,由格林公式,对任意闭曲线 L,有

$$\oint_L P\mathrm{d}x + Q\mathrm{d}y = \iint_D (\frac{\partial Q}{\partial x} - \frac{\partial P}{\partial y})\mathrm{d}x\mathrm{d}y = 0 .$$

再证必要性.假设存在一点 $M_0 \in D$,使 $\dfrac{\partial Q}{\partial x} - \dfrac{\partial P}{\partial y} = \eta \neq 0$,不妨设 $\eta > 0$,则由 $\dfrac{\partial Q}{\partial x} - \dfrac{\partial P}{\partial y}$ 的连续性,存在 M_0 的一个 δ 邻域 $U(M_0,\delta)$,使在此邻域内有 $\dfrac{\partial Q}{\partial x} - \dfrac{\partial P}{\partial y} \geqslant \dfrac{\eta}{2}$.于是沿邻域 $U(M_0,\delta)$ 边界 L 的闭曲线积分

$$\oint_L P\mathrm{d}x + Q\mathrm{d}y = \iint_{U(M_0,\delta)} (\frac{\partial Q}{\partial x} - \frac{\partial P}{\partial y})\mathrm{d}x\mathrm{d}y \geqslant \frac{\eta}{2} \cdot \pi\delta^2 > 0 ,$$

这与闭曲线积分为零相矛盾,因此在 D 内 $\dfrac{\partial Q}{\partial x} - \dfrac{\partial P}{\partial y} = 0$.证毕.

定理要满足区域 D 是单连通区域,且函数 $P(x,y)$ 及 $Q(x,y)$ 在 D 内具有一阶连续偏导数.如果这两个条件之一不能满足,那么定理的结论不能保证成立.

例 4　计算 $\int_L 2xy\mathrm{d}x + x^2\mathrm{d}y$,其中 L 为抛物线 $y = x^2$ 上从 $O(0,0)$ 到 $B(1,1)$ 的一段弧.

解　因为 $\dfrac{\partial Q}{\partial x} = \dfrac{\partial P}{\partial y} = 2x$ 在整个 xOy 面内都成立,所以在整个 xOy 面内,积分 $\int_L 2xy\mathrm{d}x + x^2\mathrm{d}y$ 与路径无关.设 $A(1,0)$ 为 x 轴上的一点,则

$$\int_L 2xy\mathrm{d}x + x^2\mathrm{d}y$$

$$= \int_{OA} 2xy\mathrm{d}x + x^2\mathrm{d}y + \int_{AB} 2xy\mathrm{d}x + x^2\mathrm{d}y$$

$$= \int_0^1 \mathrm{d}y$$

$$= 1.$$

例 5 计算 $\oint_L \dfrac{x\mathrm{d}y - y\mathrm{d}x}{x^2 + y^2}$,其中 L 为一条分段光滑且不经过原点的连续闭曲线, L 的方向为逆时针方向.

解 记 L 所围成的闭区域为 D.令 $P = \dfrac{-y}{x^2 + y^2}$, $Q = \dfrac{x}{x^2 + y^2}$.

(1)当 $(0,0) \notin D$ 时,由格林公式得 $\oint_L \dfrac{x\mathrm{d}y - y\mathrm{d}x}{x^2 + y^2} = 0$;

(2)当 $(0,0) \in D$ 时,在 D 内取一圆周 $l: x^2 + y^2 = r^2 (r > 0)$.由 L 及 l 围成了一个复连通区域 D_1,应用格林公式得

$$\oint_L \frac{x\mathrm{d}y - y\mathrm{d}x}{x^2 + y^2} - \oint_l \frac{x\mathrm{d}y - y\mathrm{d}x}{x^2 + y^2} = 0 ,$$

其中 L 的方向取逆时针方向.于是

$$\oint_L \frac{x\mathrm{d}y - y\mathrm{d}x}{x^2 + y^2} = \oint_l \frac{x\mathrm{d}y - y\mathrm{d}x}{x^2 + y^2} = \int_0^{2\pi} \frac{r^2 \cos^2\theta + r^2 \sin^2\theta}{r^2}\mathrm{d}\theta = 2\pi .$$

例 6 已知 $f(0) = \dfrac{1}{2}$,确定 $f(x)$,使 $\int_A^B [e^x + f(x)]y\mathrm{d}x - f(x)\mathrm{d}y$ 与路径无关.

解 由积分与路径无关的条件知

$$\frac{\partial}{\partial y}\big[e^x + f(x) \big]y = \frac{\partial}{\partial x}\big[-f(x) \big] ,$$

即

$$e^x + f(x) = -f'(x) ,$$

亦即

$$f(x) + f'(x) = -e^x.$$

解此方程得

$$f(x) = Ce^{-x} - \frac{1}{2}e^x.$$

又 $f(0) = \dfrac{1}{2}$,从而 $C = 1$.所以所求函数

$$f(x) = e^{-x} - \frac{1}{2}e^x.$$

三、二元函数的全微分求积

曲线积分在 D 内与路径无关,表明曲线积分的值只与起点 (x_0, y_0) 和终点 (x, y) 有关.

如果 $\int_L P\mathrm{d}x + Q\mathrm{d}y$ 与路径无关, L 为从 (x_0, y_0) 到 (x, y) 的任意有向曲线,则把它记为 $\int_{(x_0, y_0)}^{(x, y)} P\mathrm{d}x + Q\mathrm{d}y$,即

$$\int_L P\mathrm{d}x + Q\mathrm{d}y = \int_{(x_0,y_0)}^{(x,y)} P\mathrm{d}x + Q\mathrm{d}y.$$

若起点 (x_0,y_0) 为 D 内的一定点,终点 (x,y) 为 D 内的一动点,则

$$u(x,y) = \int_{(x_0,y_0)}^{(x,y)} P\mathrm{d}x + Q\mathrm{d}y$$

为 D 内的函数.

二元函数 $u(x,y)$ 的全微分为 $\mathrm{d}u(x,y) = u_x(x,y)\mathrm{d}x + u_y(x,y)\mathrm{d}y$.而表达式 $P(x,y)\mathrm{d}x +$ $Q(x,y)\mathrm{d}y$ 与二元函数的全微分有相同的结构,但它未必就是某个函数的全微分.那么在什么条件下表达式 $P(x,y)\mathrm{d}x + Q(x,y)\mathrm{d}y$ 是某个二元函数 $u(x,y)$ 的全微分呢? 当这样的二元函数存在时,怎样求出这个二元函数呢?

定理 3　设区域 D 是一个单连通域,函数 $P(x,y)$ 及 $Q(x,y)$ 在 D 内具有一阶连续偏导数,则 $P(x,y)\mathrm{d}x + Q(x,y)\mathrm{d}y$ 在 D 内为某二元函数 $u(x,y)$ 的全微分的充分必要条件是等式

$$\frac{\partial Q}{\partial x} = \frac{\partial P}{\partial y}$$

在 D 内恒成立.

证　必要性:假设存在某一函数 $u(x,y)$,使得

$$\mathrm{d}u = P(x,y)\mathrm{d}x + Q(x,y)\mathrm{d}y,$$

则有

$$\frac{\partial P}{\partial y} = \frac{\partial}{\partial y}\left(\frac{\partial u}{\partial x}\right) = \frac{\partial^2 u}{\partial x \partial y}, \quad \frac{\partial Q}{\partial x} = \frac{\partial}{\partial x}\left(\frac{\partial u}{\partial y}\right) = \frac{\partial^2 u}{\partial y \partial x}.$$

因为 $\dfrac{\partial P}{\partial y} = \dfrac{\partial^2 u}{\partial x \partial y}$、$\dfrac{\partial Q}{\partial x} = \dfrac{\partial^2 u}{\partial y \partial x}$ 连续,所以 $\dfrac{\partial^2 u}{\partial x \partial y} = \dfrac{\partial^2 u}{\partial y \partial x}$,即 $\dfrac{\partial Q}{\partial x} = \dfrac{\partial P}{\partial y}$.

充分性:因为在 D 内 $\dfrac{\partial Q}{\partial x} = \dfrac{\partial P}{\partial y}$,所以积分 $\int_L P\mathrm{d}x + Q\mathrm{d}y$ 在 D 内与路径无关.在 D 内从点 (x_0,y_0) 到点 (x,y) 的曲线积分可表示为 $\int_{(x_0,y_0)}^{(x,y)} P(x,y)\mathrm{d}x + Q(x,y)\mathrm{d}y$.

考虑函数 $u(x,y) = \displaystyle\int_{(x_0,y_0)}^{(x,y)} P\mathrm{d}x + Q\mathrm{d}y$.下证 $\dfrac{\partial u}{\partial x} = P(x,y)$,$\dfrac{\partial u}{\partial y} = Q(x,y)$.

因为

$$u(x + \Delta x, y) = \int_{(x_0,y_0)}^{(x+\Delta x,y)} P(x,y)\mathrm{d}x + Q(x,y)\mathrm{d}y$$

$$= u(x,y) + \int_{(x,y)}^{(x+\Delta x,y)} P(x,y)\mathrm{d}x + Q(x,y)\mathrm{d}y$$

$$= u(x,y) + \int_x^{x+\Delta x} P(t,y)\mathrm{d}t.$$

由偏导数定义知

$$\frac{\partial u}{\partial x} = \lim_{\Delta x \to 0} \frac{u(x+\Delta x,y) - u(x,y)}{\Delta x} = \lim_{\Delta x \to 0} \frac{\displaystyle\int_x^{x+\Delta x} P(t,y)\mathrm{d}t}{\Delta x} = P(x,y),$$

其中 $\displaystyle\int_x^{x+\Delta x} P(t,y)\mathrm{d}t = P(x + \theta\Delta x, y)\Delta x, \quad 0 \leqslant \theta \leqslant 1.$

类似地有 $\dfrac{\partial u}{\partial y} = Q(x,y)$,从而 $\mathrm{d}u = P(x,y)\mathrm{d}x + Q(x,y)\mathrm{d}y$.即 $P(x,y)\mathrm{d}x + Q(x,y)\mathrm{d}y$ 是某一函数的全微分.证毕.

若定义在 D 内的二元函数 $u(x,y)$,使得 $\mathrm{d}u = P(x,y)\mathrm{d}x + Q(x,y)\mathrm{d}y$ 在 D 内成立,则 $u(x,y)$ 为 $P(x,y)\mathrm{d}x + Q(x,y)\mathrm{d}y$ 在 D 内的一个原函数.下面我们给出求全微分原函数的公式

$$u(x,y) = \int_{x_0}^{x} P(x,y_0)\mathrm{d}x + \int_{y_0}^{y} Q(x,y)\mathrm{d}y$$

或

$$u(x,y) = \int_{y_0}^{y} Q(x_0,y)\mathrm{d}y + \int_{x_0}^{x} P(x,y)\mathrm{d}x .$$

例7 应用曲线积分求 $xy^2\mathrm{d}x + x^2y\mathrm{d}y$ 的原函数.

解 这里 $P = xy^2$, $Q = x^2y$,因为 P,Q 在整个 xOy 面内具有一阶连续偏导数,且有

$$\frac{\partial Q}{\partial x} = \frac{\partial P}{\partial y} = 2xy ,$$

取积分路线为从 $O(0,0)$ 到 $A(x,0)$ 再到 $B(x,y)$ 的折线,则所求函数为

$$u(x,y) = \int_{(0,0)}^{(x,y)} xy^2\mathrm{d}x + x^2y\mathrm{d}y = 0 + \int_{0}^{y} x^2y\mathrm{d}y = x^2\int_{0}^{y} y\mathrm{d}y = \frac{x^2y^2}{2} .$$

例8 设函数 $Q(x,y)$ 在 xOy 平面上具有一阶连续偏导数,曲线积分与路径无关,并且对任意 t ,总有

$$\int_{(0,0)}^{(t,1)} 2xy\mathrm{d}x + Q(x,y)\mathrm{d}y = \int_{(0,0)}^{(1,t)} 2xy\mathrm{d}x + Q(x,y)\mathrm{d}y,$$

求 $Q(x,y)$.

解 由曲线积分与路径无关的条件知 $\dfrac{\partial Q}{\partial x} = 2x$,于是 $Q(x,y) = x^2 + C(y)$,其中 $C(y)$ 为待定函数.

$$\int_{(0,0)}^{(t,1)} 2xy\mathrm{d}x + Q(x,y)\mathrm{d}y = \int_{0}^{1} \left[t^2 + C(y) \right]\mathrm{d}y = t^2 + \int_{0}^{1} C(y)\mathrm{d}y,$$

$$\int_{(0,0)}^{(1,t)} 2xy\mathrm{d}x + Q(x,y)\mathrm{d}y = \int_{0}^{t} \left[1 + C(y) \right]\mathrm{d}y = t + \int_{0}^{t} C(y)\mathrm{d}y,$$

由题意可知

$$t^2 + \int_{0}^{1} C(y)\mathrm{d}y = t + \int_{0}^{t} C(y)\mathrm{d}y .$$

两边对 t 求导,得

$$2t = 1 + C(t) \text{ 或 } C(t) = 2t - 1,$$

所以

$$Q(x,y) = x^2 + 2y - 1.$$

习题 11-3

1.利用格林公式,计算下列曲线积分:

(1) $\oint_L xy^2\mathrm{d}y - x^2y\mathrm{d}x$.其中 L 为正向圆周 $x^2 + y^2 = 9$;

(2) $\oint_L (\mathrm{e}^y + y)\mathrm{d}x + (x\mathrm{e}^y - 2y)\mathrm{d}y$.其中 L 为以 $O(0,0)$, $A(1,2)$ 及 $B(1,0)$ 为顶点的三角形负向边界;

(3) $\int_L -x^2y\mathrm{d}x + xy^2\mathrm{d}y$.其中 L 为 $x^2 + y^2 = 6x$ 的上半圆周从点 $A(6,0)$ 到点 $O(0,0)$ 及 $x^2 + y^2 = 3x$ 的上半圆周从点 $O(0,0)$ 到点 $B(3,0)$ 连成的弧 AOB ;

(4) $\oint_L \dfrac{y\mathrm{d}x - x\mathrm{d}y}{x^2 + y^2}$,其中 L 为正向圆周 $x^2 + (y + 1)^2 = 4$.

2.计算曲线积分 $\int_L \mathrm{e}^x(1 - 2\cos y)\mathrm{d}x + 2\mathrm{e}^x\sin y\mathrm{d}y$,其中 L 为曲线 $y = \sin x$ 上由点 $A(\pi,0)$ 到点 $O(0,0)$ 的一段弧.

3.设函数 $f(u)$ 具有一阶连续导数,证明对任何光滑封闭曲线 L ,有

$$\oint_L f(xy)(y\mathrm{d}x + x\mathrm{d}y) = 0 .$$

4.证明曲线积分 $\int_{(1,2)}^{(3,4)} (6xy^2 - y^3)\mathrm{d}x + (6x^2y - 3xy^2)\mathrm{d}y$ 在整个坐标面 xOy 上与路径无关,并计算积分值.

5.求原函数 $u(x,y)$:

(1) $\mathrm{d}u = (3x^2y + 8xy^2)\mathrm{d}x + (x^3 + 8x^2y + 12y\mathrm{e}^y)\mathrm{d}y$;

(2) $\mathrm{d}u = (x + 2y)\mathrm{d}x + (2x + y)\mathrm{d}y$.

第四节　对面积的曲面积分

一、对面积的曲面积分的概念与性质

类似于曲线弧的质量的计算,面密度函数 $\rho(x,y,z)$ 在曲面 Σ 上连续时,曲面 Σ 质量为

$$M = \lim_{\lambda \to 0} \sum_{i=1}^{n} \rho(\xi_i,\eta_i,\zeta_i)\Delta S_i \quad (\lambda \text{ 为各小块曲面直径的最大值}).$$

这样的极限还会在其他问题中遇到,去掉它们的具体意义,保留核心思想,就得到了对面积的曲面积分的概念.

定义　设曲面 Σ 是光滑的,函数 $f(x,y,z)$ 在 Σ 上有界.把 Σ 任意分成 n 小块: $\Delta S_1,\Delta S_2,\cdots,$ ΔS_n , $\Delta S_i(i = 1,2,\cdots,n)$ 也代表小块曲面的面积,在 ΔS_i 上任取一点 (ξ_i,η_i,ζ_i) ,若当各小块曲面的直径的最大值 $\lambda \to 0$ 时,极限 $\lim\limits_{\lambda \to 0} \sum\limits_{i=1}^{n} f(\xi_i,\eta_i,\zeta_i)\Delta S_i$ 总存在,则称此极限为函数 $f(x,y,z)$ 在曲面 Σ 上的对面积的曲面积分或第一型曲面积分,记作 $\iint\limits_{\Sigma} f(x,y,z)\mathrm{d}S$,即

$$\iint\limits_{\Sigma} f(x,y,z)\,\mathrm{d}S = \lim_{\lambda \to 0}\sum_{i=1}^{n} f(\xi_i,\eta_i,\zeta_i)\Delta S_i ,$$

其中 $f(x,y,z)$ 叫作**被积函数**, Σ 叫作**积分曲面**.

不难得出,当 $f(x,y,z)$ 在光滑曲面 Σ 上连续时,第一型曲面积分总是存在的.今后总假定 $f(x,y,z)$ 在 Σ 上连续.

特别地,当 $f(x,y,z)=1$ 时,曲面积分 $\iint\limits_{\Sigma}\mathrm{d}S$ 为曲面 Σ 的面积.

根据上述定义,光滑曲面 Σ 的面密度为 $\rho(x,y,z)$,则曲面 Σ 的质量 M 可表示为 $\rho(x,y,z)$ 在 Σ 上的对面积的曲面积分

$$M = \iint\limits_{\Sigma}\rho(x,y,z)\,\mathrm{d}S .$$

因为对面积的曲面积分的定义与对弧长的曲线积分类似,所以,对面积的曲面积分具有与对弧长的曲线积分相似的性质,这里不再赘述.

二、对面积的曲面积分的计算

定理 设光滑曲面

$$\Sigma : z = z(x,y),(x,y)\in D_{xy} ,$$

D_{xy} 为 Σ 在 xOy 面上的投影, $f(x,y,z)$ 在曲面 Σ 上为连续函数,则

$$\iint\limits_{\Sigma} f(x,y,z)\,\mathrm{d}S = \iint\limits_{D} f[x,y,z(x,y)]\sqrt{1 + z_x^2(x,y) + z_y^2(x,y)}\,\mathrm{d}x\mathrm{d}y.$$

定理证明与本章第一节定理证明相仿,这里不再重复.

例 1 求 $\iint\limits_{\Sigma} xyz\,\mathrm{d}S$.其中 $\Sigma : x + y + z = 1$ 第一象限部分.

解 Σ 的方程: $z = 1 - x - y$, $D_{xy} : x \geq 0, y \geq 0, x + y = 1$.

$$\begin{aligned}
\iint\limits_{\Sigma} xyz\,\mathrm{d}S &= \iint\limits_{D_{xy}} xy(1 - x - y)\sqrt{3}\,\mathrm{d}x\mathrm{d}y \\
&= \sqrt{3}\int_0^1 \mathrm{d}x\int_0^{1-x} xy(1 - x - y)\,\mathrm{d}y \\
&= \frac{\sqrt{3}}{120} .
\end{aligned}$$

例 2 计算曲面积分 $\iint\limits_{\Sigma}\frac{1}{z}\mathrm{d}S$,其中 Σ 是球面 $x^2 + y^2 + z^2 = a^2$ 被平面 $z = h(0 < h < a)$ 截出的顶部,如图 11-8 所示.

解 Σ 的方程为 $z = \sqrt{a^2 - x^2 - y^2}$, $D_{xy} : x^2 + y^2 \leq a^2 - h^2$.

因为

$$z_x = \frac{-x}{\sqrt{a^2 - x^2 - y^2}} ,\quad z_y = \frac{-y}{\sqrt{a^2 - x^2 - y^2}} ,$$

$$\mathrm{d}S = \sqrt{1 + z_x^2 + z_y^2}\,\mathrm{d}x\mathrm{d}y = \frac{a}{\sqrt{a^2 - x^2 - y^2}}\mathrm{d}x\mathrm{d}y ,$$

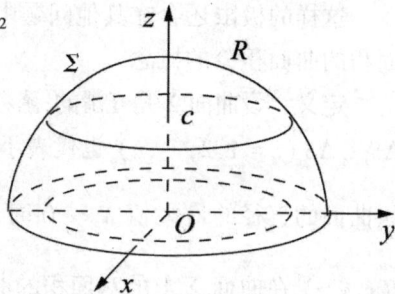

图 11-8

所以

$$\iint_{\Sigma} \frac{1}{z} dS = \iint_{D_{xy}} \frac{a}{a^2 - x^2 - y^2} dxdy = a \int_0^{2\pi} d\theta \int_0^{\sqrt{a^2 - h^2}} \frac{rdr}{a^2 - r^2}$$

$$= 2\pi a \left[-\frac{1}{2} \ln(a^2 - r^2) \right] \Big|_0^{\sqrt{a^2 - h^2}} = 2\pi a \ln \frac{a}{h}.$$

习题 11-4

1.填空题:

(1) 设 Σ 为球面 $x^2 + y^2 + z^2 = 1$,则 $\iint_{\Sigma} dS = $ _____ ;

(2) 面密度 $\mu(x,y,z) = 3$ 的光滑曲面 Σ 的质量 $M = $ _____ .

2.计算曲面积分 $\iint_{\Sigma} f(x,y,z) dS$,其中 Σ 为抛物面 $z = 2 - (x^2 + y^2)$ 在 xOy 平面上方的部分,$f(x,y,z)$ 分别如下:

(1) $f(x,y,z) = 1$;　(2) $f(x,y,z) = x^2 + y^2$;　(3) $f(x,y,z) = 3z$.

3.计算下列对面积的曲面积分:

(1) $\iint_{\Sigma} (2x + y + 2z) dS$,其中 Σ 为平面 $x + y + z = 1$ 在第一卦限的部分;

(2) $\iint_{\Sigma} z dS$,其中 Σ 为 $z = \frac{1}{2}(x^2 + y^2)$ $(z \leq 1)$ 的部分;

(3) $\iint_{\Sigma} \frac{dS}{(1 + x + y)^2}$,其中 Σ 为 $x + y + z = 1, x = 0, y = 0, z = 0$ 围成四面体的整个边界.

(4) $\iint_{\Sigma} (x^2 + y^2) dS, S$ 为圆柱体 $x^2 + y^2 = a^2, 0 \leq z \leq h$ 的表面.

第五节　对坐标的曲面积分

一、对坐标的曲面积分的概念与性质

假定曲面是光滑的.通常我们遇到的曲面都是双侧的.例如由方程 $z = z(x,y)$ 表示的曲面分为**上侧**与**下侧**.封闭的曲面分为**内侧**与**外侧**.以后我们总假定所考虑的曲面是双侧的.在讨论对坐标的曲面积分时,需要指定曲面的侧,我们可以通过曲面上法向量的指向来定出曲面的侧.不妨设 $n = (\cos\alpha, \cos\beta, \cos\gamma)$ 为曲面上取定的法向量,则曲面上满足 $\cos\gamma > 0$ 的侧为上侧,满足 $\cos\gamma < 0$ 的侧为下侧.封闭曲面如果取法向量的指向朝外,我们就认为取曲面的外侧.这种通过确定法向量亦即确定侧的曲面称为**有向曲面**.

设 Σ 是有向曲面.在 Σ 上任取一小块曲面 ΔS,把 ΔS 投影到 xOy 平面上得一投影区域,这投影区域的面积记为 $(\Delta\sigma)_{xy}$.假定 ΔS 上各点处的法向量与 z 轴的夹角 γ 的余弦 $\cos\gamma$ 有相同的符号($\cos\gamma$ 都是正的或都是负的),如图 11-9 所示.我们规定 ΔS 在 xOy 面上的投影 $(\Delta S)_{xy}$ 为

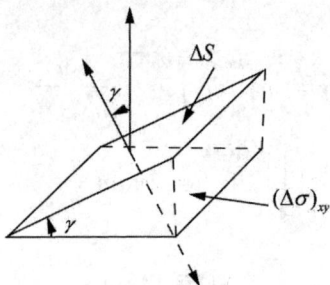

图 11-9

$$(\Delta S)_{xy} = \begin{cases} (\Delta\sigma)_{xy}, & \cos\gamma > 0, \\ 0, & \cos\gamma = 0, \\ -(\Delta\sigma)_{xy}, & \cos\gamma < 0. \end{cases}$$

类似地，可以定义 ΔS 在 yOz 面及在 zOx 面上的投影 $(\Delta S)_{yz}$ 及 $(\Delta S)_{zx}$.

有了上面的说明我们就可以解决这样的问题，设稳定流动的不可压缩流体在 (x,y,z) 点的流速可表示为

$$v(x,y,z) = (P(x,y,z), Q(x,y,z), R(x,y,z)).$$

求在单位时间内流向定向曲面 Σ 的流体的质量，即流量 Φ.

类似于对面积的曲面积分，把曲面 Σ 分成 n 小块：$\Delta S_1, \Delta S_2, \cdots, \Delta S_n$，$\Delta S_i (i = 1, 2, 3, \cdots, n)$ 也代表第 i 小块曲面的面积.在 Σ 是光滑的和 v 是连续的前提下，只要 ΔS_i 的直径很小，我们就可以用 ΔS_i 上任一点 (ξ_i, η_i, ζ_i) 处的流速

$$v_i = v(\xi_i, \eta_i, \zeta_i) = P(\xi_i, \eta_i, \zeta_i)i + Q(\xi_i, \eta_i, \zeta_i)j + R(\xi_i, \eta_i, \zeta_i)k$$

代替 ΔS_i 上其他各点处的流速，以该点 (ξ_i, η_i, ζ_i) 处曲面 ΔS_i 的正侧面上单位法向量

$$n_i = (\cos\alpha_i, \cos\beta_i, \cos\gamma_i)$$

代替 ΔS_i 正侧面上其他各点处的单位法向量.从而得到通过 ΔS_i 流向指定侧的流量的近似值

$$v_i n_i \Delta S_i (i = 1, 2, \cdots, n).$$

于是，通过曲面 Σ 流向指定侧的流量

$$\Phi \approx \sum_{i=1}^{n} v_i n_i \Delta S_i$$

$$= \sum_{i=1}^{n} \left[P(\xi_i, \eta_i, \zeta_i)\cos\alpha_i + Q(\xi_i, \eta_i, \zeta_i)\cos\beta_i + R(\xi_i, \eta_i, \zeta_i)\cos\gamma_i \right] \Delta S_i,$$

又因为

$$\cos\alpha_i \Delta S_i \approx (\Delta S_i)_{yz}, \quad \cos\beta_i \Delta S_i \approx (\Delta S_i)_{zx}, \quad \cos\gamma_i \Delta S_i \approx (\Delta S_i)_{xy},$$

因此上式可以写成

$$\Phi \approx \sum_{i=1}^{n} \left[P(\xi_i, \eta_i, \zeta_i)(\Delta S_i)_{yz} + Q(\xi_i, \eta_i, \zeta_i)(\Delta S_i)_{zx} + R(\xi_i, \eta_i, \zeta_i)(\Delta S_i)_{xy} \right].$$

令 $\lambda \to 0$ 取上述和的极限，就得到流量 Φ 的精确值

$$\Phi = \iint_{\Sigma} \left[P(x,y,z)\cos\alpha + Q(x,y,z)\cos\beta + R(x,y,z)\cos\gamma \right] dS.$$

这样的极限还会在其他问题中遇到，针对这类计算极限的问题，我们就抽象出如下曲面积分的概念.

定义　设 Σ 为光滑的有向曲面,函数 $R(x,y,z)$ 在 Σ 上有界.把 Σ 任意分成 n 块小曲面 $\Delta S_i(i=1,2,3,\dots,n)$（$\Delta S_i$ 也代表第 i 小块曲面的面积）.ΔS_i 在 xoy 坐标平面上的投影为 $(\Delta S_i)_{xy}$,(ξ_i,η_i,ζ_i) 是 ΔS_i 上任意取定的一点.当各小块曲面直径的最大值 $\lambda \to 0$ 时,

$$\lim_{\lambda \to 0} \sum_{i=1}^{n} R(\xi_i,\eta_i,\zeta_i)(\Delta s_i)_{xy}$$

总存在,则称此极限为函数 $R(x,y,z)$ 在有向曲面 Σ 上对坐标的曲面积分或第二型曲面积分,记作

$$\iint\limits_{\Sigma} R(x,y,z)\,\mathrm{d}x\mathrm{d}y = \lim_{\lambda \to 0} \sum_{i=1}^{n} R(\xi_i,\eta_i,\zeta_i)(\Delta s_i)_{xy}.$$

其中 $R(x,y,z)$ 叫做被积函数,Σ 叫做积分曲面.

类似地,可定义函数 $P(x,y,z)$ 在有向曲面 Σ 上的对坐标的曲面积分 $\iint\limits_{\Sigma} P(x,y,z)\,\mathrm{d}y\mathrm{d}z$ 及

函数 $Q(x,y,z)$ 在有向曲面 Σ 上对坐标的曲面积分 $\iint\limits_{\Sigma} Q(x,y,z)\,\mathrm{d}z\mathrm{d}x$,分别为

$$\iint\limits_{\Sigma} P(x,y,z)\,\mathrm{d}y\mathrm{d}z = \lim_{\lambda \to 0} \sum_{i=1}^{n} P(\xi_i,\eta_i,\zeta_i)(\Delta S_i)_{yz},$$

$$\iint\limits_{\Sigma} Q(x,y,z)\,\mathrm{d}z\mathrm{d}x = \lim_{\lambda \to 0} \sum_{i=1}^{n} Q(\xi_i,\eta_i,\zeta_i)(\Delta S_i)_{zx}.$$

我们指出,当 $P(x,y,z)$,$Q(x,y,z)$,$R(x,y,z)$ 在有向光滑曲面 Σ 上连续时,对坐标的曲面积分是存在的,以后总假设 P,Q,R 在 Σ 上连续.对坐标的曲面积分常常以下面形式出现

$$\iint\limits_{\Sigma} P(x,y,z)\,\mathrm{d}y\mathrm{d}z + Q(x,y,z)\,\mathrm{d}z\mathrm{d}x + R(x,y,z)\,\mathrm{d}x\mathrm{d}y$$

$$= \iint\limits_{\Sigma} P(x,y,z)\,\mathrm{d}y\mathrm{d}z + \iint\limits_{\Sigma} Q(x,y,z)\,\mathrm{d}z\mathrm{d}x + \iint\limits_{\Sigma} R(x,y,z)\,\mathrm{d}x\mathrm{d}y.$$

因此,上面流向 Σ 指定侧的流量 Φ 可表示为

$$\Phi = \iint\limits_{\Sigma} P(x,y,z)\,\mathrm{d}y\mathrm{d}z + Q(x,y,z)\,\mathrm{d}z\mathrm{d}x + R(x,y,z)\,\mathrm{d}x\mathrm{d}y.$$

若记 $\boldsymbol{A} = (P(x,y,z),Q(x,y,z),R(x,y,z))$, $\mathrm{d}\boldsymbol{S} = (\mathrm{d}y\mathrm{d}z,\ \mathrm{d}z\mathrm{d}x,\ \mathrm{d}x\mathrm{d}y)$,则对坐标的曲面积分也可写成向量形式

$$\iint\limits_{\Sigma} \boldsymbol{A} \cdot \mathrm{d}\boldsymbol{S}.$$

对坐标的曲面积分具有与对坐标的曲线积分类似的一些性质.

性质 1（方向性）　设 Σ 是有向曲面,Σ^- 表示与 Σ 取相反侧的有向曲面,则

$$\iint\limits_{\Sigma^-} P\,\mathrm{d}y\mathrm{d}z + Q\,\mathrm{d}z\mathrm{d}x + R\,\mathrm{d}x\mathrm{d}y = -\iint\limits_{\Sigma} P\,\mathrm{d}y\mathrm{d}z + Q\,\mathrm{d}z\mathrm{d}x + R\,\mathrm{d}x\mathrm{d}y.$$

性质 2（线性性）　α,β 为常数,

$$\boldsymbol{A} = (P,Q,R)\ ,\quad \boldsymbol{B} = (P',Q',R')\ ,\quad \mathrm{d}\boldsymbol{S} = (\mathrm{d}y\mathrm{d}z,\ \mathrm{d}z\mathrm{d}x,\ \mathrm{d}x\mathrm{d}y)\ ,\text{则}$$

$$\iint\limits_{\Sigma}(\alpha\boldsymbol{A} + \beta\boldsymbol{B}) \cdot \mathrm{d}\boldsymbol{S} = \alpha\iint\limits_{\Sigma} \boldsymbol{A}\mathrm{d}\boldsymbol{S} + \beta\iint\limits_{\Sigma} \boldsymbol{B}\mathrm{d}\boldsymbol{S}.$$

性质 3(可加性)   如果把 Σ 分成 Σ_1 和 Σ_2,则

$$\iint\limits_{\Sigma} P\mathrm{d}y\mathrm{d}z + Q\mathrm{d}z\mathrm{d}x + R\mathrm{d}x\mathrm{d}y$$

$$= \iint\limits_{\Sigma_1} P\mathrm{d}y\mathrm{d}z + Q\mathrm{d}z\mathrm{d}x + R\mathrm{d}x\mathrm{d}y + \iint\limits_{\Sigma_2} P\mathrm{d}y\mathrm{d}z + Q\mathrm{d}z\mathrm{d}x + R\mathrm{d}x\mathrm{d}y .$$

二、对坐标的曲面积分的计算

设积分曲面 Σ 由方程 $z = z(x,y)$ 给出, Σ 在 xOy 面上的投影区域为 D_{xy}, 函数 $z = z(x,y)$ 在 D_{xy} 上具有一阶连续偏导数,被积函数 $R(x,y,z)$ 在 Σ 上连续,则有

$$\iint\limits_{\Sigma} R(x,y,z)\mathrm{d}x\mathrm{d}y = \pm \iint\limits_{D_{xy}} R[x,y,z(x,y)]\mathrm{d}x\mathrm{d}y ,$$

其中,当 Σ 正侧面取上侧时,二重积分前取"+";当 Σ 正侧面取下侧时,二重积分前取"−".这是因为,按对坐标的曲面积分的定义,有

$$\iint\limits_{\Sigma} R(x,y,z)\mathrm{d}x\mathrm{d}y = \lim_{\lambda \to 0} \sum_{i=1}^{n} R(\xi_i,\eta_i,\zeta_i)(\Delta S_i)_{xy} .$$

当 Σ 正侧面取上侧时, $\cos\gamma > 0$,所以 $(\Delta S_i)_{xy} = (\Delta\sigma_i)_{xy}$.又因 (ξ_i,η_i,ζ_i) 是 Σ 上的一点,故 $\zeta_i = z(\xi_i,\eta_i)$. 从而有

$$\sum_{i=1}^{n} R(\xi_i,\eta_i,\zeta_i)(\Delta S_i)_{xy} = \sum_{i=1}^{n} R[\xi_i,\eta_i,z(\xi_i,\eta_i)](\Delta\sigma_i)_{xy} .$$

令 $\lambda \to 0$ 取上式两端的极限,就得到

$$\iint\limits_{\Sigma} R(x,y,z)\mathrm{d}x\mathrm{d}y = \iint\limits_{D_{xy}} R[x,y,z(x,y)]\mathrm{d}x\mathrm{d}y .$$

同理,当 Σ 取下侧时,有

$$\iint\limits_{\Sigma} R(x,y,z)\mathrm{d}x\mathrm{d}y = -\iint\limits_{D_{xy}} R[x,y,z(x,y)]\mathrm{d}x\mathrm{d}y ,$$

类似地,如果 Σ 由 $x = x(y,z)$ 给出,则有

$$\iint\limits_{\Sigma} P(x,y,z)\mathrm{d}y\mathrm{d}z = \pm \iint\limits_{D_{yz}} P[x(y,z),y,z]\mathrm{d}y\mathrm{d}z ,$$

其中,当 Σ 正侧面取前侧时,二重积分前取"+";当 Σ 正侧面取后侧时,二重积分前取"−".

如果 Σ 由 $y = y(z,x)$ 给出,则有

$$\iint\limits_{\Sigma} Q(x,y,z)\mathrm{d}z\mathrm{d}x = \pm \iint\limits_{D_{zx}} Q[x,y(z,x),z]\mathrm{d}z\mathrm{d}x ,$$

其中,当 Σ 正侧面取右侧时,二重积分前取"+";当 Σ 正侧面取左侧时,二重积分前取"−".

例 1   计算曲面积分 $\iint\limits_{\Sigma} xyz\mathrm{d}x\mathrm{d}y$,其中 Σ 是球面 $x^2 + y^2 + z^2 = 1$ 外侧在 $x \geqslant 0, y \geqslant 0$ 的部分.

解   把有向曲面 Σ 分成如下两部分

$$\Sigma_1 : z = \sqrt{1 - x^2 - y^2} \ (x \geqslant 0, y \geqslant 0) 的上侧,$$

$$\Sigma_2 : z = -\sqrt{1 - x^2 - y^2} \ (x \geqslant 0, y \geqslant 0) 的下侧.$$

Σ_1 和 Σ_2 在 xOy 面上的投影区域都是 $D_{xy} : x^2 + y^2 \leqslant 1, x \geqslant 0, y \geqslant 0$.

于是
$$\iint\limits_{\Sigma} xyz\mathrm{d}x\mathrm{d}y = \iint\limits_{\Sigma_1} xyz\mathrm{d}x\mathrm{d}y + \iint\limits_{\Sigma_2} xyz\mathrm{d}x\mathrm{d}y$$

$$= \iint\limits_{D_{xy}} xy\sqrt{1-x^2-y^2}\,\mathrm{d}x\mathrm{d}y - \iint\limits_{D_{xy}} xy\left(-\sqrt{1-x^2-y^2}\right)\mathrm{d}x\mathrm{d}y$$

$$= 2\iint\limits_{D_{xy}} xy\sqrt{1-x^2-y^2}\,\mathrm{d}x\mathrm{d}y = 2\int_0^{\frac{\pi}{2}}\mathrm{d}\theta\int_0^1 r^2\sin\theta\cos\theta\sqrt{1-r^2}\,r\mathrm{d}r = \frac{2}{15}.$$

例 2 计算 $\iint\limits_{\Sigma} z\mathrm{d}x\mathrm{d}y$：

（1）Σ 为锥面 $z=\sqrt{x^2+y^2}$ 在 $0 \leqslant z \leqslant 1$ 部分的下侧，如图 11-10 所示；

（2）Σ 为锥面 $z=\sqrt{x^2+y^2}$ 与平面 $z=1$ 所围曲面的内侧，如图 11-11 所示.

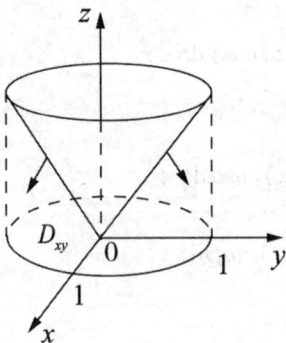
图 11-10

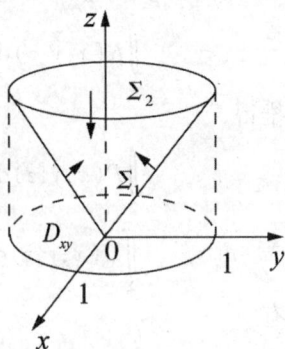
图 11-11

解 （1）$\Sigma : z=\sqrt{x^2+y^2}$，$0 \leqslant z \leqslant 1$，下侧. $D_{xy}:x^2+y^2 \leqslant 1$，则

$$\iint\limits_{\Sigma} z\mathrm{d}x\mathrm{d}y = -\iint\limits_{D_{xy}} \sqrt{x^2+y^2}\,\mathrm{d}x\mathrm{d}y = -\int_0^{2\pi}\mathrm{d}\theta\int_0^1 r^2\mathrm{d}r = -\frac{2}{3}\pi.$$

（2）$\Sigma = \Sigma_1 + \Sigma_2$，$\Sigma_1:z=\sqrt{x^2+y^2}$，$0 \leqslant z \leqslant 1$，上侧；$\Sigma_2:z=1$，$x^2+y^2 \leqslant 1$，下侧.
$D_{xy}:x^2+y^2 \leqslant 1$.则

$$\iint\limits_{\Sigma} z\mathrm{d}x\mathrm{d}y = \iint\limits_{\Sigma_1} z\mathrm{d}x\mathrm{d}y + \iint\limits_{\Sigma_2} z\mathrm{d}x\mathrm{d}y = \iint\limits_{D_{xy}} \sqrt{x^2+y^2}\,\mathrm{d}x\mathrm{d}y - \iint\limits_{D_{xy}} \mathrm{d}x\mathrm{d}y = \frac{2}{3}\pi - \pi = -\frac{1}{3}\pi.$$

三、两类曲面积分的联系

设积分曲面 Σ 由方程 $z=z(x,y)$ 给出，Σ 在 xOy 面上的投影区域为 D_{xy}，函数 $z=z(x,y)$ 在 D_{xy} 上具有一阶连续偏导数，被积函数 $R(x,y,z)$ 在 Σ 上连续.

如果 Σ 取上侧，则有

$$\iint\limits_{\Sigma} R(x,y,z)\mathrm{d}x\mathrm{d}y = \iint\limits_{D_{xy}} R[x,y,z(x,y)]\mathrm{d}x\mathrm{d}y.$$

另一方面，因上述有向曲面 Σ 的法向量的方向余弦为

$$\cos\alpha = \frac{-z_x}{\sqrt{1+z_x^2+z_y^2}},\ \cos\beta = \frac{-z_y}{\sqrt{1+z_x^2+z_y^2}},\ \cos\gamma = \frac{1}{\sqrt{1+z_x^2+z_y^2}},$$

故由对面积的曲面积分计算公式有

$$\iint_{\Sigma} R(x,y,z)\cos\gamma\,\mathrm{d}S = \iint_{D_{xy}} R[x,y,z(x,y)]\,\mathrm{d}x\mathrm{d}y.$$

由此可见,有

$$\iint_{\Sigma} R(x,y,z)\,\mathrm{d}x\mathrm{d}y = \iint_{\Sigma} R(x,y,z)\cos\gamma\,\mathrm{d}S.$$

如果 Σ 取下侧,则有

$$\iint_{\Sigma} R(x,y,z)\,\mathrm{d}x\mathrm{d}y = -\iint_{D_{xy}} R[x,y,z(x,y)]\,\mathrm{d}x\mathrm{d}y.$$

但这时 $\cos\gamma = \dfrac{-1}{\sqrt{1+z_x^2+z_y^2}}$,因此仍有

$$\iint_{\Sigma} R(x,y,z)\,\mathrm{d}x\mathrm{d}y = \iint_{\Sigma} R(x,y,z)\cos\gamma\,\mathrm{d}S,$$

类似地可推得

$$\iint_{\Sigma} P(x,y,z)\,\mathrm{d}y\mathrm{d}z = \iint_{\Sigma} P(x,y,z)\cos\alpha\,\mathrm{d}S,$$

$$\iint_{\Sigma} Q(x,y,z)\,\mathrm{d}z\mathrm{d}x = \iint_{\Sigma} Q(x,y,z)\cos\beta\,\mathrm{d}S.$$

综合起来有

$$\iint_{\Sigma} P\mathrm{d}y\mathrm{d}z + Q\mathrm{d}z\mathrm{d}x + R\mathrm{d}x\mathrm{d}y = \iint_{\Sigma}(P\cos\alpha + Q\cos\beta + R\cos\gamma)\,\mathrm{d}S,$$

其中 $\cos\alpha, \cos\beta, \cos\gamma$ 是有向曲面 Σ 上点 (x,y,z) 处的法向量的方向余弦.

两类曲面积分之间的联系也可写成如下向量的形式

$$\iint_{\Sigma} \boldsymbol{A} \cdot \mathrm{d}\boldsymbol{S} = \iint_{\Sigma} \boldsymbol{A} \cdot \boldsymbol{n}\mathrm{d}S \text{ 或 } \iint_{\Sigma} \boldsymbol{A} \cdot \mathrm{d}\boldsymbol{S} = \iint_{\Sigma} A_n\mathrm{d}S.$$

其中 $\boldsymbol{A} = (P,Q,R)$,$\boldsymbol{n} = (\cos\alpha,\cos\beta,\cos\gamma)$ 是有向曲面 Σ 上点 (x,y,z) 处的单位法向量,$\mathrm{d}\boldsymbol{S} = \boldsymbol{n}\mathrm{d}S = (\mathrm{d}y\mathrm{d}z,\mathrm{d}z\mathrm{d}x,\mathrm{d}x\mathrm{d}y)$ 称为有向曲面元,A_n 为向量 $\boldsymbol{A}$ 在向量 $\boldsymbol{n}$ 上的投影.

例 3　计算曲面积分 $\displaystyle\iint_{\Sigma}(z^2+x)\mathrm{d}y\mathrm{d}z - z\mathrm{d}x\mathrm{d}y$,其中 Σ 是曲面 $z = \dfrac{1}{2}(x^2+y^2)$ 介于平面 $z = 0$ 及 $z = 2$ 之间的部分的下侧.

解　由两类曲面积分之间的关系,可得

$$\iint_{\Sigma}(z^2+x)\mathrm{d}y\mathrm{d}z = \iint_{\Sigma}(z^2+x)\cos\alpha\,\mathrm{d}S = \iint_{\Sigma}(z^2+x)\frac{\cos\alpha}{\cos\gamma}\mathrm{d}x\mathrm{d}y.$$

在曲面 Σ 上,曲面上向下的法向量为 $(x,y,-1)$,有

$$\cos\alpha = \frac{x}{\sqrt{1+x^2+y^2}}, \ \cos\gamma = \frac{-1}{\sqrt{1+x^2+y^2}}, \ \mathrm{d}S = \sqrt{1+x^2+y^2}\,\mathrm{d}x\mathrm{d}y.$$

故　　　　　$\displaystyle\iint_{\Sigma}(z^2+x)\mathrm{d}y\mathrm{d}z - z\mathrm{d}x\mathrm{d}y$

$$= \iint_{\Sigma}[(z^2+x)(-x) - z]\mathrm{d}x\mathrm{d}y$$

$$= - \iint\limits_{x^2+y^2\leqslant 4} \{ [\frac{1}{4}(x^2+y^2)^2 + x](-x) - \frac{1}{2}(x^2+y^2) \} \mathrm{d}x\mathrm{d}y$$

$$= \iint\limits_{x^2+y^2\leqslant 4} [x^2 + \frac{1}{2}(x^2+y^2)] \mathrm{d}x\mathrm{d}y = \int_0^{2\pi} \mathrm{d}\theta \int_0^2 (r^2\cos^2\theta + \frac{1}{2}r^2)r\mathrm{d}r = 8\pi.$$

习题 11-5

1.计算下列第二型曲面积分：

（1）$\iint\limits_{\Sigma} z\mathrm{d}x\mathrm{d}y + x\mathrm{d}y\mathrm{d}z + y\mathrm{d}z\mathrm{d}x$，其中 Σ 是柱面 $x^2 + y^2 = 1$ 被平面 $z = 0$ 及 $z = 3$ 所截下的第一卦限内部分的前侧；

（2）$\iint\limits_{\Sigma} x^2y^2z\mathrm{d}x\mathrm{d}y$，其中 Σ 是球面 $x^2 + y^2 + z^2 = R^2$ 的下半部分的下侧；

（3）$\oiint\limits_{\Sigma} (x^2 + y^2)\mathrm{d}y\mathrm{d}z + z\mathrm{d}x\mathrm{d}y$，其中 Σ 为圆柱面 $x^2 + y^2 = 1$ 与 $z = 0, z = h(h > 0)$ 所围成圆柱体表面的外侧.

2.计算 $\oiint\limits_{\Sigma} xz\mathrm{d}x\mathrm{d}y + xy\mathrm{d}y\mathrm{d}z + yz\mathrm{d}z\mathrm{d}x$，其中 Σ 平面 $x = 0, y = 0, z = 0, x + y + z = 1$ 所围成的空间区域的整个边界曲面的外侧.

3.把对坐标的曲面积分

$$\iint\limits_{\Sigma} P(x,y,z)\mathrm{d}y\mathrm{d}z + Q(x,y,z)\mathrm{d}z\mathrm{d}x + R(x,y,z)\mathrm{d}x\mathrm{d}y$$

化成对面积的曲面积分，其中

（1）Σ 是平面 $3x + 2y + 2\sqrt{3}z = 6$ 在第一卦限的部分的上侧；

（2）Σ 是抛物面 $z = 8 - (x^2 + y^2)$ 在 xOy 面上方的部分的上侧.

第六节　高斯公式

格林公式表达了平面区域上二重积分与其边界曲线上的曲线积分之间的关系.而在空间上,也有同样类似的结论,这就是高斯公式.它表达了空间区域上三重积分与区域边界曲面上曲面积分之间的关系.

定理　设空间闭区域 Ω 是由分片光滑的闭曲面 Σ 所围成的,函数 $P(x,y,z), Q(x,y,z), R(x,y,z)$ 在 Ω 上具有一阶连续偏导数,则有

$$\iiint\limits_{\Omega} (\frac{\partial P}{\partial x} + \frac{\partial Q}{\partial y} + \frac{\partial R}{\partial z})\mathrm{d}x\mathrm{d}y\mathrm{d}z = \oiint\limits_{\Sigma} P\mathrm{d}y\mathrm{d}z + Q\mathrm{d}z\mathrm{d}x + R\mathrm{d}x\mathrm{d}y \qquad (1)$$

或

$$\iiint\limits_{\Omega} (\frac{\partial P}{\partial x} + \frac{\partial Q}{\partial y} + \frac{\partial R}{\partial z})\mathrm{d}x\mathrm{d}y\mathrm{d}z = \oiint\limits_{\Sigma} (P\cos\alpha + Q\cos\beta + R\cos\gamma)\mathrm{d}S, \qquad (1')$$

其中 Σ 取整个边界曲面的外侧.式 (1)、(1') 称为**高斯公式**.

证　设 Ω 是一个 XY 型区域,即上边界曲面为 $\Sigma_1: z = z_1(x,y)$,下边界曲面为 $\Sigma_2: z = z_2(x,y)$,侧面为柱面 Σ_3. Σ_1 取上侧；Σ_2 取下侧；Σ_3 取外侧.

根据三重积分的计算法,有

$$\iiint\limits_{\Omega} \frac{\partial R}{\partial z} \mathrm{d}x\mathrm{d}y\mathrm{d}z = \iint\limits_{D_{xy}} \mathrm{d}x\mathrm{d}y \int_{z_1(x,y)}^{z_2(x,y)} \frac{\partial R}{\partial z} \mathrm{d}z$$

$$= \iint\limits_{D_{xy}} \{ R[x,y,z_2(x,y)] - R[x,y,z_1(x,y)] \} \mathrm{d}x\mathrm{d}y .$$

另一方面,有

$$\iint\limits_{\Sigma_1} R(x,y,z)\mathrm{d}x\mathrm{d}y = - \iint\limits_{D_{xy}} R[x,y,z_1(x,y)]\mathrm{d}x\mathrm{d}y ,$$

$$\iint\limits_{\Sigma_2} R(x,y,z)\mathrm{d}x\mathrm{d}y = \iint\limits_{D_{xy}} R[x,y,z_2(x,y)]\mathrm{d}x\mathrm{d}y ,$$

$$\iint\limits_{\Sigma_3} R(x,y,z)\mathrm{d}x\mathrm{d}y = 0 .$$

以上三式相加,得

$$\oiint\limits_{\Sigma} R(x,y,z)\mathrm{d}x\mathrm{d}y = \iint\limits_{D_{xy}} \{ R[x,y,z_2(x,y)] - R[x,y,z_1(x,y)] \} \mathrm{d}x\mathrm{d}y ,$$

所以

$$\iiint\limits_{\Omega} \frac{\partial R}{\partial z} \mathrm{d}x\mathrm{d}y\mathrm{d}z = \oiint\limits_{\Sigma} R(x,y,z)\mathrm{d}x\mathrm{d}y .$$

类似地有

$$\iiint\limits_{\Omega} \frac{\partial P}{\partial x} \mathrm{d}x\mathrm{d}y\mathrm{d}z = \oiint\limits_{\Sigma} P(x,y,z)\mathrm{d}y\mathrm{d}z ,$$

$$\iiint\limits_{\Omega} \frac{\partial Q}{\partial y} \mathrm{d}x\mathrm{d}y\mathrm{d}z = \oiint\limits_{\Sigma} Q(x,y,z)\mathrm{d}z\mathrm{d}x .$$

把以上三式两端分别相加,即得高斯公式.

在上面的证明过程中,我们假设了区域 Ω 满足:穿过 Ω 内部且平行于坐标轴的直线与 Ω 的边界曲面交点恰好是两个.如果 Ω 不满足这样的条件,则用有限个光滑曲面将它分割成若干个 XY 型区域来讨论,这里不再细说.

例 1 利用高斯公式计算曲面积分 $\oiint\limits_{\Sigma}(x-y)\mathrm{d}x\mathrm{d}y + (y-z)x\mathrm{d}y\mathrm{d}z$,其中 Σ 为柱面 $x^2 + y^2 = 1$ 及平面 $z = 0, z = 3$ 所围成的空间闭区域 Ω 的整个边界曲面的外侧.

解 这里

$$P = (y-z)x, Q = 0, R = x - y , \frac{\partial P}{\partial x} = y - z, \frac{\partial Q}{\partial x} = 0, \frac{\partial R}{\partial z} = 0 .$$

由高斯公式,有

$$\oiint\limits_{\Sigma}(x-y)\mathrm{d}x\mathrm{d}y + (y-z)x\mathrm{d}y\mathrm{d}z$$

$$= \iiint\limits_{\Omega}(y-z)\mathrm{d}x\mathrm{d}y\mathrm{d}z = \iiint\limits_{\Omega}(\rho\sin\theta - z)\rho\mathrm{d}\rho\mathrm{d}\theta\mathrm{d}z$$

$$= \int_0^{2\pi} \mathrm{d}\theta \int_0^1 \rho\mathrm{d}\rho \int_0^3 (\rho\sin\theta - z)\mathrm{d}z = -\frac{9}{2}\pi .$$

例 2 求 $\oiint\limits_{\Sigma}(x-y+z)\mathrm{d}y\mathrm{d}z + (y-z+x)\mathrm{d}z\mathrm{d}x + (z-x+y)\mathrm{d}x\mathrm{d}y$,其中 Σ 是 $|x-y+z| +$

$|y - z + x| + |z - x + y| = 1$ 的外表面.

解 记 $P = x - y + z, Q = y - z + x, R = z - x + y$, 由高斯公式, 所求积分 $I = 3\iiint\limits_V \mathrm{d}x\mathrm{d}y\mathrm{d}z$, 其中 V 为 Σ 所围成的区域.

令 $\begin{cases} u = x - y + z \\ v = y - z + x \\ w = z - x + y \end{cases}$, 则 V 变为 V^*：$|u| + |v| + |w| \le 1$, $\dfrac{\partial(u,v,w)}{\partial(x,y,z)} = 4$,

所以

$$I = \frac{3}{4}\iiint\limits_{V^*} \mathrm{d}u\mathrm{d}v\mathrm{d}w = \frac{3}{4} \cdot 8 \iiint\limits_{\substack{u+v+z \le 1 \\ u \ge 0, v \ge 0, z \ge 0}} \mathrm{d}u\mathrm{d}v\mathrm{d}w = \frac{3}{4} \cdot 8 \cdot \frac{1}{6} = 1 .$$

习题 11-6

1. 利用高斯公式计算下列曲面积分：

(1) $\oiint\limits_{\Sigma} x^2 \mathrm{d}y\mathrm{d}z + y^2 \mathrm{d}z\mathrm{d}x + z^2 \mathrm{d}x\mathrm{d}y$, 其中 Σ 是平面 $x = 0, y = 0, z = 0, x = a, y = a, z = a$ 所围成的立体的表面的外侧；

(2) $\oiint\limits_{\Sigma} x^3 \mathrm{d}y\mathrm{d}z + y^3 \mathrm{d}z\mathrm{d}x + z^3 \mathrm{d}x\mathrm{d}y$, 其中 Σ 是球面 $x^2 + y^2 + z^2 = a^2$ 的外侧；

(3) $\oiint\limits_{\Sigma} x\mathrm{d}y\mathrm{d}z + y\mathrm{d}z\mathrm{d}x + z\mathrm{d}x\mathrm{d}y$, 其中 Σ 是介于 $z = 0$ 和 $z = 3$ 之间的圆柱体 $x^2 + y^2 \le 1$ 的整个表面的外侧；

(4) 计算 $\oiint\limits_{\Sigma} (x + y^2) \mathrm{d}y\mathrm{d}z + (y + z^2) \mathrm{d}z\mathrm{d}x + (z + x^2) \mathrm{d}x\mathrm{d}y$, 其中 Σ 是以原点为中心, 边长为 a 的正方体表面的外侧.

2. 证明：若 Σ 为包围有界域 Ω 的光滑曲面, 则

$$\iiint\limits_{\Omega} v\Delta u\mathrm{d}v = \oiint\limits_{\Sigma} v \frac{\partial u}{\partial n}\mathrm{d}S - \iiint\limits_{\Omega} \left(\frac{\partial u}{\partial x}\frac{\partial v}{\partial x} + \frac{\partial u}{\partial y}\frac{\partial v}{\partial y} + \frac{\partial u}{\partial z}\frac{\partial v}{\partial z} \right) \mathrm{d}v .$$

第七节 斯托克斯公式及环流量与旋度

一、斯托克斯公式

斯托克斯公式是格林公式的推广. 格林公式表达了平面闭区域上的二重积分与其边界曲线上的曲线积分间的联系, 而斯托克斯公式则把曲面 Σ 上的曲面积分与沿着 Σ 的边界曲线的曲线积分联系起来. 这个联系可陈述如下.

定理 设 Γ 为分段光滑的空间有向闭曲线, Σ 是以 Γ 为边界的分片光滑的有向曲面, Γ 的正向与 Σ 的侧符合右手规则, 函数 $P(x,y,z), Q(x,y,z), R(x,y,z)$ 在包含曲面 Σ 在内的一个空间区域内具有一阶连续偏导数, 则有公式

$$\iint\limits_{\Sigma} \left(\frac{\partial R}{\partial y} - \frac{\partial Q}{\partial z}\right) dydz + \left(\frac{\partial P}{\partial z} - \frac{\partial R}{\partial x}\right) dzdx + \left(\frac{\partial Q}{\partial x} - \frac{\partial P}{\partial y}\right) dxdy = \oint_{\Gamma} Pdx + Qdy + Rdz. \qquad (1)$$

公式(1)称为**斯托克斯公式**.证明略.

为了便于记忆,斯托克斯公式通常写成如下形式:

$$\iint\limits_{\Sigma} \begin{vmatrix} dydz & dzdx & dxdy \\ \dfrac{\partial}{\partial x} & \dfrac{\partial}{\partial y} & \dfrac{\partial}{\partial z} \\ P & Q & R \end{vmatrix} = \oint_{\Gamma} Pdx + Qdy + Rdz.$$

利用两类曲面积分之间的关系,斯托克斯公式也可写成

$$\iint\limits_{\Sigma} \begin{vmatrix} \cos\alpha & \cos\beta & \cos\gamma \\ \dfrac{\partial}{\partial x} & \dfrac{\partial}{\partial y} & \dfrac{\partial}{\partial z} \\ P & Q & R \end{vmatrix} dS = \oint_{\Gamma} Pdx + Qdy + Rdz.$$

其中 $\boldsymbol{n} = (\cos\alpha, \cos\beta, \cos\gamma)$ 为有向曲面 Σ 在点 (x, y, z) 处的单位法向量.

如果 Σ 是 xOy 面上的一块平面闭区域,斯托克斯公式就变成格林公式.因此,格林公式是斯托克斯公式的一种特殊情形.

例1 计算曲线积分 $\oint_{\Gamma} (y^2 - z^2)dx + (z^2 - x^2)dy + (x^2 - y^2)dz$,其中 Γ 是用平面 $x + y + z = \dfrac{3}{2}$ 截立方体: $0 \leqslant x \leqslant 1, 0 \leqslant y \leqslant 1, 0 \leqslant z \leqslant 1$ 的表面所得的截痕,从 x 轴的正向看,取逆时针方向.

解 取 Σ 为题设平面的上侧被 Γ 所围成部分,则该平面的法向量 $\boldsymbol{n} = \dfrac{1}{\sqrt{3}}(1,1,1)$,即

$$\cos\alpha = \cos\beta = \cos\gamma = \frac{1}{\sqrt{3}},$$

则

$$\oint_{\Gamma} (y^2 - z^2)dx + (z^2 - x^2)dy + (x^2 - y^2)dz$$

$$= \iint\limits_{\Sigma} \begin{vmatrix} \dfrac{1}{\sqrt{3}} & \dfrac{1}{\sqrt{3}} & \dfrac{1}{\sqrt{3}} \\ \dfrac{\partial}{\partial x} & \dfrac{\partial}{\partial y} & \dfrac{\partial}{\partial z} \\ y^2 - z^2 & z^2 - x^2 & x^2 - y^2 \end{vmatrix} dS$$

$$= -\frac{4}{\sqrt{3}} \iint\limits_{\Sigma} (x + y + z) dS$$

$$= -\frac{4}{\sqrt{3}} \cdot \frac{3}{2} \iint\limits_{\Sigma} dS = -2\sqrt{3} \iint\limits_{D_{xy}} \sqrt{3} dxdy = -\frac{9}{2}.$$

例2 计算 $\oint_{\Gamma} (y^2 + z^2)dx + (x^2 + z^2)dy + (x^2 + y^2)dz$,式中 Γ 是

$$x^2 + y^2 + z^2 = 2Rx, x^2 + y^2 = 2rx (0 < r < R, z > 0).$$

此曲线是顺着如下方向前进的:由它所包围的球面 $x^2 + y^2 + z^2 = 2Rx$ 上的最小区域保持在左方.

解 由斯托克斯公式,可得

$$原式 = 2\iint\limits_{\Sigma} [\,(y - z)\cos\alpha + (z - x)\cos\beta + (x - y)\cos\gamma\,]\,\mathrm{d}S$$

$$= \iint\limits_{\Sigma} \left[\,(y - z)\left(\frac{x}{R} - 1\right) + (z - x)\frac{y}{R} + (x - y)\frac{z}{R}\,\right]\mathrm{d}S$$

$$= 2\iint\limits_{\Sigma} (z - y)\,\mathrm{d}S\,(\text{利用对称性}) = 2\iint\limits_{\Sigma} z\,\mathrm{d}S = 2\iint\limits_{\Sigma} R\cos\gamma\,\mathrm{d}S$$

$$= 2\iint\limits_{\Sigma} R\,\mathrm{d}x\mathrm{d}y = 2R\iint\limits_{x^2+y^2\leqslant 2rx} \mathrm{d}\sigma = 2\pi r^2 R.$$

*二、环流量与旋度

设有向量场

$$\boldsymbol{A}(x,y,z) = P(x,y,z)\boldsymbol{i} + Q(x,y,z)\boldsymbol{j} + R(x,y,z)\boldsymbol{k},$$

其中函数 P, Q, R 均连续,则沿场 $\boldsymbol{A}$ 中某一封闭的有向曲线 C 上的曲线积分

$$\Gamma = \oint_C P\mathrm{d}x + Q\mathrm{d}y + R\mathrm{d}z$$

称为向量场 $\boldsymbol{A}$ 沿曲线 C 按所取方向的**环流量**.而向量函数

$$\left\{\frac{\partial R}{\partial y} - \frac{\partial Q}{\partial z}, \frac{\partial P}{\partial z} - \frac{\partial R}{\partial x}, \frac{\partial Q}{\partial x} - \frac{\partial P}{\partial y}\right\}$$

称为向量场 $\boldsymbol{A}$ 的**旋度**,记为 **rot$\boldsymbol{A}$** ,即

$$\mathbf{rot}\boldsymbol{A} = \left(\frac{\partial R}{\partial y} - \frac{\partial Q}{\partial z}\right)\boldsymbol{i} + \left(\frac{\partial P}{\partial z} - \frac{\partial R}{\partial x}\right)\boldsymbol{j} + \left(\frac{\partial Q}{\partial x} - \frac{\partial P}{\partial y}\right)\boldsymbol{k}.$$

旋度也可以写成如下便于记忆的形式

$$\mathbf{rot}\boldsymbol{A} = \begin{vmatrix} \boldsymbol{i} & \boldsymbol{j} & \boldsymbol{k} \\ \dfrac{\partial}{\partial x} & \dfrac{\partial}{\partial y} & \dfrac{\partial}{\partial z} \\ P & Q & R \end{vmatrix}.$$

若向量场 $\boldsymbol{A}(x,y,z) = P(x,y,z)\boldsymbol{i} + Q(x,y,z)\boldsymbol{j} + R(x,y,z)\boldsymbol{k}$ 的旋度 **rot$\boldsymbol{A}$** 处处为零,则称向量场 $\boldsymbol{A}$ 为**无旋场**.而一个无源且无旋的向量场称为**调和场**.调和场是物理学中另一类重要的向量场,这种场与调和函数有密切的关系.

例 3 设一刚体以等角速度 $\boldsymbol{\omega} = \omega_x\boldsymbol{i} + \omega_y\boldsymbol{j} + \omega_z\boldsymbol{k}$ 绕定轴 L 旋转,求刚体内任意一点 M 的线速度 $\boldsymbol{v}$ 的旋度.

解 取定轴 L 为 z 轴,点 M 的内径 $\boldsymbol{r} = \overrightarrow{OM} = x\boldsymbol{i} + y\boldsymbol{j} + z\boldsymbol{k}$,
则点 M 的线速度

$$\boldsymbol{v} = \boldsymbol{\omega} \times \boldsymbol{r} = \begin{vmatrix} \boldsymbol{i} & \boldsymbol{j} & \boldsymbol{k} \\ \omega_x & \omega_y & \omega_z \\ x & y & z \end{vmatrix} = (\omega_y z - \omega_z y)\boldsymbol{i} + (\omega_z x - \omega_x z)\boldsymbol{j} + (\omega_x y - \omega_y x)\boldsymbol{k},$$

于是

$$\mathbf{rot}\boldsymbol{v} = \begin{vmatrix} \boldsymbol{i} & \boldsymbol{j} & \boldsymbol{k} \\ \dfrac{\partial}{\partial x} & \dfrac{\partial}{\partial y} & \dfrac{\partial}{\partial z} \\ \omega_y z - \omega_z y & \omega_z x - \omega_x z & \omega_x y - \omega_y x \end{vmatrix} = 2(\omega_x\boldsymbol{i} + \omega_y\boldsymbol{j} + \omega_z\boldsymbol{k}) = 2\boldsymbol{\omega},$$

即速度场 v 的旋度等于角速度 ω 的 2 倍.

习题 11-7

1.试对曲面 $\Sigma:z = x^2 + y^2, x^2 + y^2 \leqslant 1, P = y^2, Q = x, R = z^2$ 验证斯托克斯公式.

2.利用斯托克斯公式,计算下列曲线积分:

(1) $\oint_\Gamma y\mathrm{d}x + z\mathrm{d}y + x\mathrm{d}z$,其中 Γ 为圆周 $x^2 + y^2 + z^2 = a^2, x + y + z = 0$,若从 x 轴的正向看去,这圆周是取逆时针方向;

(2) $\oint_\Gamma 2y\mathrm{d}x + 3x\mathrm{d}y - z^2\mathrm{d}z$,其中 Γ 为圆周 $x^2 + y^2 + z^2 = 9, z = 0$,若从 z 轴的正向看去,这圆周是取逆时针方向.

(3)计算 $\int_L y^2\mathrm{d}x + x^2\mathrm{d}z$,其中 L 曲线 $z = x^2 + y^2, x^2 + y^2 = 2ay$,方向取从 z 轴正向看去为顺时针方向.

*3.求下列向量场 A 的旋度:

(1) $A = (2z - 3y)\boldsymbol{i} + (3x - z)\boldsymbol{j} + (y - 2x)\boldsymbol{k}$;

(2) $A = (z + \sin y)\boldsymbol{i} - (z - x\cos y)\boldsymbol{j}$.

总习题十一

1.填空题:

(1) 已知 L 为椭圆 $\dfrac{x^2}{4} + \dfrac{y^2}{3} = 1$,其周长为 a,则 $\oint_L (2xy + 3x^2 + 4y^2)\,\mathrm{d}s = $ _____;

(2) 已知 L 为直线 $x = 1$ 上从点 $(1,2)$ 到点 $(1,3)$ 的直线段,$\int_L 5\sin x \tan y\mathrm{d}x + x^3\mathrm{d}y = $ _____;

(3) 设 L 是以点 $(0,0)$,$(0,1)$,$(1,1)$ 为顶点的三角形正向边界,则 $\oint_L xy^2\mathrm{d}x + 2xy\mathrm{d}y = $ _____;

(4) 曲线积分 $\int_L F(x,y)(y\mathrm{d}x + x\mathrm{d}y)$ 与路径无关,则可微函数 $F(x,y)$ 应满足条件 _____;

(5) 设 Σ 为平面 $x + y + z = 1$ 在第一卦限的部分,取上侧,则 $\iint_\Sigma (y^2 - z^2)\mathrm{d}y\mathrm{d}z + 2(z^2 - x^2)\mathrm{d}z\mathrm{d}x - 3(x^2 - y^2)\mathrm{d}x\mathrm{d}y = $ _____.

2.求下列曲线积分:

(1) $\int_\Gamma x^2\mathrm{d}s$,其中 Γ 为球面 $x^2 + y^2 + z^2 = a^2$ 被平面 $x + y + z = 0$ 所截得的圆周;

(2) $\oint_L \dfrac{x\mathrm{d}y - y\mathrm{d}x}{4x^2 + y^2}$,其中 L 是以 $(1,0)$ 为圆心,2 为半径的正向圆周.

3.在过点 $O(0,0)$ 和 $A(\pi,0)$ 的曲线族 $y = a\sin x\,(a > 0)$ 中,求一条曲线 L,使该曲线从

O 到 A 积分 $\int_L (1 + y^3)\mathrm{d}x + (2x + y)\mathrm{d}y$ 的值最小.

4.设曲线积分 $\int_L xy^2\mathrm{d}x + y\varphi(x)\mathrm{d}y$ 与路径无关,其中 $\varphi(x)$ 具有连续的导数,且 $\varphi(0) = 0$,

计算 $\int_{(0,0)}^{(1,1)} xy^2\mathrm{d}x + y\varphi(x)\mathrm{d}y$.

5.计算下列曲面积分:

(1) $\iint\limits_{\Sigma} x^2\mathrm{d}S$,其中 Σ 为圆柱面 $x^2 + y^2 = 1$ 介于 $z = 0$ 与 $z = 2$ 之间的部分;

(2) $\iint\limits_{\Sigma} \dfrac{x\mathrm{d}y\mathrm{d}z + (z + 1)^2\mathrm{d}x\mathrm{d}y}{\sqrt{x^2 + y^2 + z^2}}$,其中 Σ 为下半球面 $z = -\sqrt{1 - x^2 - y^2}$ 的上侧.

数学家简介[8]

高 斯

高斯(Carl Friedrich Gauss,1777—1855)德国数学家、天文学家和物理学家,被誉为历史上伟大的数学家之一.

高斯于 1777 年 4 月 30 日生于不伦瑞克的一个工匠家庭.幼时家境贫困,但聪敏异常,童年时期就显示出数学才华.据说他 3 岁时就发现其父亲记账时的一个错误.高斯 7 岁入学,在小学期间学习十分刻苦,常点燃自制小油灯演算到深夜.高斯 9 岁那年在公立小学读书,一次他的老师为了让学生们有事干,叫他们把从 1 到 100 这些数加起来,高斯几乎立刻就把写好结果的石板面朝下放在自己的桌子上,当所有的石板最终被翻过时,这位老师惊讶地发现只有高斯得出了正确的答案:5050,但是没有演算过程.高斯已经在脑子里对这个算术级数求了和,他注意到了 $1+100=101,2+99=101,3+98=101……$ 这么一来,就等于 50 个 101 相加,从而答案是 5050.11 岁时,高斯发现了二项式定理.高斯的早熟引起了不伦瑞克公爵的注意,在其帮助下,不满 15 岁的高斯于 1792 年进入不伦瑞克学院.在校三年期间,高斯很快掌握了微积分理论,并在最小二乘法和数论中的二次互反律的研究上取得重要成果,这是高斯一生中数学创作的开始.1795 年,18 岁的高斯进入哥廷根大学.当时的哥廷根大学仍默默无闻,由于高斯的到来,才使得这所日后享誉世界的大学变得重要起来.1798 年转入黑尔姆施泰特大学,翌年因证明代数基本定理获博士学位.高期从 1807 年起担任格丁根大学教授兼格丁根天文台台长.

高斯的数学研究几乎遍及所有领域,在数论、代数学、非欧几何、复变函数和微分几何等方面都做出了开创性的贡献.高斯对数论的研究总结在《算术研究》(1801)中,这本书奠定了近代数论的基础,它不仅是数论方面的划时代之作,也是数学史上不可多得的经典著作之一.高斯对代数学的重要贡献是证明了代数基本定理,他的存在性证明开创了数学研究的新途径.高斯在 1816 年左右就得到非欧几何的原理. 他还深入研究复变函数,建立了一些基本概念,发现了著名的柯西积分定理.他还发现椭圆函数的双周期性,但这些工作在他生前都没发表出来.1828 年高斯出版了《关于曲面的一般研究》,全面系统地阐述了空间曲面的微分几何学,并提出内蕴曲面理论.高斯的曲面理论后来由黎曼发展.高斯一生共发表 155 篇论文,他对待学问十分严谨,只是把他自己认为是十分成熟的作品发表出来.高斯是近代数学奠基者之一,在历史上影响之大,可以和阿基米德、牛顿、欧拉并列,有"数学王子"之称.

高斯长期从事于数学并将数学应用于物理、天文学和大地测得学等领域的研究,著述丰富,成就甚多.他一生中共发表 323 篇(种)著作,提出 404 项科学创见(发表 178 项),完成 4 项意义重大的发明:回照器(1820)、光度计(1821)、电报(1832)和磁强计(1837).高斯在各领域的主要成就有以下几个方面:一是在物理学和地磁学中,关于静电学(如高斯定理)、温差电和摩擦电的研究、利用绝对单位(长度、质量和时间)法则量度非力学量(如磁场强度)以及地磁场分布的理论研究(如把地面上任一点的磁势进行球谐分析);二是利用几何学知识研究光学系统近轴光线行为和成像,建立高斯光学;三是在天文学和大地测量学中,如小行星轨道的计算,地球大小和形状的理论研究等;四是结合实验数据的测算,发展了概率统计理论和误差理论,发明了最小二乘法,引入高斯误差曲线;五是在纯数学方面,他对数论、代数、几何学的若干基本定理做出严格证明,如自然数为素数乘积定理、二项式定理、散度定理等。

　　高斯一生勤奋好学,多才多艺,喜爱音乐和诗歌.他懂得多国文字,擅长欧洲语言.高斯62 岁开始学习俄文,并达到能用俄文写作的程度,晚年还一度学梵文.

　　高斯的一生是不平凡的一生,几乎在数学的每个领域都有他的足迹.无怪后人常用他的事迹和格言鞭策自己.100 多年来,不少有才华的青年在高斯的影响下成长为杰出的数学家并为人类的文化做出了巨大的贡献.高斯于 1855 年 2 月 23 日逝世,终年 78 岁.

第十二章 无穷级数

无穷级数的理论在高等数学中占有重要地位.它是与数列、极限等密切相关的一个概念,是人们认识客观事物间数量关系的一个重要的数学工具,它在表示函数、数值计算、求解微分方程等方面起着重要作用.它不仅应用于数学自身,而且在自然科学和社会科学等多个领域都有着广泛应用.本章将介绍无穷级数的一些基本理论知识和简单应用.

第一节 常数项级数的概念和性质

一、常数项级数的概念

引例 已知线段 AB ,设其长为 S , 取 A_1 为 AB 的中点, A_2 为 A_1B 的中点, ……,依次取下去, A_n 为 $A_{n-1}B$ 的中点,则 n 可无限增大,记各线段长度为

$$|AA_1| = a_1 , \ |A_1A_2| = a_2, \cdots, \ |A_{n-1}A_n| = a_n, \cdots,$$

则得各部分线段的长度数列

$$a_1, a_2, \cdots, a_n, \cdots,$$

其中 $a_n = \dfrac{1}{2^n}S$.将这无穷多个数依次用加号连接,得到的应是线段的总长度表达式

$$S = a_1 + a_2 + \cdots + a_n + \cdots.$$

这里出现了无穷多个数依次相加的式子,在物理、化学等许多学科中,常能遇到这种无穷多个数或者函数相加的情形.

定义1 一般地,如果给定一个数列

$$u_1, u_2, u_3, \cdots, u_n, \cdots,$$

则由它的各项依次用加号连起来所构成的表达式

$$u_1 + u_2 + u_3 + \cdots + u_n + \cdots \tag{1}$$

叫作**常数项无穷级数**,简称**常数项级数**,记为 $\sum\limits_{n=1}^{\infty} u_n$,即

$$\sum_{n=1}^{\infty} u_n = u_1 + u_2 + u_3 + \cdots + u_n + \cdots,$$

其中第 n 项 u_n 叫作级数的**一般项**(或**通项**).

无穷级数就是无穷多项相加,它与有限项相加有本质不同,历史上曾经对一个无穷级数问题引起争论.例如

$$1 - 1 + 1 - 1 + \cdots + (-1)^{n+1} + \cdots,$$

当时人们对其曾有三种不同看法,得出三种不同的"和":

第一种

$$(1 - 1) + (1 - 1) + \cdots + (1 - 1) + \cdots = 0 ;$$

第二种

$$1 - (1 - 1) - (1 - 1) \cdots - (1 - 1) - \cdots = 1 ;$$

第三种设

$$1 - 1 + 1 - 1 + \cdots + (-1)^{n+1} + \cdots = S,$$

则

$$1 - [1 - 1 + 1 - 1 + \cdots] = S,$$

由 $1 - S = S$,解得 $S = \dfrac{1}{2}$.

这种争论说明当时的人们对无穷多项相加缺乏一种正确的认识.无穷多项相加的含义是什么? 无穷多项相加,是否一定有"和"? 如果存在,"和"等于什么? 可见,无穷多个数相加不能简单引用有限个数相加的概念,而需建立它本身严格的理论.为了解决上述问题,我们可以从有限项的和出发,观察它们的变化趋势.

分别取级数(1)前 1 项,2 项, $\cdots$, n 项, $\cdots$ 的和,可以得到数列

$$s_1 = u_1 , s_2 = u_1 + u_2 , \cdots , s_n = u_1 + u_2 + u_3 + \cdots + u_n , \cdots .$$

这个数列称为级数(1)的**部分和数列**,这个数列的通项,也是级数(1)的前 n 项和

$$s_n = u_1 + u_2 + u_3 + \cdots + u_n = \sum_{i=1}^{n} u_i , \tag{2}$$

称为级数(1)的**部分和**.

根据部分和数列有没有极限,我们引入无穷级数收敛与发散的概念.

定义 2　如果级数 $\sum\limits_{n=1}^{\infty} u_n$ 的部分和数列 $\{s_n\}$ 有极限 s ,即

$$\lim_{n \to \infty} s_n = s ,$$

则称无穷级数 $\sum\limits_{n=1}^{\infty} u_n$ **收敛**,这时极限 s 叫作这个级数的**和**,并写成

$$s = \sum_{n=1}^{\infty} u_n = u_1 + u_2 + u_3 + \cdots + u_n + \cdots ,$$

如果 $\{s_n\}$ 没有极限,则称无穷级数 $\sum\limits_{n=1}^{\infty} u_n$ **发散**.

例 1　讨论**等比级数**(也称为几何级数)

$$\sum_{n=0}^{\infty} aq^n = a + aq + aq^2 + \cdots + aq^n + \cdots$$

的收敛性,其中 $a \neq 0$, q 叫作级数的公比.

解　如果 $q \neq 1$,则部分和

$$s_n = a + aq + aq^2 + \cdots + aq^{n-1} = \frac{a - aq^n}{1 - q} = \frac{a}{1 - q} - \frac{aq^n}{1 - q} .$$

(1)当 $|q| < 1$ 时,因为 $\lim\limits_{n \to \infty} s_n = \dfrac{a}{1 - q}$,所以此时级数 $\sum\limits_{n=0}^{\infty} aq^n$ 收敛,其和为 $\dfrac{a}{1 - q}$.

(2) 当 $|q| > 1$ 时,因为 $\lim\limits_{n \to \infty} s_n = \infty$,所以此时级数 $\sum\limits_{n=0}^{\infty} aq^n$ 发散.

(3) 如果 $|q| = 1$,则当 $q = 1$ 时,$s_n = na \to \infty$,因此级数 $\sum\limits_{n=0}^{\infty} aq^n$ 发散;

当 $q = -1$ 时,级数 $\sum\limits_{n=0}^{\infty} aq^n$ 成为 $a - a + a - a + \cdots$,而

$$s_{2k} = 0 , s_{2k+1} = a , (k = 0,1,2,\cdots) ,$$

所以 s_n 的极限不存在,从而这时级数 $\sum\limits_{n=0}^{\infty} aq^n$ 发散.

综上所述,如果 $|q| < 1$,则级数 $\sum\limits_{n=0}^{\infty} aq^n$ 收敛,其和为 $\dfrac{a}{1-q}$;如果 $|q| \geq 1$,则级数 $\sum\limits_{n=0}^{\infty} aq^n$ 发散.

例 2 判别无穷级数 $\dfrac{1}{1 \cdot 2} + \dfrac{1}{2 \cdot 3} + \dfrac{1}{3 \cdot 4} + \cdots + \dfrac{1}{n(n+1)} + \cdots$ 的收敛性.

解 由于

$$u_n = \frac{1}{n(n+1)} = \frac{1}{n} - \frac{1}{n+1} ,$$

因此

$$s_n = \frac{1}{1 \cdot 2} + \frac{1}{2 \cdot 3} + \frac{1}{3 \cdot 4} + \cdots + \frac{1}{n(n+1)}$$
$$= (1 - \frac{1}{2}) + (\frac{1}{2} - \frac{1}{3}) + \cdots + (\frac{1}{n} - \frac{1}{n+1}) = 1 - \frac{1}{n+1} .$$

从而

$$\lim_{n \to \infty} s_n = \lim_{n \to \infty} (1 - \frac{1}{n+1}) = 1 ,$$

所以级数收敛,它的和是 1.

例 3 证明调和级数 $\sum\limits_{n=1}^{\infty} \dfrac{1}{n} = 1 + \dfrac{1}{2} + \dfrac{1}{3} + \cdots + \dfrac{1}{n} + \cdots$ 是发散的.

证 这个级数的通项 u_n 可以用下列积分表示

$$u_n = \frac{1}{n} = \int_n^{n+1} \frac{1}{n} \mathrm{d}x ,$$

由于积分变量 x 的变化范围是 $n \leq x \leq n+1$,从而 $\dfrac{1}{n} \geq \dfrac{1}{x}$,因此

$$u_n \geq \int_n^{n+1} \frac{1}{x} \mathrm{d}x = \ln(n+1) - \ln n ,$$

则

$$s_n = 1 + \frac{1}{2} + \frac{1}{3} + \cdots + \frac{1}{n}$$
$$\geq (\ln 2 - \ln 1) + (\ln 3 - \ln 2) + \cdots + [\ln(n+1) - \ln n]$$
$$= \ln(n+1).$$

当 $n \to +\infty$ 时, $\ln(n+1) \to +\infty$, 则 $s_n \to \infty$, 即调和级数发散.

由于级数的收敛或发散(简称**敛散性**)是由它的部分和数列来确定的,因此可以看出,级数与数列极限有着紧密的联系.给定级数 $\sum\limits_{n=1}^{\infty} u_n$,有部分和数列 $\{s_n\}$;反之,给定数列 $\{s_n\}$,若把它看作某一级数的部分和数列,则有级数

$$s_1 + (s_2 - s_1) + (s_3 - s_2) + \cdots + (s_n - s_{n-1}) + \cdots = \sum_{n=1}^{\infty} u_n ,$$

其中 $u_1 = s_1$, $u_n = s_n - s_{n-1}(n \geq 2)$.这时,数列 $\{s_n\}$ 与级数 $\sum\limits_{n=1}^{\infty} u_n$ 有相同的敛散性,且当 $\{s_n\}$ 收敛时,其极限值就是级数 $\sum\limits_{n=1}^{\infty} u_n$ 的和.

收敛数列的和 s 与其部分和 s_n 之差

$$r_n = s - s_n = u_{n+1} + u_{n+2} + \cdots$$

称作级数 $\sum\limits_{n=1}^{\infty} u_n$ 的**余项**.由于 $\lim\limits_{n \to +\infty} r_n = \lim\limits_{n \to +\infty} (s - s_n) = 0$,所以收敛级数的余项必趋于零.

二、收敛级数的基本性质

由级数与其部分和数列之间的关系,可以根据数列极限的性质得到级数的几个基本性质.

性质 1　如果级数 $\sum\limits_{n=1}^{\infty} u_n$ 收敛于和 s ,则它的各项同乘以一个常数 k 所得的级数 $\sum\limits_{n=1}^{\infty} ku_n$ 也收敛,且其和为 ks ;如果级数 $\sum\limits_{n=1}^{\infty} u_n$ 发散,那么当 $k \neq 0$ 时级数 $\sum\limits_{n=1}^{\infty} ku_n$ 也发散.

证　设 $\sum\limits_{n=1}^{\infty} u_n$ 与 $\sum\limits_{n=1}^{\infty} ku_n$ 的部分和分别为 s_n 与 σ_n ,当级数 $\sum\limits_{n=1}^{\infty} u_n$ 收敛于 s 时,

$$\lim_{n \to \infty} \sigma_n = \lim_{n \to \infty} (ku_1 + ku_2 + \cdots + ku_n) = k \lim_{n \to \infty} (u_1 + u_2 + \cdots + u_n) = k \lim_{n \to \infty} s_n = ks .$$

这表明级数 $\sum\limits_{n=1}^{\infty} ku_n$ 收敛,且和为 ks .

当级数 $\sum\limits_{n=1}^{\infty} u_n$ 发散时, s_n 当 $n \to \infty$ 时没有极限,由于 $k \neq 0$,则 σ_n 当 $n \to \infty$ 时也没有极限,即级数 $\sum\limits_{n=1}^{\infty} ku_n$ 发散.

性质 2　如果级数 $\sum\limits_{n=1}^{\infty} u_n$ 、$\sum\limits_{n=1}^{\infty} v_n$ 分别收敛于和 s 、σ ,则级数 $\sum\limits_{n=1}^{\infty} (u_n \pm v_n)$ 也收敛,且其和为 $s \pm \sigma$.

证　设 $\sum\limits_{n=1}^{\infty} u_n$ 、$\sum\limits_{n=1}^{\infty} v_n$ 、$\sum\limits_{n=1}^{\infty} (u_n \pm v_n)$ 的部分和分别为 s_n 、σ_n 、τ_n ,则

$$\lim_{n \to \infty} \tau_n = \lim_{n \to \infty} [(u_1 \pm v_1) + (u_2 \pm v_2) + \cdots + (u_n \pm v_n)]$$
$$= \lim_{n \to \infty} [(u_1 + u_2 + \cdots + u_n) \pm (v_1 + v_2 + \cdots + v_n)]$$
$$= \lim_{n \to \infty} (s_n \pm \sigma_n) = s \pm \sigma .$$

性质 3　在级数中删去、增加或改变有限项,不会改变级数的敛散性.

证 下面仅考虑删去有限项的情形,其他情形可类似证明.设将级数

$$u_1 + u_2 + \cdots + u_k + u_{k+1} + \cdots + u_{k+n} + \cdots$$

的前 k 项去掉,则得级数

$$u_{k+1} + u_{k+2} + \cdots + u_{k+n} + \cdots,$$

其部分和为

$$\sigma_n = u_{k+1} + u_{k+2} + \cdots + u_{k+n} = s_{k+n} - s_k,$$

其中 s_{k+n} 为原级数 $\sum\limits_{n=1}^{\infty} u_n$ 的前 $k+n$ 项的和.由于 s_k 是常数,所以当 $n \to \infty$ 时,σ_n 与 s_{k+n} 同时收敛或同时发散.

比如,级数 $\dfrac{1}{1 \cdot 2} + \dfrac{1}{2 \cdot 3} + \dfrac{1}{3 \cdot 4} + \cdots + \dfrac{1}{n(n+1)} + \cdots$ 是收敛的,

则级数 $10000 + \dfrac{1}{1 \cdot 2} + \dfrac{1}{2 \cdot 3} + \dfrac{1}{3 \cdot 4} + \cdots + \dfrac{1}{n(n+1)} + \cdots$ 也是收敛的,

级数 $\dfrac{1}{3 \cdot 4} + \dfrac{1}{4 \cdot 5} + \cdots + \dfrac{1}{n(n+1)} + \cdots$ 也是收敛的.

性质 4 如果级数 $\sum\limits_{n=1}^{\infty} u_n$ 收敛,则对这个级数的项任意加括号后所成的级数仍收敛,且其和不变.

证 设在收敛级数

$$\sum_{n=1}^{\infty} u_n = u_1 + u_2 + u_3 + \cdots + u_n + \cdots \tag{3}$$

中,不改变各项顺序而插入括号,得到新级数

$$(u_1 + u_2 + \cdots + u_k) + (u_{k+1} + u_{k+2} + \cdots + u_l) + (u_{l+1} + u_{l+2} + \cdots + u_m) + \cdots. \tag{4}$$

设级数(3)、(4)的前 n 项的和分别为 s_n、σ_n,则

$$\sigma_1 = s_k, \ \sigma_2 = s_l, \ \sigma_3 = s_m, \ \cdots (k < l < m < \cdots),$$

这表明,级数(4)的部分和数列 $\sigma_1, \sigma_2, \sigma_3, \cdots$ 是收敛级数(3)的部分和数列 $s_1, s_2, s_3, \cdots$ 的一个子数列. 因为当 $n \to \infty$ 时,s_n 收敛,若设其和为 s,则其任一子数列也必收敛于 s.即级数(4)收敛,其和也为 s.

注 性质 4 的结论反过来不一定成立.换句话说,如果加括号后所成的级数收敛,则不能断定去括号后原来的级数也收敛.例如,级数

$$(1 - 1) + (1 - 1) + \cdots + (1 - 1) + \cdots$$

收敛于零,但级数

$$1 - 1 + 1 - 1 + \cdots$$

却是发散的(例 1 中 $a = 1, q = -1$ 的情形).

推论 如果加括号后所成的级数发散,则原来级数也发散.

性质 5(级数收敛的必要条件) 如果级数 $\sum\limits_{n=1}^{\infty} u_n$ 收敛,则它的一般项 u_n 趋于零,即

$$\lim_{n \to \infty} u_n = 0.$$

证 设级数 $\sum\limits_{n=1}^{\infty} u_n$ 的部分和为 s_n,且 $\lim\limits_{n \to \infty} s_n = s$,则

$$\lim_{n\to\infty}u_n = \lim_{n\to\infty}(s_n - s_{n-1}) = \lim_{n\to\infty}s_n - \lim_{n\to\infty}s_{n-1} = s - s = 0.$$

推论　若 $\lim\limits_{n\to\infty}u_n \neq 0$，则级数 $\sum\limits_{n=1}^{\infty}u_n$ 发散.

注　级数的一般项趋于零只是级数收敛的必要条件，而不是充分条件. 即若 $\lim\limits_{n\to\infty}u_n = 0$，

并不能判定级数 $\sum\limits_{n=1}^{\infty}u_n$ 收敛. 例如，调和级数

$$\sum_{n=1}^{\infty}\frac{1}{n} = 1 + \frac{1}{2} + \frac{1}{3} + \cdots + \frac{1}{n} + \cdots,$$

虽然当 $n\to\infty$ 时，一般项 $\dfrac{1}{n}\to 0$，但级数却是发散的.

习题 12-1

1.写出下列级数的前五项：

(1) $\sum\limits_{n=1}^{\infty}\left(-\dfrac{5}{4}\right)^n\dfrac{2n}{(1+n)^2}$;

(2) $\sum\limits_{n=1}^{\infty}\dfrac{(n!)^2}{2^n}$;

(3) $\sum\limits_{n=1}^{\infty}\left(1+\dfrac{1}{n}\right)^{n^2}$;

(4) $\sum\limits_{n=1}^{\infty}\dfrac{1\cdot 2^b\cdot\cdots\cdot n^b}{a\cdot a^2\cdot\cdots\cdot a^n}$.

2.根据定义判定下列级数的敛散性：

(1) $\sum\limits_{n=1}^{\infty}(\sqrt{n+1}-\sqrt{n})$;

(2) $\dfrac{1}{1\cdot 6} + \dfrac{1}{6\cdot 11} + \dfrac{1}{11\cdot 16} + \cdots + \dfrac{1}{(5n-4)(5n+1)} + \cdots$;

(3) $\sum\limits_{n=1}^{\infty}5\cdot\left(-\dfrac{2}{3}\right)^n$;

(4) $\sum\limits_{n=1}^{\infty}\ln\left(1+\dfrac{1}{n}\right)$.

3.判定下列级数的敛散性：

(1) $\sum\limits_{n=1}^{\infty}\dfrac{n}{2n-1}$;

(2) $\sum\limits_{n=1}^{\infty}\left(1+\dfrac{1}{n}\right)^n$;

(3) $\sum\limits_{n=1}^{\infty}\left(\dfrac{1}{2^n}+\dfrac{1}{\sqrt{n}}\right)$;

(4) $\sum\limits_{n=1}^{\infty}\dfrac{4^n}{3^n}$;

(5) $\sum\limits_{n=1}^{\infty}\dfrac{2n-1}{2^n}$;

(6) $\sum\limits_{n=1}^{\infty}\dfrac{1}{\sqrt{n(n+1)}(\sqrt{n}+\sqrt{n+1})}$;

(7) $\left(\dfrac{1}{2}+\dfrac{1}{3}\right) + \left(\dfrac{1}{2^2}+\dfrac{1}{3^2}\right) + \left(\dfrac{1}{2^3}+\dfrac{1}{3^3}\right) + \cdots + \left(\dfrac{1}{2^n}+\dfrac{1}{3^n}\right) + \cdots$.

第二节　常数项级数敛散性的判别法

一、正项级数及其敛散性的判别法

一般常数项级数的各项可以为正数、负数和零，由于常数项级数很复杂，接下来我们先

讨论正项级数的敛散性.所谓正项级数,是指各项都是正数或零的级数.以后会看到很多级数的敛散性问题,都可归结为正项级数的敛散性问题.

定义 若级数 $\sum\limits_{n=1}^{\infty} u_n$ 的每一项都是非负数,即 $u_n \geq 0 (n = 1, 2, \cdots)$,则称其为**正项级数**.

若 $\sum\limits_{n=1}^{\infty} u_n$ 是正项级数,则其部分和数列满足

$$s_1 = u_1 \leq s_2 = u_1 + u_2 \leq \cdots \leq s_n = u_1 + u_2 + \cdots + u_n \leq \cdots ,$$

即正项级数的部分和数列是单调增加数列.可得如下结论.

定理1(基本定理) 正项级数 $\sum\limits_{n=1}^{\infty} u_n$ 收敛的充分必要条件是它的部分和数列 $\{s_n\}$ 有上界.

证 必要性:设级数收敛,即它的部分和数列 $\{s_n\}$ 收敛.根据收敛数列的有界性可知,数列 $\{s_n\}$ 有上界.

充分性:设数列 $\{s_n\}$ 有上界,由于级数是正项级数,则 $\{s_n\}$ 是单调增加数列,根据单调有界数列必有极限的准则,数列 $\{s_n\}$ 有极限,则级数 $\sum\limits_{n=1}^{\infty} u_n$ 收敛.

定理1尽管得到了级数收敛的等价条件,但数列的有界性并不容易判定,因此利用定理1来判定级数的敛散性往往比较困难,但是定理1有很高的理论价值,接下来将利用它建立一系列正项级数敛散性的判别法则.

定理2(比较判别法) 设 $\sum\limits_{n=1}^{\infty} u_n$ 和 $\sum\limits_{n=1}^{\infty} v_n$ 都是正项级数,且 $u_n \leq v_n (n = 1, 2, \cdots)$.若级数 $\sum\limits_{n=1}^{\infty} v_n$ 收敛,则级数 $\sum\limits_{n=1}^{\infty} u_n$ 收敛;反之,若级数 $\sum\limits_{n=1}^{\infty} u_n$ 发散,则级数 $\sum\limits_{n=1}^{\infty} v_n$ 发散.

证 设级数 $\sum\limits_{n=1}^{\infty} v_n$ 收敛于和 σ ,则级数 $\sum\limits_{n=1}^{\infty} u_n$ 的部分和

$$s_n = u_1 + u_2 + \cdots + u_n \leq v_1 + v_2 + \cdots + v_n \leq \sigma (n = 1, 2, \cdots) ,$$

即部分和数列 $\{s_n\}$ 有上界,由定理1知级数 $\sum\limits_{n=1}^{\infty} u_n$ 收敛.

反之,设级数 $\sum\limits_{n=1}^{\infty} u_n$ 发散,则级数 $\sum\limits_{n=1}^{\infty} v_n$ 必发散.因为若级数 $\sum\limits_{n=1}^{\infty} v_n$ 收敛,由定理2中已证明的结论,将有级数 $\sum\limits_{n=1}^{\infty} u_n$ 也收敛,与假设矛盾.

例1 讨论下列级数的敛散性

(1) $\sum\limits_{n=1}^{\infty} \dfrac{n+1}{n^2 + 5n + 2}$; (2) $\sum\limits_{n=2}^{\infty} \dfrac{1}{\ln n}$.

解 (1)由于

$$\frac{n+1}{n^2 + 5n + 2} > \frac{n+1}{n^2 + 5n + 4} = \frac{1}{n+4} ,$$

而 $\sum\limits_{n=1}^{\infty} \dfrac{1}{n+4}$ 是调和级数 $\sum\limits_{n=1}^{\infty} \dfrac{1}{n}$ 去掉前四项得到的,因此 $\sum\limits_{n=1}^{\infty} \dfrac{1}{n+4}$ 是发散的,根据定理2,级

数 $\sum\limits_{n=1}^{\infty} \dfrac{n+1}{n^2+5n+2}$ 也发散.

（2）当 $n \geq 2$ 时，$\dfrac{1}{\ln n} > \dfrac{1}{n} > 0$，而调和级数 $\sum\limits_{n=1}^{\infty} \dfrac{1}{n}$ 发散，由定理 2，级数 $\sum\limits_{n=2}^{\infty} \dfrac{1}{\ln n}$ 发散.

由于级数的每一项同乘不为零的常数 k 以及去掉级数前面部分的有限项不会影响级数的敛散性，可以得到如下推论.

推论　设 $\sum\limits_{n=1}^{\infty} u_n$ 和 $\sum\limits_{n=1}^{\infty} v_n$ 都是正项级数，若级数 $\sum\limits_{n=1}^{\infty} v_n$ 收敛，且存在正整数 N，使得当 $n \geq N$ 时，有 $u_n \leq kv_n (k>0)$ 成立，则级数 $\sum\limits_{n=1}^{\infty} u_n$ 收敛；若级数 $\sum\limits_{n=1}^{\infty} v_n$ 发散，且当 $n \geq N$ 时，有 $u_n \geq kv_n (k>0)$ 成立，则级数 $\sum\limits_{n=1}^{\infty} u_n$ 发散.

例 2　讨论 p 级数

$$\sum_{n=1}^{\infty} \frac{1}{n^p} = 1 + \frac{1}{2^p} + \frac{1}{3^p} + \frac{1}{4^p} + \cdots + \frac{1}{n^p} + \cdots$$

的敛散性，其中常数 $p>0$.

解　若 $p \leq 1$，这时 $\dfrac{1}{n^p} \geq \dfrac{1}{n} (n=1,2,\cdots)$，而调和级数 $\sum\limits_{n=1}^{\infty} \dfrac{1}{n}$ 发散，由比较判别法知，当 $p \leq 1$ 时 p 级数发散.

若 $p>1$，则当 $x \in [n-1, n]$ 时，有 $\dfrac{1}{n^p} \leq \dfrac{1}{x^p}$，此时

$$\frac{1}{n^p} = \int_{n-1}^{n} \frac{1}{n^p} dx \leq \int_{n-1}^{n} \frac{1}{x^p} dx = \frac{1}{1-p} x^{1-p} \Big|_{n-1}^{n} = \frac{1}{p-1}\Big[\frac{1}{(n-1)^{p-1}} - \frac{1}{n^{p-1}}\Big].$$

对于级数 $\sum\limits_{n=2}^{\infty} \Big[\dfrac{1}{(n-1)^{p-1}} - \dfrac{1}{n^{p-1}}\Big]$，其部分和

$$s_n = \Big[1 - \frac{1}{2^{p-1}}\Big] + \Big[\frac{1}{2^{p-1}} - \frac{1}{3^{p-1}}\Big] + \cdots + \Big[\frac{1}{n^{p-1}} - \frac{1}{(n+1)^{p-1}}\Big] = 1 - \frac{1}{(n+1)^{p-1}}.$$

因为 $\lim\limits_{n\to\infty} s_n = \lim\limits_{n\to\infty}\Big[1 - \dfrac{1}{(n+1)^{p-1}}\Big] = 1$，所以级数 $\sum\limits_{n=2}^{\infty} \Big[\dfrac{1}{(n-1)^{p-1}} - \dfrac{1}{n^{p-1}}\Big]$ 收敛，从而根据比较判别法的推论可知，p 级数当 $p>1$ 时收敛.

综上所述，p 级数当 $p \leq 1$ 时发散，当 $p>1$ 时收敛.

在实际使用上，比较判别法的下述极限形式通常更为方便.

定理 3（比较判别法的极限形式）　设 $\sum\limits_{n=1}^{\infty} u_n$ 和 $\sum\limits_{n=1}^{\infty} v_n$ 都是正项级数，有

$$\lim_{n\to\infty} \frac{u_n}{v_n} = l, \tag{1}$$

（1）如果 $0 < l < +\infty$，则级数 $\sum\limits_{n=1}^{\infty} u_n$ 与级数 $\sum\limits_{n=1}^{\infty} v_n$ 有相同的敛散性；

（2）如果 $l=0$，且级数 $\sum\limits_{n=1}^{\infty} v_n$ 收敛，则级数 $\sum\limits_{n=1}^{\infty} u_n$ 收敛；

(3) 如果 $l = +\infty$，且级数 $\sum\limits_{n=1}^{\infty} v_n$ 发散，则级数 $\sum\limits_{n=1}^{\infty} u_n$ 发散.

证 (1) 由式(1)，对 $\forall \varepsilon > 0, \exists N > 0$，当 $n > N$ 时，恒有 $\left| \dfrac{u_n}{v_n} - l \right| < \varepsilon$，即

$$(l - \varepsilon)v_n < u_n < (l + \varepsilon)v_n . \tag{2}$$

设 $\varepsilon < l$，由比较判别法的推论及式(2)可得，当 $0 < l < +\infty$ 时，级数 $\sum\limits_{n=1}^{\infty} u_n$ 与级数 $\sum\limits_{n=1}^{\infty} v_n$ 有相同的敛散性;

(2) 当 $l = 0$ 时，由式(2)的右半部分以及比较判别法的推论，可得级数 $\sum\limits_{n=1}^{\infty} v_n$ 收敛，则级数 $\sum\limits_{n=1}^{\infty} u_n$ 收敛;

(3) 若 $l = +\infty$，即对 $\forall M > 0, \exists N > 0$，当 $n > N$ 时，恒有 $\dfrac{u_n}{v_n} > M$，即 $u_n > Mv_n$，由比较判别法的推论，可得级数 $\sum\limits_{n=1}^{\infty} v_n$ 发散，则级数 $\sum\limits_{n=1}^{\infty} u_n$ 发散.

例 3 判别级数 $\sum\limits_{n=1}^{\infty} \sin \dfrac{1}{n}$ 的敛散性.

解 因为

$$\lim_{n \to \infty} \frac{\sin \dfrac{1}{n}}{\dfrac{1}{n}} = 1 > 0 ,$$

而级数 $\sum\limits_{n=1}^{\infty} \dfrac{1}{n}$ 发散，根据定理 3，级数 $\sum\limits_{n=1}^{\infty} \sin \dfrac{1}{n}$ 发散.

例 4 判别级数 $\sum\limits_{n=1}^{\infty} \ln(1 + \dfrac{1}{n^2})$ 的敛散性.

解 因为

$$\lim_{n \to \infty} \frac{\ln(1 + \dfrac{1}{n^2})}{\dfrac{1}{n^2}} = 1 ,$$

而级数 $\sum\limits_{n=1}^{\infty} \dfrac{1}{n^2}$ 收敛，根据定理 3，级数 $\sum\limits_{n=1}^{\infty} \ln(1 + \dfrac{1}{n^2})$ 收敛.

由比较判别法可见，要判定一个正项级数的敛散性，可以寻找一个已知敛散性的适当级数与其比较，而等比级数和 p 级数是较为常用的比较对象. 若将等比级数作为比较对象，可以得到如下比值判别法和根值判别法.

定理 4(比值判别法，达朗贝尔判别法) 设 $\sum\limits_{n=1}^{\infty} u_n$ 为正项级数，如果

$$\lim_{n \to \infty} \frac{u_{n+1}}{u_n} = \rho , \tag{3}$$

则当 $\rho < 1$ 时级数收敛;当 $\rho > 1$(或 $\lim\limits_{n\to\infty}\dfrac{u_{n+1}}{u_n}=\infty$)时级数发散;当 $\rho = 1$ 时级数可能收敛也可能发散.

证 （1）当 $\rho < 1$ 时,取适当小的正数 ε ,使 $\rho + \varepsilon = r < 1$.由式(3)可知,对上述 ε , $\exists N > 0$,当 $n \geq N$ 时,恒有 $\left|\dfrac{u_{n+1}}{u_n} - \rho\right| < \varepsilon$,即

$$\frac{u_{n+1}}{u_n} < \rho + \varepsilon = r ,$$

则

$$u_{N+1} < ru_N , u_{N+2} < ru_{N+1} < r^2u_N , \cdots , u_{N+k} < ru_{N+k-1} < r^ku_N , \cdots .$$

又因 $r < 1$, u_N 为常数,则 $\sum\limits_{k=1}^{\infty} r^ku_N$ 是公比小于1的等比级数,是收敛的,由定理2的推论可知,级数 $\sum\limits_{n=1}^{\infty}u_n$ 收敛.

（2）当 $\rho > 1$ 时,取适当小的正数 ε ,使 $\rho - \varepsilon = r > 1$.由式(3)可知,对上述 ε , $\exists N > 0$, 当 $n \geq N$ 时,有 $\dfrac{u_{n+1}}{u_n} > \rho - \varepsilon > 1$,即

$$u_{n+1} > u_n .$$

所以当 $n \geq N$ 时, u_n 逐渐增加,从而 $\lim\limits_{n\to\infty}u_n \neq 0$,则级数 $\sum\limits_{n=1}^{\infty}u_n$ 发散.

（3）当 $\rho = 1$ 时级数可能收敛也可能发散. 例如 p 级数,恒有

$$\lim_{n\to\infty}\frac{u_{n+1}}{u_n} = \lim_{n\to\infty}\left(\frac{n}{n+1}\right)^p = 1 ,$$

但 p 级数当 $p \leq 1$ 时发散,当 $p > 1$ 时收敛.

例5 判别级数 $1 + \dfrac{1}{1} + \dfrac{1}{2!} + \dfrac{1}{3!} + \cdots + \dfrac{1}{(n-1)!} + \cdots$ 的敛散性.

解 因为

$$\lim_{n\to\infty}\frac{u_{n+1}}{u_n} = \lim_{n\to\infty}\frac{(n-1)!}{n!} = \lim_{n\to\infty}\frac{1}{n} = 0 < 1 ,$$

根据比值判别法可知级数收敛.

例6 判别级数 $\sum\limits_{n=1}^{\infty} \dfrac{n^n}{n^k}$ 的敛散性.

解 因为

$$\lim_{n\to\infty}\frac{u_{n+1}}{u_n} = \lim_{n\to\infty}(n+1)\left(1+\frac{1}{n}\right)^n\left(\frac{n}{n+1}\right)^k = \infty,$$

根据比值判别法可知级数发散.

比值判别式无须借助其他级数,仅由自身即可判定级数的敛散性,使用方便,但是当 $\rho = 1$ 时,比值判别法失效,必须用其他方法来判别级数的敛散性.

例7 判别级数 $\sum\limits_{n=1}^{\infty} \dfrac{1}{(2n-1)\cdot 2n}$ 的敛散性.

解 因为

$$\lim_{n \to \infty} \frac{u_{n+1}}{u_n} = \lim_{n \to \infty} \frac{(2n-1) \cdot 2n}{(2n+1) \cdot (2n+2)} = 1 ,$$

这时 $\rho = 1$，比值判别法失效. 由于

$$\frac{1}{(2n-1) \cdot 2n} < \frac{1}{n^2} ,$$

而级数 $\sum_{n=1}^{\infty} \frac{1}{n^2}$ 收敛，因此由比较判别法可知级数收敛.

定理 5（根值判别法，柯西判别法） 设 $\sum_{n=1}^{\infty} u_n$ 是正项级数，如果

$$\lim_{n \to \infty} \sqrt[n]{u_n} = \rho ,$$

则当 $\rho < 1$ 时级数收敛；当 $\rho > 1$（或 $\lim_{n \to \infty} \sqrt[n]{u_n} = +\infty$）时级数发散；当 $\rho = 1$ 时级数可能收敛也可能发散.

例 8 证明级数 $1 + \frac{1}{2^2} + \frac{1}{3^3} + \cdots + \frac{1}{n^n} + \cdots$ 是收敛的.

证 因为

$$\lim_{n \to \infty} \sqrt[n]{u_n} = \lim_{n \to \infty} \sqrt[n]{\frac{1}{n^n}} = \lim_{n \to \infty} \frac{1}{n} = 0 < 1 ,$$

所以由根值判别法可知级数收敛.

例 9 判别级数 $\sum_{n=1}^{\infty} \frac{a^n}{n^p} (a \geqslant 0)$ 的敛散性.

解 因为

$$\lim_{n \to \infty} \sqrt[n]{u_n} = \lim_{n \to \infty} \frac{a}{(\sqrt[n]{n})^p} = a ,$$

由根值判别法知，当 $0 \leqslant a < 1$ 时级数收敛；当 $a > 1$ 时级数发散；当 $a = 1$ 时，原级数为 p 级数，当 $p \leqslant 1$ 时发散，当 $p > 1$ 时收敛.

例 10 设 $\sum_{n=1}^{\infty} u_n$ 为正项级数，试证明：

(1) 如果 $\lim_{n \to \infty} n u_n = l > 0$（或 $\lim_{n \to \infty} n u_n = +\infty$），则级数 $\sum_{n=1}^{\infty} u_n$ 发散；

(2) 如果 $p > 1$，而 $\lim_{n \to \infty} n^p u_n = l$（$0 \leqslant l < +\infty$），则级数 $\sum_{n=1}^{\infty} u_n$ 收敛.

证 (1) 在定理 3 中，取 $v_n = \frac{1}{n}$，因为调和级数 $\sum_{n=1}^{\infty} \frac{1}{n}$ 发散，则级数 $\sum_{n=1}^{\infty} u_n$ 发散；

(2) 在定理 3 中，取 $v_n = \frac{1}{n^p}$，当 $p > 1$ 时，p 级数收敛，则级数 $\sum_{n=1}^{\infty} u_n$ 收敛.

上述结论也被称为**极限判别法**，结论可以直接用于级数敛散性的判别.

例 11 判别级数 $\sum_{n=1}^{\infty} \ln(1 + \frac{1}{n^2})$ 的敛散性.

解　因为 $\ln\left(1 + \dfrac{1}{n^2}\right) \sim \dfrac{1}{n^2}(n \to \infty)$，故

$$\lim_{n\to\infty}n^2 u_n = \lim_{n\to\infty}n^2\ln\left(1 + \frac{1}{n^2}\right) = \lim_{n\to\infty}n^2 \cdot \frac{1}{n^2} = 1，$$

根据极限判别法，可得级数收敛.

二、交错级数及其敛散性的判别法

定义 1　给定一个级数，如果它的各项是正负交错的，则称为**交错级数**.交错级数的一般

形式为 $\displaystyle\sum_{n=1}^{\infty}(-1)^{n-1}u_n$ 或 $\displaystyle\sum_{n=1}^{\infty}(-1)^n u_n$，其中 $u_n > 0$.

例如，

$$1 - 1 + 1 - 1 + 1 - 1 + \cdots，$$

$$\sum_{n=1}^{\infty}(-1)^{n-1}\frac{1}{n} = 1 - \frac{1}{2} + \frac{1}{3} - \frac{1}{4} + \cdots$$

均为交错级数，但 $\displaystyle\sum_{n=1}^{\infty}(-1)^{n-1}\dfrac{1 - \cos n\pi}{n}$ 不是交错级数，因为其偶数项为零. 关于交错级

数，有如下敛散性的判别法.

定理 6（莱布尼兹判别法）　如果交错级数 $\displaystyle\sum_{n=1}^{\infty}(-1)^{n-1}u_n$ 满足条件：

(1) $u_n \geqslant u_{n+1}(n = 1, 2, 3, \cdots)$；

(2) $\lim\limits_{n\to\infty}u_n = 0$，

则级数收敛，且其和 $s \leqslant u_1$，其余项 r_n 的估计式 $|r_n| \leqslant u_{n+1}$.

证　根据级数收敛的定义，只要证明部分和数列 $\{s_n\}$ 收敛即可，为此下面先证明

$\{s_{2n}\}$ 极限存在，再证明 $\{s_{2n+1}\}$ 极限也存在，且二者极限相等.考察 s_{2n} 的如下两种形式：

$$s_{2n} = (u_1 - u_2) + (u_3 - u_4) + \cdots + (u_{2n-1} - u_{2n}) \geqslant 0；$$

$$s_{2n} = u_1 - (u_2 - u_3) - (u_4 - u_5) - \cdots - (u_{2n-2} - u_{2n-1}) - u_{2n} \leqslant u_1.$$

可看出数列 $\{s_{2n}\}$ 单调增加且有界，所以数列 $\{s_{2n}\}$ 收敛.设其极限为 s，则

$$\lim_{n\to\infty}s_{2n} = s \leqslant u_1.$$

再证明 $\{s_{2n+1}\}$ 的极限也是 s.因为

$$s_{2n+1} = s_{2n} + u_{2n+1}，$$

由条件(2)可知

$$\lim_{n\to\infty}s_{2n+1} = \lim_{n\to\infty}s_{2n} + \lim_{n\to\infty}u_{2n+1} = s + 0 = s，$$

则级数的部分和数列 $\{s_n\}$ 收敛，即级数收敛于和 s，且 $s \leqslant u_1$.

又因为

$$r_n = (-1)^n(u_{n+1} - u_{n+2} + \cdots)，$$

其绝对值 $|r_n| = u_{n+1} - u_{n+2} + \cdots$ 也是一个满足条件(1)和(2)的交错级数，所以其和小于级

数的第一项，即 $|r_n| \leqslant u_{n+1}$ 成立.

例 12　讨论级数 $\displaystyle\sum_{n=1}^{\infty}(-1)^{n-1}\dfrac{\sqrt{n}}{n+1}$ 的敛散性.

解　这是交错级数，又因为当 $x > 1$ 时，

$$\left(\frac{\sqrt{x}}{x+1}\right)' = \frac{1-x}{2\sqrt{x}\,(x+1)^2} < 0,$$

函数 $\frac{\sqrt{x}}{x+1}$ 单调减少,即 $u_n > u_{n+1}$,又有

$$\lim_{n \to \infty} u_n = \lim_{n \to \infty} \frac{\sqrt{n}}{n+1} = 0,$$

由莱布尼兹判别法知级数收敛.

例 13 证明级数 $\sum_{n=1}^{\infty} (-1)^{n-1} \frac{1}{n}$ 收敛,并估计和及余项.

证 这是一个交错级数,且此级数满足

(1) $u_n = \frac{1}{n} > \frac{1}{n+1} = u_{n+1}(n = 1,2,3,\cdots)$; (2) $\lim_{n \to \infty} u_n = \lim_{n \to \infty} \frac{1}{n} = 0$.

由莱布尼兹判别法可知,级数是收敛的,且其和 $s \le u_1 = 1$,余项 $|r_n| \le u_{n+1} = \frac{1}{n+1}$.

三、绝对收敛与条件收敛

下面我们讨论一般的任意项级数的敛散性.所谓**任意项级数**,是指级数的各项可以随意地取正数、负数或零.为了方便任意项级数敛散性的讨论,引入绝对收敛与条件收敛的概念.

定义 2 将任意项级数 $\sum_{n=1}^{\infty} u_n$ 的各项取绝对值得到级数 $\sum_{n=1}^{\infty} |u_n|$,

(1) 若级数 $\sum_{n=1}^{\infty} |u_n|$ 收敛,则称级数 $\sum_{n=1}^{\infty} u_n$ **绝对收敛**;

(2) 若级数 $\sum_{n=1}^{\infty} u_n$ 收敛,而级数 $\sum_{n=1}^{\infty} |u_n|$ 发散,则称级数 $\sum_{n=1}^{\infty} u_n$ **条件收敛**.

例如,级数 $\sum_{n=1}^{\infty} (-1)^{n-1} \frac{1}{n^2}$ 是绝对收敛的,而级数 $\sum_{n=1}^{\infty} (-1)^{n-1} \frac{1}{n}$ 是条件收敛的.

一个任意项级数 $\sum_{n=1}^{\infty} u_n$ 各项取绝对值所得级数 $\sum_{n=1}^{\infty} |u_n|$ 为正项级数,我们关心的是,任意项级数 $\sum_{n=1}^{\infty} u_n$ 与正项级数 $\sum_{n=1}^{\infty} |u_n|$ 的敛散性之间是否存在联系.

定理 7 如果级数 $\sum_{n=1}^{\infty} u_n$ 绝对收敛,则级数 $\sum_{n=1}^{\infty} u_n$ 必定收敛.

证 令

$$v_n = \frac{1}{2}(u_n + |u_n|) = \begin{cases} u_n, u_n \ge 0, \\ 0, u_n < 0, \end{cases} (n = 1,2,\cdots) ,$$

则 $|u_n| \ge v_n \ge 0$.由于级数 $\sum_{n=1}^{\infty} |u_n|$ 收敛,根据正项级数的比较判别法可知,级数 $\sum_{n=1}^{\infty} v_n$ 收敛,而 $u_n = 2v_n - |u_n|$,由收敛级数的基本性质可知,级数 $\sum_{n=1}^{\infty} u_n$ 也收敛.

注 由定理 7 可知,级数绝对收敛是收敛的充分条件,因此判断一个任意项级数的敛散

性,可以先判断其是否绝对收敛,即判断级数 $\sum\limits_{n=1}^{\infty}|u_n|$ 的敛散性.这样,我们可以借助正项级数的敛散性判别法来判断一部分任意项级数的敛散性.但是上述定理的逆命题是不成立的,即已知级数收敛,则其未必绝对收敛.例如,级数 $\sum\limits_{n=1}^{\infty}(-1)^{n-1}\dfrac{1}{n}$ 是收敛的,但是其绝对值级数 $\sum\limits_{n=1}^{\infty}\dfrac{1}{n}$ 却是发散的.

换句话说,如果级数 $\sum\limits_{n=1}^{\infty}|u_n|$ 发散,不能判定级数 $\sum\limits_{n=1}^{\infty}u_n$ 也发散.但是,如果用比值判别法或根值判别法判定级数 $\sum\limits_{n=1}^{\infty}|u_n|$ 发散,则可以判定级数 $\sum\limits_{n=1}^{\infty}u_n$ 必定发散.这是因为,此时 $|u_n|$ 不趋向于零,从而 u_n 也不趋向于零,因此级数 $\sum\limits_{n=1}^{\infty}u_n$ 是发散的.

例 14　判定级数 $\sum\limits_{n=1}^{\infty}\dfrac{\cos n^2}{n^3}$ 的敛散性.如果收敛,是条件收敛还是绝对收敛?

解　因为 $\left|\dfrac{\cos n^2}{n^3}\right|\leqslant\dfrac{1}{n^3}$,而级数 $\sum\limits_{n=1}^{\infty}\dfrac{1}{n^3}$ 是收敛的,所以级数 $\sum\limits_{n=1}^{\infty}\left|\dfrac{\cos n^2}{n^3}\right|$ 也收敛,从而级数 $\sum\limits_{n=1}^{\infty}\dfrac{\cos n^2}{n^3}$ 绝对收敛.

例 15　判别级数 $\sum\limits_{n=1}^{\infty}(-1)^n\dfrac{1}{2^n}\left(1+\dfrac{1}{n}\right)^{n^2}$ 的敛散性.

解　由 $|u_n|=\dfrac{1}{2^n}\left(1+\dfrac{1}{n}\right)^{n^2}$,有 $\lim\limits_{n\to\infty}\sqrt[n]{|u_n|}=\dfrac{1}{2}\lim\limits_{n\to\infty}\left(1+\dfrac{1}{n}\right)^n=\dfrac{1}{2}\mathrm{e}>1$,可知 $\lim\limits_{n\to\infty}u_n\neq0$,因此级数 $\sum\limits_{n=1}^{\infty}(-1)^n\dfrac{1}{2^n}\left(1+\dfrac{1}{n}\right)^{n^2}$ 发散.

例 16　判别级数 $\sum\limits_{n=1}^{\infty}\dfrac{(-1)^n}{n^p}$ 的敛散性.如果收敛,是条件收敛还是绝对收敛?

解　因为 $|u_n|=\dfrac{1}{n^p}$,

(1) 当 $p>1$ 时,级数 $\sum\limits_{n=1}^{\infty}\dfrac{1}{n^p}$ 收敛,故原级数绝对收敛;

(2) 当 $0<p\leqslant1$ 时,级数 $\sum\limits_{n=1}^{\infty}\dfrac{1}{n^p}$ 发散.又由于 $\dfrac{1}{n^p}>\dfrac{1}{(n+1)^p}$,且 $\lim\limits_{n\to\infty}\dfrac{1}{n^p}=0$,故原级数为条件收敛;

(3) 当 $p\leqslant0$ 时,$\lim\limits_{n\to\infty}u_n=\lim\limits_{n\to\infty}\dfrac{(-1)^n}{n^p}\neq0$,故原级数发散.

习题 12-2

1.写出下列级数部分和数列的前三项：

(1) $\displaystyle\sum_{n=1}^{\infty} \frac{2n+1}{n^2\sqrt{n(n+1)}}$;

(2) $\displaystyle\sum_{n=1}^{\infty} \frac{(\ln2)^{n-1}}{(n+1)!}$.

2.用比较判别法判断下列正项级数的敛散性：

(1) $\displaystyle\sum_{n=1}^{\infty} \frac{1}{\sqrt{n(n+1)}}$;

(2) $\displaystyle\sum_{n=1}^{\infty} \frac{1}{n^n}$;

(3) $\displaystyle\sum_{n=1}^{\infty} \sin\frac{\pi}{2^n}$;

(4) $\displaystyle\sum_{n=1}^{\infty} \frac{1}{\sqrt{n^2+n-1}}$;

(5) $\displaystyle\sum_{n=1}^{\infty} \frac{3}{2^n-n}$;

(6) $\displaystyle\sum_{n=1}^{\infty} \tan\frac{1}{n^2}$;

(7) $\displaystyle\sum_{n=1}^{\infty} \sqrt{n+1}\left(1-\cos\frac{\pi}{n}\right)$;

(8) $\displaystyle\sum_{n=1}^{\infty} \frac{\sin\frac{1}{n}}{2^n}$.

3.用比值判别法判断下列正项级数的敛散性：

(1) $\displaystyle\frac{1}{10}+\frac{1\cdot2}{10^2}+\frac{1\cdot2\cdot3}{10^3}+\cdots+\frac{n!}{10^n}+\cdots$;

(2) $\displaystyle\sum_{n=1}^{\infty} \frac{2^n}{n!}$;

(3) $\displaystyle\sum_{n=1}^{\infty} 3^n\tan\frac{\pi}{2^n}$;

(4) $\displaystyle\sum_{n=1}^{\infty} \frac{1\cdot3\cdots(2n-1)}{n!}$;

(5) $\displaystyle\sum_{n=1}^{\infty} \frac{2\cdot5\cdot8\cdots(3n-1)}{1\cdot5\cdot9\cdots(4n-3)}$.

4.用根值判别法判断下列正项级数的敛散性：

(1) $\displaystyle\sum_{n=1}^{\infty} \frac{2+(-1)^n}{2^n}$;

(2) $\displaystyle\sum_{n=1}^{\infty} \frac{n^{\ln n}}{(\ln n)^n}$;

(3) $\displaystyle\sum_{n=1}^{\infty} 2^n\left(1-\frac{1}{n+1}\right)^{n^2}$;

(4) $\displaystyle\sum_{n=1}^{\infty} \left(\frac{n}{2n+1}\right)^n$.

5.判断下列任意项级数的敛散性,如果是收敛的,是绝对收敛还是条件收敛?

(1) $\displaystyle\sum_{n=1}^{\infty} \frac{\sin na}{n^2}$;

(2) $\displaystyle\sum_{n=1}^{\infty} \sin\frac{(-1)^n}{n^2}$;

(3) $\displaystyle\sum_{n=1}^{\infty} (-1)^n\frac{n}{n+1}$;

(4) $\displaystyle\sum_{n=1}^{\infty} \frac{(-1)^n\ln(n+1)}{n+1}$;

(5) $\displaystyle\sum_{n=1}^{\infty} (-1)^n\frac{1}{\sqrt[3]{n}}$;

(6) $\displaystyle\sum_{n=1}^{\infty} (-1)^n\frac{2^n}{3^n+1}$;

(7) $\displaystyle\sum_{n=1}^{\infty} \frac{(-1)^n}{\sqrt{n}}+\frac{1}{n}$;

(8) $\displaystyle\sum_{n=1}^{\infty} (-1)^n\frac{(\ln n)^n}{n^{\ln n}}$.

第三节 幂 级 数

一、函数项级数的概念

前面几节所讨论的级数都是常数项级数,在实际应用中,还会常遇到函数项级数.接下来将先介绍函数项级数的一般概念,然后重点研究一类应用非常广泛的函数项级数——幂级数.

定义 1 给定一个定义在区间 I 上的函数列 $\{u_n(x)\}$,由该函数列构成的表达式

$$u_1(x) + u_2(x) + u_3(x) + \cdots + u_n(x) + \cdots, \tag{1}$$

称为定义在区间 I 上的(函数项)无穷级数,简称(**函数项**)**级数**,记为 $\sum\limits_{n=1}^{\infty} u_n(x)$.

对于区间 I 上的一定点 x_0,代入式(1)可得如下常数项级数

$$u_1(x_0) + u_2(x_0) + u_3(x_0) + \cdots + u_n(x_0) + \cdots. \tag{2}$$

若常数项级数(2)收敛,则称点 x_0 为函数项级数(1)的一个**收敛点**,或者称函数项级数(1)在点 x_0 收敛;若常数项级数(2)发散,则称点 x_0 为函数项级数(1)的一个**发散点**,或称函数项级数(1)在点 x_0 发散.

定义 2 函数项级数 $\sum\limits_{n=1}^{\infty} u_n(x)$ 的所有收敛点的全体构成的集合 $D(D \subset I)$ 称为它的**收敛域**,所有发散点的全体构成的集合 $F(F \subset I)$ 称为它的**发散域**.

在收敛域上任一点 $x \in D$,函数项级数 $\sum\limits_{n=1}^{\infty} u_n(x)$ 成为收敛的常数项级数,有一确定的和 s.因此,在收敛域上,函数项级数 $\sum\limits_{n=1}^{\infty} u_n(x)$ 的和是 x 的函数 $s(x)$,称 $s(x)$ 为函数项级数 $\sum\limits_{n=1}^{\infty} u_n(x)$ 的**和函数**,其定义域为级数的收敛域,并写成

$$s(x) = \sum_{n=1}^{\infty} u_n(x), \ x \in D.$$

若记级数(1)的前 n 项和为 $s_n(x)$,则在其收敛域 D 上有

$$\lim_{n \to \infty} s_n(x) = s(x),$$

当 $x \in D$ 时,函数项级数 $\sum\limits_{n=1}^{\infty} u_n(x)$ 的和函数 $s(x)$ 与部分和 $s_n(x)$ 的差

$$r_n(x) = s(x) - s_n(x)$$

叫作函数项级数 $\sum\limits_{n=1}^{\infty} u_n(x)$ 的余项.显然,在收敛域上有 $\lim\limits_{n \to \infty} r_n(x) = 0$.

例如, $\sum\limits_{n=1}^{\infty} x^{n-1} = 1 + x + \cdots + x^{n-1} + \cdots$ 是定义在 $(-\infty, +\infty)$ 上的函数项级数.

当 $|x| \geqslant 1$ 时,它是公比不小于 1 的等比级数,从而发散;当 $|x| < 1$ 时,它是公比小于 1 的等比级数,从而收敛,且和函数 $s(x) = \lim\limits_{n \to \infty} \dfrac{1-x^n}{1-x} = \dfrac{1}{1-x}$,所以级数的收敛域是 $(-1,1)$,其和函数为

$$s(x) = \frac{1}{1-x}, \ x \in (-1, 1),$$

余项为

$$r_n(x) = x^n + x^{n+1} + \cdots + x^{n+k-1} + \cdots = \lim_{k \to \infty} \frac{x^n(1-x^k)}{1-x} = \frac{x^n}{1-x}, \ x \in (-1, 1).$$

二、幂级数及其敛散性

有一类函数项级数，其形式与运算都很简单，但在理论与应用上又很重要，这就是幂级数.

定义 3 称形如

$$\sum_{n=0}^{\infty} a_n (x - x_0)^n = a_0 + a_1(x - x_0) + a_2 (x - x_0)^2 + \cdots + a_n (x - x_0)^n + \cdots \quad (3)$$

的函数项级数为幂级数的一般形式，其中 x_0 是某定数. 当 $x_0 = 0$ 时，(3) 变为形如

$$\sum_{n=0}^{\infty} a_n x^n = a_0 + a_1 x + a_2 x^2 + \cdots + a_n x^n + \cdots \quad (4)$$

的**幂级数**，其中常数 $a_0, a_1, a_2, \cdots$ 叫作幂级数的系数. 而只要作变量代换 $t = x - x_0$，即可将式 (3) 化为式 (4)，故只需对幂级数 (4) 进行研究. 例如

$$1 + x + x^2 + \cdots + x^n + \cdots,$$

$$1 - x + \frac{1}{2^2}x^2 - \cdots + \frac{(-1)^n}{n^2}x^n + \cdots$$

均为幂级数.

对于给定的幂级数，我们首先关心的仍然是它的敛散性问题，即它的收敛域和发散域的判定. 显然任意一个幂级数 (4) 在 $x = 0$ 点总是收敛的，除此之外，它还在哪些点收敛？我们有如下定理：

定理 1（阿贝尔定理） 如果级数 $\sum\limits_{n=0}^{\infty} a_n x^n$ 当 $x = x_0 (x_0 \neq 0)$ 时收敛，则对于满足不等式 $|x| < |x_0|$ 的一切 x，幂级数绝对收敛. 反之，如果级数 $\sum\limits_{n=0}^{\infty} a_n x^n$ 当 $x = x_0$ 时发散，则对于满足不等式 $|x| > |x_0|$ 的一切 x，幂级数发散.

证 设 x_0 是幂级数 $\sum\limits_{n=0}^{\infty} a_n x^n$ 的收敛点，即级数 $\sum\limits_{n=0}^{\infty} a_n x_0^n$ 收敛. 根据级数收敛的必要条件，有 $\lim\limits_{n \to \infty} a_n x_0^n = 0$，于是 $\exists M > 0$，使

$$|a_n x_0^n| \leq M (n = 1, 2, 3, \cdots),$$

则级数 $\sum\limits_{n=0}^{\infty} a_n x^n$ 的一般项的绝对值

$$|a_n x^n| = \left| a_n x_0^n \cdot \frac{x^n}{x_0^n} \right| \leq M \left| \frac{x}{x_0} \right|^n.$$

当 $|x| < |x_0|$ 时，等比级数 $\sum\limits_{n=0}^{\infty} M \cdot \left| \frac{x}{x_0} \right|^n$ 收敛，所以级数 $\sum\limits_{n=0}^{\infty} |a_n x^n|$ 收敛，也就是级数 $\sum\limits_{n=0}^{\infty} a_n x^n$ 绝对收敛.

接下来用反证法证明定理的第二部分.若当 $x = x_0$ 时幂级数发散,而有一点 x_1 满足 $|x_1| > |x_0|$ 使级数收敛,则根据本定理的第一部分,当 $x = x_0$ 时幂级数应收敛,这与假设矛盾.所以当 $|x| > |x_0|$ 时,幂级数均发散.

上述定理表明,若已知幂级数的收敛点 x_1 和发散点 x_2,则幂级数在开区间 $(-|x_1|, |x_1|)$ 内绝对收敛,在 $(-\infty, -|x_2|) \cup (|x_2|, +\infty)$ 内发散.需要注意的是,幂级数在 x_1 点的收敛性并不能保证它在其对称点 $-x_1$ 的收敛性.例如,幂级数

$$\sum_{n=0}^{\infty} (-1)^n \frac{x^n}{n} = 1 - x + \frac{x^2}{2} - \cdots,$$

当 $x = 1$ 时是收敛的交错级数,而当 $x = -1$ 时是发散的调和级数.

推论 如果幂级数 $\sum_{n=0}^{\infty} a_n x^n$ 既有收敛点又有发散点,则必存在唯一的正数 R,使得

当 $|x| < R$ 时,幂级数绝对收敛;

当 $|x| > R$ 时,幂级数发散;

当 $x = \pm R$ 时,幂级数可能收敛也可能发散.

定义 4 称上述正数 R 为幂级数 $\sum_{n=0}^{\infty} a_n x^n$ 的**收敛半径**,称开区间 $(-R, R)$ 为幂级数 $\sum_{n=0}^{\infty} a_n x^n$ 的**收敛区间**.特别地,当幂级数仅在原点收敛时,称其收敛半径 $R = 0$;当幂级数处处收敛时,称其收敛半径 $R = +\infty$.

注 幂级数 $\sum_{n=0}^{\infty} a_n x^n$ 的收敛域是以原点为中心的区间,它与收敛区间未必一致,其收敛域必为 $(-R, R)$、$[-R, R]$、$[-R, R)$ 或 $(-R, R]$ 其中之一.

例如,幂级数

$$\sum_{n=0}^{\infty} (-1)^n \frac{x^n}{n} = 1 - x + \frac{x^2}{2} - \cdots$$

当 $x = 1$ 时收敛,$x = -1$ 时发散,则其收敛域为 $(-1, 1]$.

显然,求幂级数收敛域的关键是先求出其收敛半径,然后判断其在 $x = \pm R$ 处的敛散性,接下来给出求幂级数收敛半径的定理.

定理 2 若幂级数 $\sum_{n=0}^{\infty} a_n x^n$ 相邻两项的系数 a_n、a_{n+1} 满足 $\lim_{n \to \infty} \left| \frac{a_{n+1}}{a_n} \right| = \rho$,则幂级数的收敛半径为

$$R = \begin{cases} +\infty, & \rho = 0, \\ \dfrac{1}{\rho}, & 0 < \rho < +\infty, \\ 0, & \rho = +\infty. \end{cases}$$

证 考虑幂级数的绝对值级数 $\sum_{n=0}^{\infty} |a_n x^n|$,应用比值判别法

$$\lim_{n \to \infty} \frac{|a_{n+1} x^{n+1}|}{|a_n x^n|} = \lim_{n \to \infty} \left| \frac{a_{n+1}}{a_n} \right| \cdot |x| = \rho |x|.$$

(1) 如果 $\rho = 0$,则幂级数总是收敛的,故 $R = +\infty$;

(2) 如果 $0 < \rho < + \infty$,则只当 $\rho |x| < 1$ 时幂级数收敛,故 $R = \dfrac{1}{\rho}$;

(3) 如果 $\rho = + \infty$,则只当 $x = 0$ 时幂级数收敛,故 $R = 0$.

例 1 求幂级数 $\displaystyle\sum_{n=1}^{\infty} \dfrac{n}{3^n} x^n$ 的收敛半径与收敛域.

解 因为

$$\rho = \lim_{n \to \infty} \left| \frac{a_{n+1}}{a_n} \right| = \lim_{n \to \infty} \frac{\dfrac{n+1}{3^{n+1}}}{\dfrac{n}{3^n}} = \lim_{n \to \infty} \frac{n+1}{3n} = \frac{1}{3},$$

所以收敛半径为 $R = \dfrac{1}{\rho} = 3.$

当 $x = 3$ 时,幂级数成为 $\displaystyle\sum_{n=1}^{\infty} n$,是发散的;

当 $x = -3$ 时,幂级数成为 $\displaystyle\sum_{n=1}^{\infty} (-1)^n n$,是发散的.因此,收敛域为 $(-3, 3)$.

例 2 求幂级数 $\displaystyle\sum_{n=1}^{\infty} \dfrac{1}{n!} x^n$ 的收敛域.

解 因为

$$\rho = \lim_{n \to \infty} \left| \frac{a_{n+1}}{a_n} \right| = \lim_{n \to \infty} \frac{\dfrac{1}{(n+1)!}}{\dfrac{1}{n!}} = \lim_{n \to \infty} \frac{n!}{(n+1)!} = 0,$$

所以收敛半径为 $R = + \infty$,从而收敛域为 $(-\infty, + \infty)$.

例 3 求幂级数 $1 + x + (2x)^2 + \cdots + (nx)^n + \cdots$ 的收敛半径.

解 因为

$$\rho = \lim_{n \to \infty} \left| \frac{a_{n+1}}{a_n} \right| = \lim_{n \to \infty} \frac{(n+1)^{n+1}}{n^n} = \lim_{n \to \infty} (n+1) \left(\frac{n+1}{n} \right)^n$$

$$= \lim_{n \to \infty} (n+1) \left(1 + \frac{1}{n} \right)^n = + \infty,$$

所以收敛半径为 $R = 0$,即级数仅在 $x = 0$ 处收敛.

例 4 求幂级数 $\displaystyle\sum_{n=1}^{\infty} (-1)^{n-1} \dfrac{(2x)^{2n}}{2n}$ 的收敛半径和收敛区间.

解 奇次幂的项系数均为零,是一个缺项幂级数,不能直接应用定理 2,可根据比值判别法来求收敛半径,有

$$\lambda = \lim_{n \to \infty} \left| \frac{u_{n+1}(x)}{u_n(x)} \right| = \lim_{n \to \infty} \frac{2^{2n+2} \cdot 2n}{2^{2n} \cdot (2n+2)} |x|^2 = 4 |x|^2,$$

则 $4 |x|^2 < 1$,即 $|x| < \dfrac{1}{2}$ 时级数收敛,所以收敛半径为 $R = \dfrac{1}{2}$,收敛区间为 $\left(-\dfrac{1}{2}, \dfrac{1}{2} \right)$.

注 如果忽视级数缺项直接运用定理 2,则

$$\rho = \lim_{n \to \infty} \left| \frac{a_{n+1}}{a_n} \right| = \lim_{n \to \infty} \frac{\dfrac{2^{2n+2}}{2n+2}}{\dfrac{2^{2n}}{2n}} = \lim_{n \to \infty} \frac{4n}{n+1} = 4 ,$$

结果将导致错误.

例5 求幂级数 $\displaystyle\sum_{n=1}^{\infty} \frac{(x-2)^n}{5^n n}$ 的收敛域.

解 这是一般形式的幂级数,令 $t = x-2$,上述级数变为 $\displaystyle\sum_{n=1}^{\infty} \frac{t^n}{5^n n}$.因为

$$\rho = \lim_{n \to \infty} \left| \frac{a_{n+1}}{a_n} \right| = \lim_{n \to \infty} \frac{n}{5(n+1)} = \frac{1}{5} ,$$

所以收敛半径 $R = 5$,当 $x-2 = \pm 5$ 时,$x = -3$ 和 7,则原幂级数的收敛区间为 $(-3, 7)$.

当 $x = -3$ 时,级数为 $\displaystyle\sum_{n=1}^{\infty} \frac{(-1)^n}{n}$,此级数收敛;当 $x = 7$ 时,级数为 $\displaystyle\sum_{n=1}^{\infty} \frac{1}{n}$,此级数发散.
因此原级数的收敛域为 $[-3, 7)$.

三、幂级数的运算与性质

由于幂级数在其收敛区间内是绝对收敛的,所以幂级数在收敛区间内具有一些很好的运算性质和分析性质.

1.幂级数的四则运算

设幂级数 $\displaystyle\sum_{n=0}^{\infty} a_n x^n$ 及 $\displaystyle\sum_{n=0}^{\infty} b_n x^n$ 分别在区间 $(-R_1, R_1)$ 及 $(-R_2, R_2)$ 内收敛,其和函数分别为 $f(x)$ 及 $g(x)$,令 $R = \min\{R_1, R_2\}$,则在区间 $(-R, R)$ 内有

(1) $\displaystyle k \sum_{n=0}^{\infty} a_n x^n = \sum_{n=0}^{\infty} k a_n x^n = k f(x)$,其中 k 为常数;

(2) $\displaystyle\sum_{n=0}^{\infty} a_n x^n \pm \sum_{n=0}^{\infty} b_n x^n = \sum_{n=0}^{\infty} (a_n \pm b_n) x^n = f(x) \pm g(x)$;

(3) $\displaystyle \left(\sum_{n=0}^{\infty} a_n x^n \right) \cdot \left(\sum_{n=0}^{\infty} b_n x^n \right) = \sum_{n=0}^{\infty} \left(\sum_{i+j=n} a_i b_j \right) x^n = a_0 b_0 + (a_0 b_1 + a_1 b_0) x + (a_0 b_2 + a_1 b_1 + a_2 b_0) x^2 + \cdots + (a_0 b_n + a_1 b_{n-1} + \cdots + a_n b_0) x^n + \cdots$;

(4) $\displaystyle \frac{\sum_{n=0}^{\infty} a_n x^n}{\sum_{n=0}^{\infty} b_n x^n} = \sum_{n=0}^{\infty} c_n x^n = c_0 + c_1 x + c_2 x^2 + \cdots + c_n x^n + \cdots$.

这里假设 $b_0 \neq 0$,可以将级数 $\displaystyle\sum_{n=0}^{\infty} b_n x^n$ 和级数 $\displaystyle\sum_{n=0}^{\infty} c_n x^n$ 相乘,并令乘积中各项的系数分别等于级数 $\displaystyle\sum_{n=0}^{\infty} a_n x^n$ 中同次幂的系数,即可求出 $c_0, c_1, \cdots, c_n, \cdots$.

2.幂级数的分析性质

性质1(连续性) 幂级数 $\displaystyle\sum_{n=0}^{\infty} a_n x^n$ 的和函数 $s(x)$ 在其收敛域 I 上连续.

性质 2(可微性) 幂级数 $\sum\limits_{n=0}^{\infty} a_n x^n$ 的和函数 $s(x)$ 在其收敛区间 $(-R,R)$ 内可导,并且有逐项求导公式

$$s'(x) = \left(\sum_{n=0}^{\infty} a_n x^n\right)' = \sum_{n=0}^{\infty} (a_n x^n)' = \sum_{n=1}^{\infty} n a_n x^{n-1}(\,|x| < R)\,, \tag{5}$$

逐项求导后所得到的幂级数和原级数有相同的收敛半径.

显然,在收敛区间内可以对幂级数反复使用性质 2,即幂级数 $\sum\limits_{n=0}^{\infty} a_n x^n$ 的和函数 $s(x)$ 在其收敛区间 $(-R,R)$ 内具有任意阶导数.

性质 3(可积性) 幂级数 $\sum\limits_{n=0}^{\infty} a_n x^n$ 的和函数 $s(x)$ 在其收敛域 I 上可积,并且有逐项积分公式

$$\int_0^x s(x)\mathrm{d}x = \int_0^x \left(\sum_{n=0}^{\infty} a_n x^n\right)\mathrm{d}x = \sum_{n=0}^{\infty} \int_0^x a_n x^n \mathrm{d}x = \sum_{n=0}^{\infty} \frac{a_n}{n+1} x^{n+1}(x \in I)\,, \tag{6}$$

逐项积分后所得到的幂级数和原级数有相同的收敛半径.

例 6 求幂级数 $\sum\limits_{n=0}^{\infty} \frac{1}{n+1} x^n$ 的和函数.

解 设所求和函数为 $s(x)$,由

$$\lim_{n\to\infty}\left|\frac{a_{n+1}}{a_n}\right| = \lim_{n\to\infty}\frac{n+1}{n+2} = 1\,,$$

得幂级数的收敛半径为 $R=1$.当 $x=-1$ 时,级数为 $\sum\limits_{n=0}^{\infty}\frac{(-1)^n}{n+1}$ 收敛;当 $x=1$ 时,级数为 $\sum\limits_{n=0}^{\infty}\frac{1}{n+1}$ 发散,则幂级数的收敛域为 $[-1,1)$.因而有

$$s(x) = \sum_{n=0}^{\infty} \frac{1}{n+1} x^n\,, \ x \in [-1,1)\,.$$

显然 $s(0)=1$.在 $xs(x) = \sum\limits_{n=0}^{\infty}\frac{1}{n+1}x^{n+1}$ 的两边求导得

$$[xs(x)]' = \sum_{n=0}^{\infty}\left(\frac{1}{n+1}x^{n+1}\right)' = \sum_{n=0}^{\infty}x^n = \frac{1}{1-x}(\,|x| < 1)\,,$$

对上式从 0 到 x 积分,得

$$xs(x) = \int_0^x \frac{1}{1-x}\mathrm{d}x = -\ln(1-x)\,(-1 \leqslant x < 1)\,.$$

于是,当 $x \neq 0$ 时,有 $s(x) = -\dfrac{1}{x}\ln(1-x)$,从而

$$s(x) = \begin{cases} -\dfrac{1}{x}\ln(1-x)\,, & x \in [-1,0) \cup (0,1)\,, \\ 1\,, & x = 0. \end{cases}$$

例 7 求级数 $\sum\limits_{n=0}^{\infty}\frac{(-1)^n}{n+1}$ 的和.

解　考虑幂级数 $\sum\limits_{n=0}^{\infty} \dfrac{1}{n+1} x^n$，该级数在 $[-1,1)$ 上收敛，设其和函数为 $s(x)$，则

$$s(-1) = \sum_{n=0}^{\infty} \frac{(-1)^n}{n+1}.$$

在例 6 中已得 $s(-1) = \ln 2$，即 $\sum\limits_{n=0}^{\infty} \dfrac{(-1)^n}{n+1} = \ln 2$.

习题 12-3

1. 求下列幂级数的收敛半径：

(1) $\sum\limits_{n=0}^{\infty} \dfrac{x^n}{n}$；

(2) $\sum\limits_{n=1}^{\infty} \dfrac{x^n}{n^2 \cdot 2^n}$；

(3) $\sum\limits_{n=1}^{\infty} \dfrac{(2n)!}{(n!)^2} x^{2n}$；

(4) $\sum\limits_{n=1}^{\infty} \left(1 + \dfrac{1}{2} + \cdots + \dfrac{1}{n}\right) x^n$.

2. 求下列幂级数的收敛域：

(1) $\sum\limits_{n=0}^{\infty} n!\, x^n$；

(2) $\sum\limits_{n=0}^{\infty} \dfrac{x^n}{(n+1)5^n}$；

(3) $\sum\limits_{n=1}^{\infty} \dfrac{1}{9^n} (1-2x)^{2n}$；

(4) $\sum\limits_{n=1}^{\infty} \dfrac{(x-1)^n}{2^n n}$；

(5) $\sum\limits_{n=0}^{\infty} (x-1)^n$.

3. 求下列级数的和函数：

(1) $1 - 2x + 3x^2 - 4x^3 + \cdots + (-1)^{n-1} n x^{n-1} + \cdots$；

(2) $x - \dfrac{x^3}{3} + \dfrac{x^5}{5} - \dfrac{x^7}{7} \cdots + (-1)^{n-1} \dfrac{x^{2n-1}}{2n-1} + \cdots$；

(3) $\sum\limits_{n=1}^{\infty} (2n+1) x^{2n}$；

(4) $\sum\limits_{n=0}^{\infty} \dfrac{(n-1)^2}{n+1} x^n$.

第四节　函数展开成幂级数

一、泰勒级数

前面我们研究的方向总是从给定函数项级数出发，研究其性质并求其和函数.现在我们考虑其反问题：对于给定的函数 $f(x)$，能否找到一个函数项级数 $\sum\limits_{n=1}^{\infty} u_n(x)$，使得在某区间上恒有 $f(x) = \sum\limits_{n=1}^{\infty} u_n(x)$.也就是说，是否能找到一个函数项级数，它在某区间内收敛，且其和函数恰好就是给定的函数 $f(x)$.这件事情意义重大，如果能找到这样的函数项级数，意味着我们可以用一个级数的部分和来近似表示这个函数，而且可以控制近似的程度.

由于幂级数表示形式简单，其部分和为多项式，且收敛域简洁，同时还具有良好的运算

性质和分析性质,因此我们希望能用幂级数来表示一个函数,这样就可以用多项式去无限逼近函数,从而较好地解决近似计算问题.

定义 给定函数 $f(x)$,若存在幂级数 $\sum\limits_{n=0}^{\infty} a_n (x - x_0)^n$ 在某区间 $U(x_0)$ 内收敛,使得和函数为 $f(x)$,即

$$f(x) = \sum_{n=0}^{\infty} a_n (x - x_0)^n , \quad x \in (x_0 - R, x_0 + R) , \tag{1}$$

则称函数 $f(x)$ 在区间 $U(x_0)$ 内能展开成 $x - x_0$ 的**幂级数**.

这里包含两个问题：

（1）函数 $f(x)$ 满足什么条件可表示成幂级数？

（2）如果函数 $f(x)$ 能表示成形如式（1）的幂级数,那么系数 a_n 如何确定？

先考虑第二个问题,假设函数 $f(x)$ 在点 x_0 的某邻域内能展开成幂级数（1）,即有

$$f(x) = a_0 + a_1(x - x_0) + a_2 (x - x_0)^2 + \cdots + a_n (x - x_0)^n + \cdots , \quad x \in U(x_0) ,$$

根据幂级数的性质可知,和函数 $f(x)$ 在点 x_0 的邻域内应具有任意阶导数,且

$$f^{(n)}(x) = n! \, a_n + (n + 1)! \, a_{n+1}(x - x_0) + \frac{(n + 2)!}{2!} a_{n+2} (x - x_0)^2 + \cdots ,$$

令 $x = x_0$,可得 $f^{(n)}(x_0) = n! \, a_n$,

即

$$a_n = \frac{1}{n!} f^{(n)}(x_0) \, (n = 0,1,2,\cdots) ,$$

由此可见,如果函数 $f(x)$ 有幂级数展开式（1）,那么其幂级数展开式的系数可由函数及其各阶导数在 $x = x_0$ 处的值表示,且表示方式唯一,即为

$$f(x_0) + f'(x_0)(x - x_0) + \frac{f''(x_0)}{2!} (x - x_0)^2 + \cdots + \frac{f^{(n)}(x_0)}{n!} (x - x_0)^n + \cdots , \tag{2}$$

此时,函数 $f(x)$ 的幂级数展开式为

$$f(x) = \sum_{n=0}^{\infty} \frac{f^{(n)}(x_0)}{n!} (x - x_0)^n , \quad x \in U(x_0) . \tag{3}$$

称幂级数（2）为函数 $f(x)$ 在点 x_0 处的**泰勒级数**.幂级数展开式（3）称为函数 $f(x)$ 在点 x_0 处的**泰勒展开式**.

需要注意的是,只要函数 $f(x)$ 在点 x_0 的邻域内具有任意阶导数,就可以相应地写出一个形如（2）式的泰勒级数.但是这个泰勒级数是否收敛于 $f(x)$,则取决于 $f(x)$ 与泰勒级数（2）的部分和之差,即

$$R_n(x) = f(x) - \left[f(x_0) + f'(x_0)(x - x_0) + \cdots + \frac{f^{(n)}(x_0)}{n!} (x - x_0)^n \right]$$

是否随 $n \to \infty$ 而趋向于零.我们有如下定理.

定理 设函数 $f(x)$ 在点 x_0 的某一邻域 $U(x_0)$ 内具有任意阶导数,则 $f(x)$ 在该邻域内能展开成泰勒级数的充分必要条件是 $f(x)$ 的泰勒公式中余项 $R_n(x)$ 当 $n \to \infty$ 时的极限为零,即

$$\lim_{n \to \infty} R_n(x) = 0 \, \left[x \in U(x_0) \right] .$$

证　先证必要性. 设 $f(x)$ 在 $U(x_0)$ 内能展开为泰勒级数,即

$$f(x) = f(x_0) + f'(x_0)(x - x_0) + \frac{f''(x_0)}{2!}(x - x_0)^2 + \cdots + \frac{f^{(n)}(x_0)}{n!}(x - x_0)^n + \cdots,$$

又设 $s_{n+1}(x)$ 是 $f(x)$ 的泰勒级数的前 $n + 1$ 项的和,则在 $U(x_0)$ 内

$$s_{n+1}(x) \to f(x) \, (n \to \infty).$$

而根据第三章第三节介绍的泰勒中值定理内容可知, $f(x)$ 的 n 阶泰勒公式可写成

$$f(x) = f(x_0) + f'(x_0)(x - x_0) + \frac{f''(x_0)}{2!}(x - x_0)^2 + \cdots + \frac{f^{(n)}(x_0)}{n!}(x - x_0)^n + R_n(x),$$

即 $f(x) = s_{n+1}(x) + R_n(x)$,于是 $\lim\limits_{n \to \infty} R_n(x) = \lim\limits_{n \to \infty}[f(x) - s_{n+1}(x)] = 0.$

再证明其充分性. 设 $\lim\limits_{n \to \infty} R_n(x) = 0$ 对一切的 $x \in U(x_0)$ 都成立.因为 $f(x)$ 的 n 阶泰勒公式可写成 $f(x) = s_{n+1}(x) + R_n(x)$,于是

$$\lim\limits_{n \to \infty} s_{n+1}(x) = \lim\limits_{n \to \infty}[f(x) - R_n(x)] = f(x),$$

即 $f(x)$ 的泰勒级数在 $U(x_0)$ 内收敛,并且收敛于 $f(x)$.至此,我们提出的两个问题均已解决.

下面主要讨论 $x_0 = 0$ 的情形.

在泰勒级数(2)中取 $x_0 = 0$,得

$$f(0) + f'(0)x + \frac{f''(0)}{2!}x^2 + \cdots + \frac{f^{(n)}(0)}{n!}x^n + \cdots, \tag{4}$$

此级数称为函数 $f(x)$ 的**麦克劳林级数**.

如果 $f(x)$ 能展开成 x 的幂级数,那么其展开式是唯一的,它一定与 $f(x)$ 的麦克劳林级数一致. 即

$$f(x) = \sum_{n=0}^{\infty} \frac{f^{(n)}(0)}{n!}x^n, \quad |x| < r. \tag{5}$$

上面式(5)称为函数 $f(x)$ 的麦克劳林展开式.

二、函数展开成幂级数的方法

1.直接展开法

设函数 $f(x)$ 在 x_0 的某邻域 $U(x_0)$ 内有任意阶导数,可按下列步骤将它展开成幂级数.

第一步　求出 $f(x)$ 的各阶导数 $f'(x)$, $f''(x)$, $f'''(x)$, $\cdots$, $f^{(n)}(x)$, $\cdots$;

第二步　求函数及其各阶导数在 $x = x_0$ 处的值

$$f'(x_0) , f''(x_0) , f'''(x_0) , \cdots , f^{(n)}(x_0) , \cdots;$$

第三步　写出 $f(x)$ 的泰勒级数

$$\sum_{n=0}^{\infty} \frac{f^{(n)}(x_0)}{n!}(x - x_0)^n = f(x_0) + f'(x_0)(x - x_0) + \cdots + \frac{f^{(n)}(x_0)}{n!}(x - x_0)^n + \cdots,$$

并求出收敛半径 R ;

第四步　在区间 $(-R, R)$ 内考察余项 $R_n(x)$ 的极限(一般采用拉格朗日型余项)

$$\lim\limits_{n \to \infty} R_n(x) = \lim\limits_{n \to \infty} \frac{f^{(n+1)}(\xi)}{(n+1)!}(x - x_0)^{n+1}$$

是否为零(其中 ξ 介于 x 与 x_0 之间).如果 $\lim\limits_{n \to \infty} R_n(x) = 0$,则 $f(x)$ 在 $U(x_0)$ 内有展开式

$$f(x) = f(x_0) + f'(x_0)(x - x_0) + \frac{f''(x_0)}{2!}(x - x_0)^2 + \cdots + \frac{f^{(n)}(x_0)}{n!}(x - x_0)^n + \cdots.$$

例 1 将函数 $f(x) = e^x$ 展开成麦克劳林级数.

解 所给函数的各阶导数 $f^{(n)}(x) = e^x (n = 1,2,3,\cdots)$，因此，有 $f^{(n)}(0) = 1 (n = 1,2,3,\cdots)$，且 $f(0) = 1$，于是得级数

$$1 + x + \frac{1}{2!}x^2 + \cdots + \frac{1}{n!}x^n + \cdots,$$

它的收敛半径 $R = \lim\limits_{n \to \infty} \frac{(n+1)!}{n!} = +\infty.$

对于任意有限的数 x 和 ξ（ξ 介于 x 与 0 之间），有

$$|R_n(x)| = \frac{e^\xi}{(n+1)!}|x^{n+1}| < e^{|x|} \cdot \frac{|x|^{n+1}}{(n+1)!},$$

又有幂级数 $\sum\limits_{n=0}^{\infty} \frac{1}{n!}x^n$ 在 $(-\infty, +\infty)$ 上收敛，所以 $\lim\limits_{n \to \infty} \frac{1}{n!}x^n = 0$，则 $\lim\limits_{n \to \infty} \frac{|x|^{n+1}}{(n+1)!} = 0$，又由于 $e^{|x|}$ 有限，所以 $\lim\limits_{n \to \infty} |R_n(x)| = 0$，从而有展开式

$$e^x = 1 + x + \frac{1}{2!}x^2 + \cdots \frac{1}{n!}x^n + \cdots, \quad x \in (-\infty, +\infty).$$

几何意义：如果在 $x = 0$ 附近，用级数的部分和（即多项式）来近似代替 e^x，那么随着其项数的增加，它们就越来越接近于 e^x，如图 12-1 所示.

例 2 将函数 $f(x) = \sin x$ 展开成 x 的幂级数.

解 因为 $f^{(n)}(x) = \sin\left(x + \frac{n\pi}{2}\right)(n = 1,2,\cdots)$，所以

$f(0) = 0$，$f'(0) = 1$，$f''(0) = 0$，$f'''(0) = -1$，$\cdots$，
$f^{(2k)}(0) = 0$，$f^{(2k+1)}(0) = (-1)^k$，$(k = 0,1,2,\cdots)$

即 $f^{(n)}(0)$ 顺序循环地取 $0,1,0,-1,\cdots(n = 0,1,2,\cdots)$，于是得级数

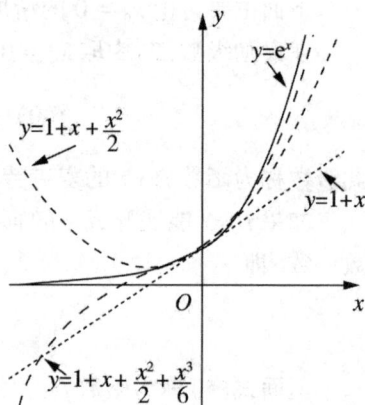

图 12-1

$$x - \frac{x^3}{3!} + \frac{x^5}{5!} - \cdots + (-1)^{n-1}\frac{x^{2n-1}}{(2n-1)!} + \cdots,$$

它的收敛半径为 $R = \lim\limits_{n \to \infty} \frac{(2n+3)!}{(2n+1)!}x^2 = +\infty.$

对于任意有限的数 x 和 ξ（ξ 介于 x 与 0 之间），有

$$|R_n(x)| = \left| \frac{\sin\left[\xi + \frac{(n+1)\pi}{2}\right]}{(n+1)!}x^{n+1} \right| \leqslant \frac{|x|^{n+1}}{(n+1)!} \to 0(n \to \infty),$$

因此得展开式

$$\sin x = x - \frac{x^3}{3!} + \frac{x^5}{5!} - \cdots + (-1)^{n-1}\frac{x^{2n-1}}{(2n-1)!} + \cdots \quad (-\infty < x < +\infty).$$

例 3 将函数 $f(x) = (1+x)^\alpha$ 展开成 x 的幂级数，其中 α 为任意常数.

解 函数 $f(x)$ 的各阶导数分别为

$$f'(x) = \alpha(1 + x)^{\alpha-1},$$
$$f''(x) = \alpha(\alpha - 1)(1 + x)^{\alpha-2},$$
$$\cdots\cdots\cdots\cdots\cdots$$
$$f^{(n)}(x) = \alpha(\alpha - 1)\cdots(\alpha - n + 1)(1 + x)^{\alpha-n},$$
$$\cdots\cdots\cdots\cdots\cdots$$

所以

$$f(0) = 1, f'(0) = \alpha, f''(0) = \alpha(\alpha - 1), \cdots, f^{(n)}(0) = \alpha(\alpha - 1)\cdots(\alpha - n + 1), \cdots,$$

于是得幂级数

$$1 + \alpha x + \frac{\alpha(\alpha - 1)}{2!}x^2 + \cdots + \frac{\alpha(\alpha - 1)\cdots(\alpha - n + 1)}{n!}x^n + \cdots.$$

其收敛半径为

$$R = \lim_{n\to\infty}\left|\frac{\alpha(\alpha - 1)\cdots(\alpha - n + 1)(n + 1)!}{n!\ \alpha(\alpha - 1)\cdots(\alpha - n + 1)(\alpha - n)}\right| = \lim_{n\to\infty}\left|\frac{n + 1}{\alpha - n}\right| = 1,$$

可以证明(证明较为须琐,不再赘述)在区间 $(-1, 1)$ 内, $\lim_{n\to\infty}R_n(x) = 0$. 故所求展开式为

$$(1 + x)^\alpha = 1 + \alpha x + \frac{\alpha(\alpha - 1)}{2!}x^2 + \cdots + \frac{\alpha(\alpha - 1)\cdots(\alpha - n + 1)}{n!}x^n + \cdots(-1 < x < 1).$$

注 称上式为牛顿二项式级数,当 α 为正整数时,上式即为牛顿二项式定理.

当 α 取不同值时,所得的二项式级数在 $x = \pm 1$ 处的敛散性也不相同,常见的有:

当 $\alpha = -1$ 时, $\dfrac{1}{1 + x} = 1 - x + x^2 - x^3 + \cdots + (-1)^n x^n + \cdots$, $x \in (-1, 1)$;

当 $\alpha = -\dfrac{1}{2}$ 时, $\dfrac{1}{\sqrt{1 + x}} = 1 - \dfrac{1}{2}x + \dfrac{1}{2}\cdot\dfrac{3}{4}x^2 - \dfrac{1}{2}\cdot\dfrac{3}{4}\cdot\dfrac{5}{6}x^3 + \cdots$, $x \in (-1, 1]$;

当 $\alpha = \dfrac{1}{2}$ 时, $\sqrt{1 + x} = 1 + \dfrac{1}{2}x - \dfrac{1}{2\cdot 4}x^2 + \dfrac{1\cdot 3}{2\cdot 4\cdot 6}x^3 - \cdots$, $x \in [-1, 1]$.

由以上的讨论可以看出,利用直接法将函数展开成幂级数,步骤多,计算量大,且最困难的是,要验证余项 $\lim_{n\to\infty}R_n(x) = 0$,这即使在初等函数中也不是容易的.由于函数的幂级数展开式是唯一的,可以利用一些已知函数的展开式,通过借助幂级数的运算性质(如四则运算、逐项求导、逐项积分)、变量代换等方法也可以简便地求出一些函数的幂级数展开式,并且可以避免研究余项.这种方法称为间接展开法.

2.间接展开法

例 4 将函数 $f(x) = \cos x$ 展开成 x 的幂级数.

解 已知

$$\sin x = x - \frac{x^3}{3!} + \frac{x^5}{5!} - \cdots + (-1)^{n-1}\frac{x^{2n-1}}{(2n - 1)!} + \cdots(-\infty < x < +\infty),$$

对上式两边求导(右端逐项求导),得

$$\cos x = 1 - \frac{x^2}{2!} + \frac{x^4}{4!} - \cdots + (-1)^n\frac{x^{2n}}{(2n)!} + \cdots(-\infty < x < +\infty).$$

例 5 将函数 $f(x) = \ln(1 + x)$ 展开成 x 的幂级数.

解 因为 $f'(x) = \dfrac{1}{1+x}$,且 $\dfrac{1}{1+x}$ 是收敛的等比级数 $\displaystyle\sum_{n=0}^{\infty}(-1)^n x^n(-1<x<1)$ 的和函数,即

$$\frac{1}{1+x} = 1 - x + x^2 - x^3 + \cdots + (-1)^n x^n + \cdots(-1<x<1),$$

所以将上式两边同时从 0 到 x 逐项积分,得

$$\ln(1+x) = x - \frac{x^2}{2} + \frac{x^3}{3} - \frac{x^4}{4} + \cdots + (-1)^n \frac{x^{n+1}}{n+1} + \cdots(-1<x<1).$$

上述展开式对 $x=1$ 也成立,这是因为上式右端的幂级数 $\displaystyle\sum_{n=0}^{\infty}\frac{(-1)^n}{(n+1)!}$ 当 $x=1$ 时收敛,同时函数 $\ln(1+x)$ 在 $x=1$ 处有定义且连续.即

$$\ln(1+x) = x - \frac{x^2}{2} + \frac{x^3}{3} - \frac{x^4}{4} + \cdots + (-1)^n \frac{x^{n+1}}{n+1} + \cdots(-1<x\leq 1).$$

注 例4、例5用到的方法是逐项求导、逐项积分.

例6 将函数 $f(x) = \dfrac{1}{1+x^2}$ 展开成 x 的幂级数.

解 因为

$$\frac{1}{1-x} = 1 + x + x^2 + \cdots + x^n + \cdots(-1<x<1),$$

把 x 换成 $-x^2$,得

$$\frac{1}{1+x^2} = 1 - x^2 + x^4 - \cdots + (-1)^n x^{2n} + \cdots,$$

又由 $-1<-x^2<1$,得收敛域为 $-1<x<1$.

例7 将函数 $f(x) = \ln(1-x)$ 展开成 x 的幂级数.

解 因为

$$\ln(1+x) = x - \frac{x^2}{2} + \frac{x^3}{3} - \frac{x^4}{4} + \cdots + (-1)^n \frac{x^{n+1}}{n+1} + \cdots(-1<x\leq 1),$$

把 x 换成 $-x$,得

$$\ln(1-x) = -x - \frac{x^2}{2} - \frac{x^3}{3} - \frac{x^4}{4} - \cdots - \frac{x^{n+1}}{n+1} - \cdots,$$

又由 $-1<-x\leq 1$,得收敛域为 $-1\leq x<1$.

注 例6、例7的方法称为变量代换法.

接下来讨论函数 $f(x)$ 在 $x\neq 0$ 点的幂级数展开式.

例8 将函数 $f(x) = \sin x$ 展开成 $\left(x-\dfrac{\pi}{4}\right)$ 的幂级数.

解 因为

$$\sin x = \sin\left[\frac{\pi}{4} + \left(x-\frac{\pi}{4}\right)\right] = \frac{\sqrt{2}}{2}\left[\cos\left(x-\frac{\pi}{4}\right) + \sin\left(x-\frac{\pi}{4}\right)\right],$$

在 $\cos x$,$\sin x$ 的麦克劳林展开式中以 $\left(x-\dfrac{\pi}{4}\right)$ 代替 x,得

$$\cos\left(x - \frac{\pi}{4}\right) = 1 - \frac{1}{2!}\left(x - \frac{\pi}{4}\right)^2 + \frac{1}{4!}\left(x - \frac{\pi}{4}\right)^4 - \cdots (-\infty < x < +\infty),$$

$$\sin\left(x - \frac{\pi}{4}\right) = \left(x - \frac{\pi}{4}\right) - \frac{1}{3!}\left(x - \frac{\pi}{4}\right)^3 + \frac{1}{5!}\left(x - \frac{\pi}{4}\right)^5 - \cdots (-\infty < x < +\infty),$$

将以上两式相加,再乘以 $\frac{\sqrt{2}}{2}$,可得

$$\sin x = \frac{\sqrt{2}}{2}\left[1 + \left(x - \frac{\pi}{4}\right) - \frac{1}{2!}\left(x - \frac{\pi}{4}\right)^2 - \frac{1}{3!}\left(x - \frac{\pi}{4}\right)^3 + \cdots\right] \ (-\infty < x < +\infty).$$

例 9 将函数 $f(x) = \dfrac{1}{4 - x}$ 展开成 $(x - 1)$ 的幂级数.

解 因为

$$\frac{1}{4 - x} = \frac{1}{3 - (x - 1)} = \frac{1}{3\left(1 - \dfrac{x - 1}{3}\right)},$$

在 $\dfrac{1}{1 - x}$ 的展开式中,以 $\dfrac{x - 1}{3}$ 代替 x,可得

$$\frac{1}{\left(1 - \dfrac{x - 1}{3}\right)} = 1 + \frac{x - 1}{3} + \frac{(x - 1)^2}{3^2} + \cdots + \frac{(x - 1)^n}{3^n} + \cdots \left(-1 < \frac{x - 1}{3} < 1\right),$$

所以

$$\frac{1}{4 - x} = \frac{1}{3} + \frac{x - 1}{3^2} + \frac{(x - 1)^2}{3^3} + \cdots + \frac{(x - 1)^n}{3^{n+1}} + \cdots (-2 < x < 4).$$

注 使用间接展开法必须掌握一些基本函数的幂级数展开式,常用的几个如下:

$$\frac{1}{1 - x} = 1 + x + x^2 + \cdots + x^n + \cdots \ (-1 < x < 1),$$

$$e^x = 1 + x + \frac{1}{2!}x^2 + \cdots + \frac{1}{n!}x^n + \cdots \ (-\infty < x < +\infty),$$

$$\sin x = x - \frac{x^3}{3!} + \frac{x^5}{5!} - \cdots + (-1)^{n-1}\frac{x^{2n-1}}{(2n - 1)!} + \cdots \ (-\infty < x < +\infty),$$

$$\cos x = 1 - \frac{x^2}{2!} + \frac{x^4}{4!} - \cdots + (-1)^n\frac{x^{2n}}{(2n)!} + \cdots \ (-\infty < x < +\infty),$$

$$\ln(1 + x) = x - \frac{x^2}{2} + \frac{x^3}{3} - \frac{x^4}{4} + \cdots + (-1)^n\frac{x^{n+1}}{n + 1} + \cdots (-1 < x \leq 1),$$

$$(1 + x)^\alpha = 1 + \alpha x + \frac{\alpha(\alpha - 1)}{2!}x^2 + \cdots + \frac{\alpha(\alpha - 1)\cdots(\alpha - n + 1)}{n!}x^n + \cdots (-1 < x < 1).$$

三、幂级数展开式的简单应用

1.近似计算

有了函数的幂级数展开式,就可以用它来进行近似计算.

例 10 计算 e 的近似值,要求误差不超过 10^{-5}.

解 因为

$$e^x = 1 + x + \frac{1}{2!}x^2 + \cdots + \frac{1}{n!}x^n + \cdots,$$

令 $x = 1$,得

$$e \approx 1 + 1 + \frac{1}{2!} + \cdots + \frac{1}{n!}.$$

余项为

$$r_n \approx \frac{1}{(n+1)!} + \frac{1}{(n+2)!} + \cdots = \frac{1}{(n+1)!}\left(1 + \frac{1}{n+2} + \cdots\right)$$

$$\leq \frac{1}{(n+1)!}\left(1 + \frac{1}{n+1} + \frac{1}{(n+1)^2} + \cdots\right) = \frac{1}{n \cdot n!}.$$

欲使 $r_n \leq 10^{-5}$,只需 $\frac{1}{n \cdot n!} \leq 10^{-5}$,即 $n \cdot n! \geq 10^5$,而 $8 \cdot 8! = 322\ 560 > 10^5$,则

$$e \approx 1 + 1 + \frac{1}{2!} + \cdots + \frac{1}{8!} \approx 2.718\ 28.$$

例 11 求 $\sin 5°$ 的近似值,精确到小数点后第 5 位.

解 在 $\sin x$ 的幂级数展开式中,令 $x = \frac{5\pi}{180} = \frac{\pi}{36}$,得

$$\sin 5° = \sin \frac{\pi}{36} = \frac{\pi}{36} - \frac{1}{3!}\left(\frac{\pi}{36}\right)^3 + \frac{1}{5!}\left(\frac{\pi}{36}\right)^5 - \frac{1}{7!}\left(\frac{\pi}{36}\right)^7 + \cdots,$$

等式右端是一个收敛的交错级数,且各项的绝对值单调减少,则误差

$$|r_n| \leq \frac{1}{(2n+1)!}\left(\frac{\pi}{36}\right)^{2n+1} < 0.000\ 01,$$

解得 $n = 2$,即仅取前两项时,即可保证要求的精确度,因此

$$\sin 5° \approx \frac{\pi}{36} - \frac{1}{3!}\left(\frac{\pi}{36}\right)^3 \approx 0.087\ 16.$$

注 例 10、例 11 是利用幂级数展开式近似计算函数值.除此之外,幂级数展开式还可以用来计算一些定积分的近似值.比如,函数 e^{-x^2}, $\frac{\sin x}{x}$, $\frac{1}{\ln x}$ 等,其原函数不能用初等函数表示,难以计算其定积分.则可以将被积函数在积分区间上展开成幂级数,再逐项积分,即可估计定积分的近似值.

例 12 计算积分 $\frac{2}{\sqrt{\pi}}\int_0^{\frac{1}{2}} e^{-x^2}dx$ 的近似值,精确到小数点后第 4 位.

解 在 e^x 的幂级数展开式中以 $-x^2$ 替代 x,得

$$e^{-x^2} = \sum_{n=0}^{\infty} \frac{(-x^2)^n}{n!}, \quad -\infty < x < +\infty,$$

于是

$$\frac{2}{\sqrt{\pi}}\int_0^{\frac{1}{2}} e^{-x^2}dx = \frac{2}{\sqrt{\pi}} \sum_{n=0}^{\infty} \int_0^{\frac{1}{2}} \frac{(-x^2)^n}{n!}dx$$

$$= \frac{2}{\sqrt{\pi}} \sum_{n=0}^{\infty} \left[(-1)^n \frac{x^{2n+1}}{(2n+1)n!} \right]\Bigg|_0^{\frac{1}{2}}$$

$$= \frac{2}{\sqrt{\pi}} \sum_{n=0}^{\infty} (-1)^n \frac{1}{(2n+1)n! \ 2^{2n+1}}$$

$$= \frac{1}{\sqrt{\pi}} \left(1 - \frac{1}{3 \cdot 2^2} + \frac{1}{5 \cdot 2! \ \cdot 2^4} - \cdots \right),$$

又因为

$$|r_4| \leqslant \frac{1}{\sqrt{\pi}} \cdot \frac{1}{9 \cdot 4! \ \cdot 2^8} < 0.000 \ 1 ,$$

所以取前 4 项进行近似计算, 得

$$\frac{2}{\sqrt{\pi}} \int_0^{\frac{1}{2}} \mathrm{e}^{-x^2} \mathrm{d}x \approx \frac{1}{\sqrt{\pi}} \left(1 - \frac{1}{3 \cdot 2^2} + \frac{1}{5 \cdot 2! \ \cdot 2^4} - \frac{1}{7 \cdot 3! \ \cdot 2^6} \right) \approx 0.520 \ 5 .$$

2. 欧拉公式

设有**复数项级数**

$$(u_1 + iv_1) + (u_2 + iv_2) + \cdots + (u_n + iv_n) + \cdots,$$

其中 u_n 与 $v_n (n = 1, 2, 3, \cdots)$ 为实常数或实函数. 如果实部和虚部所成的级数分别是

$$u = \sum_{n=1}^{\infty} u_n , \quad v = \sum_{n=1}^{\infty} v_n ,$$

且二者均收敛, 则称复数项级数 $\sum_{n=1}^{\infty} (u_n + iv_n)$ 收敛, 且和为 $u + iv$.

如果级数 $\sum_{n=1}^{\infty} (u_n + iv_n)$ 各项的模所构成的级数 $\sum_{n=1}^{\infty} \sqrt{u_n^2 + v_n^2}$ 收敛, 则称复数项级数 $\sum_{n=1}^{\infty} (u_n + iv_n)$ **绝对收敛**.

由函数 e^x 的幂级数展开式可得

$$\mathrm{e}^{ix} = 1 + ix + \frac{1}{2!} (ix)^2 + \cdots + \frac{1}{n!} (ix)^n + \cdots$$

$$= \left[1 - \frac{1}{2!} x^2 + \cdots + (-1)^n \frac{x^{2n}}{(2n)!} + \cdots \right] + i \left[x - \frac{1}{3!} x^3 + \cdots + (-1)^n \frac{x^{2n+1}}{(2n+1)!} + \cdots \right]$$

$$= \cos x + i \sin x ,$$

即

$$\mathrm{e}^{ix} = \cos x + i \sin x , \tag{6}$$

在 (6) 式中把 x 换为 $-x$, 有

$$\mathrm{e}^{-ix} = \cos x - i \sin x . \tag{7}$$

将 (6) 式和 (7) 式相加或相减, 得

$$\begin{cases} \cos x = \dfrac{\mathrm{e}^{ix} + \mathrm{e}^{-ix}}{2} , \\ \sin x = \dfrac{\mathrm{e}^{ix} - \mathrm{e}^{-ix}}{2i} . \end{cases} \tag{8}$$

其中, (6) 式、(8) 式均被称为**欧拉公式**. 欧拉公式揭示了三角函数与复变量指数函数之间的联系.

幂级数的魅力在于, 它可以把有限形式的初等函数表示成只涉及四则运算的无限形式

的幂级数,从哲学角度看,它表现了有限与无限的辩证统一.恩格斯在《自然辩证法》中说:"把某个确定的数,如二项式化为无穷级数,即化为某种不确定的东西,从常识上讲是荒谬的.但若没有无穷级数和二项式定理,我们又能走多远呢?"幂级数把有限函数转化为仅涉及算术运算的无限形式,为研究复杂函数提供了方法,它可以用来求函数的近似值、证明不等式、求定积分的近似值等,中学涉及的三角函数、对数函数、指数函数表均是利用无穷级数做出来的,学过高等数学便能更深刻地领略到其中的奥秘.

习题 12-4

1.将下列函数展开成 x 的幂级数,并确定其成立的区间:

(1) $f(x) = (1 - x)\ln(1 + x)$;　　(2) $f(x) = \dfrac{x}{1 - x^2}$;

(3) $f(x) = e^{x^2}$;　　(4) $f(x) = \sin^2 x$;

(5) $f(x) = \arctan \dfrac{1 + x}{1 - x}$;　　(6) $f(x) = \ln(2 + x - 3x^2)$.

2.将下列函数展开成 $(x - 1)$ 的幂级数,并确定其成立的区间:

(1) $f(x) = a^x$;　　(2) $f(x) = \dfrac{1}{x^2 + 4x + 3}$;

(3) $f(x) = \dfrac{1}{x}$.

3.将函数 $f(x) = \cos x$ 展开成 $\left(x + \dfrac{3}{\pi}\right)$ 的幂级数.

4.将函数 $f(x) = \ln x$ 展开成 $(x - 2)$ 的幂级数,并由此证明 $\ln 2 = \sum_{n=1}^{\infty} \dfrac{1}{n2^n}$.

5.计算 $\sqrt[5]{240}$ 的近似值,要求误差不超过 0.000 1.

6.利用 $\sin x \approx x - \dfrac{x^3}{3!}$ 计算 $\sin 9°$ 的近似值,并估计误差.

7.计算 $\ln 2$ 的近似值,要求误差不超过 0.000 1.

8.计算积分 $\int_0^1 \dfrac{\sin x}{x}dx$ 的近似值,要求误差不超过 0.000 1.

第五节　傅里叶级数

前面我们讨论的函数项级数主要是幂级数,本节我们讨论由三角函数组成的函数项级数,即三角级数,并着重讨论如何把函数 $f(x)$ 展开成三角级数.在 19 世纪初,法国数学家傅里叶曾大胆断言:任何函数都可以展开成三角级数.虽然他没有给出明确的条件和严格的证明,但是由此开创了"傅里叶分析"这一重要的数学分支,拓广了传统的函数概念.

一、三角级数与三角函数系的正交性

自然界中周期现象的数学描述就是周期函数.一些简单的周期现象,如单摆的摆动等,

可以用正弦函数 $y = a\sin(\omega x + \varphi)$ 或余弦函数 $y = a(\cos\omega x + \varphi)$ 表示.

在实际问题中,周期现象是多种多样的、复杂的,并不是都可以用简单的正弦函数来描述,还有许多非正弦函数的周期函数,比如非正弦周期电流源(矩形波、锯齿波,如图 12-2 所示).

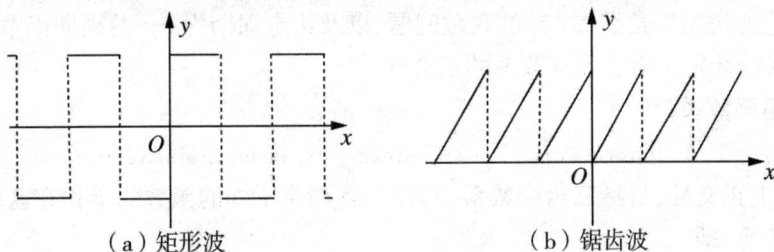

（a）矩形波　　　　　　　　（b）锯齿波

图 12-2

关于这一类非正弦周期函数的研究,考虑到前面利用函数的幂级数展开式来表示函数的思想,我们希望将一般的周期函数展开成由简单周期函数如三角函数组成的级数.事实上,早在 18 世纪中叶,荷兰数学家丹尼尔·伯努利在解决弦振动问题时就提出了:任何复杂的振动都可以分解为一系列简谐振动之和.用数学语言来描述即为:在一定条件下,将周期为 $T = \dfrac{2\pi}{\omega}$ 的周期函数 $f(t)$ 用一系列以 T 为周期的正弦函数组成的级数来表示,记为

$$f(t) = A_0 + \sum_{n=1}^{\infty} A_n \sin(n\omega t + \varphi_n) , \tag{1}$$

其中 $A_0, A_n, \varphi_n (n = 1,2,3,\cdots)$ 都是常数.例如图 12-2 中矩形波

$$f(t) = \begin{cases} -1, & -\pi \leq t < 0, \\ 1, & 0 \leq t < \pi, \end{cases}$$

可以用一系列不同频率的正弦波

$$\frac{4}{\pi}\sin t , \quad \frac{4}{\pi} \cdot \frac{1}{3}\sin 3t , \quad \frac{4}{\pi} \cdot \frac{1}{5}\sin 5t , \quad \frac{4}{\pi} \cdot \frac{1}{7}\sin 7t , \cdots$$

逐个叠加所组成的级数表示.如图 12-3 分别给出了用前 3 项和及前 5 项和来近似表示 $f(t)$ 的情况.

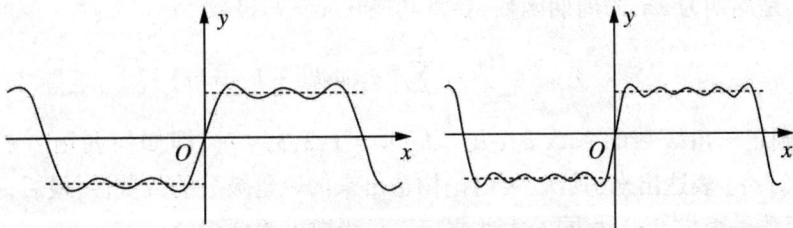

图 12-3

为了讨论方便,将(1)式中三角函数按三角公式变形,得

$$A_n \sin(n\omega t + \varphi_n) = A_n \sin\varphi_n \cos n\omega t + A_n \cos\varphi_n \sin n\omega t ,$$

令 $A_0 = \dfrac{a_0}{2}$, $A_n \sin\varphi_n = a_n$, $A_n \cos\varphi_n = b_n$, $\omega t = x$,则(1)式右端的级数可以写作

$$\frac{a_0}{2} + \sum_{n=1}^{\infty} (a_n \cos nx + b_n \sin nx) , \tag{2}$$

其中，a_0，a_n，$b_n (n = 1,2,3,\cdots)$ 都是常数，形如上式(2)的级数称为**三角级数**.

接下来我们讨论三角级数(2)的收敛问题，以及给定周期为 2π 的周期函数如何展开成三角级数.为此,首先介绍三角函数系的正交性.

所谓**三角函数系**

$$1 , \cos x , \sin x , \cos 2x , \sin 2x , \cdots , \cos nx , \sin nx , \cdots \tag{3}$$

在 $[-\pi, \pi]$ 上**正交性**,是指三角函数系(3)中任何两个不同的函数的乘积在区间 $[-\pi, \pi]$ 上的积分等于零,即

$$\int_{-\pi}^{\pi} \cos nx \, \mathrm{d}x = 0 (n = 1,2,3,\cdots) ;$$

$$\int_{-\pi}^{\pi} \sin nx \, \mathrm{d}x = 0 (n = 1,2,3,\cdots) ;$$

$$\int_{-\pi}^{\pi} \sin mx \cos nx \, \mathrm{d}x = 0 (m, n = 1,2,3,\cdots) ;$$

$$\int_{-\pi}^{\pi} \sin mx \sin nx \, \mathrm{d}x = 0 (m \neq n, m, n = 1,2,3,\cdots) ;$$

$$\int_{-\pi}^{\pi} \cos mx \cos nx \, \mathrm{d}x = 0 (m \neq n, m, n = 1,2,3,\cdots) .$$

显然,三角函数系(3)中任何两个相同的函数的乘积在区间 $[-\pi, \pi]$ 上的积分不等于零,即

$$\int_{-\pi}^{\pi} 1^2 \mathrm{d}x = 2\pi ;$$

$$\int_{-\pi}^{\pi} \cos^2 nx \, \mathrm{d}x = \pi (n = 1,2,3,\cdots) ;$$

$$\int_{-\pi}^{\pi} \sin^2 nx \, \mathrm{d}x = \pi (n = 1,2,3,\cdots) .$$

二、函数展开成傅里叶级数

设 $f(x)$ 是周期为 2π 的周期函数,要将其展开成三角级数

$$f(x) = \frac{a_0}{2} + \sum_{k=1}^{\infty} (a_k \cos kx + b_k \sin kx) . \tag{4}$$

首先要确定三角级数的系数 a_0，a_n，$b_n (n = 1,2,3,\cdots)$,即如何利用 $f(x)$ 将 $a_0, a_n,$ $b_n (n = 1,2,3,\cdots)$ 表达出来;其次,要讨论构造出来的三角级数的敛散性;最后,如果级数收敛,那么和函数是否与 $f(x)$ 相同? 为此假定三角级数可逐项积分.

对(4)式的两端从 $-\pi$ 到 π 积分,则有

$$\int_{-\pi}^{\pi} f(x) \mathrm{d}x = \int_{-\pi}^{\pi} \frac{a_0}{2} \mathrm{d}x + \int_{-\pi}^{\pi} \sum_{k=1}^{\infty} (a_k \cos kx + b_k \sin kx) \mathrm{d}x$$

$$= \int_{-\pi}^{\pi} \frac{a_0}{2} \mathrm{d}x + \int_{-\pi}^{\pi} \sum_{k=1}^{\infty} a_k \cos kx \mathrm{d}x + \int_{-\pi}^{\pi} \sum_{k=1}^{\infty} b_k \sin kx \mathrm{d}x = \frac{a_0}{2} \cdot 2\pi ,$$

根据三角函数系的正交性,等式右端除第一项外,其余各项均为零,因此解得

$$a_0 = \frac{1}{\pi} \int_{-\pi}^{\pi} f(x) \mathrm{d}x.$$

类似地,用 $\cos nx$ 乘(4)式的两端,再从 $-\pi$ 到 π 积分,则有

$$\int_{-\pi}^{\pi} f(x) \cos nx \mathrm{d}x$$

$$= \int_{-\pi}^{\pi} \frac{a_0}{2} \cos nx \mathrm{d}x + \sum_{k=1}^{\infty} \left[a_k \int_{-\pi}^{\pi} \cos kx \cos nx \mathrm{d}x + b_k \int_{-\pi}^{\pi} \sin kx \cos nx \mathrm{d}x \right] = a_n \pi.$$

同理可得 $\int_{-\pi}^{\pi} f(x) \sin nx \mathrm{d}x = b_n \pi$. 解得

$$a_n = \frac{1}{\pi} \int_{-\pi}^{\pi} f(x) \cos nx \mathrm{d}x (n = 1,2,3,\cdots);$$

$$b_n = \frac{1}{\pi} \int_{-\pi}^{\pi} f(x) \sin nx \mathrm{d}x (n = 1,2,3,\cdots).$$

系数 a_0, a_n, $b_n (n = 1,2,3,\cdots)$ 叫作函数 $f(x)$ 的**傅里叶系数**.

将上述系数代入(4)式的右端,所得的三角级数

$$\frac{a_0}{2} + \sum_{n=1}^{\infty} (a_n \cos nx + b_n \sin nx) \tag{5}$$

称为函数 $f(x)$ 的**傅里叶级数**.

类似于幂级数,一个定义在 $(-\infty, +\infty)$ 上周期为 2π 的函数 $f(x)$,如果它在一个周期上可积,则一定可以作出 $f(x)$ 的傅里叶级数.然而,函数 $f(x)$ 的傅里叶级数是否一定收敛?如果它收敛,它是否一定收敛于函数 $f(x)$?一般来说,这两个问题的答案都不是肯定的.那么,在什么条件下,函数的傅里叶级数收敛到函数 $f(x)$?这个问题直到 1829 年,德国数学家狄利克雷才首次给出了这个问题的一个严格的数学证明.

定理 1(收敛定理,狄利克雷充分条件)　设 $f(x)$ 是周期为 2π 的周期函数,如果它满足:在一个周期内连续或只有有限个第一类间断点并且至多只有有限个极值点,则 $f(x)$ 的傅里叶级数收敛,并且

当 x 是 $f(x)$ 的连续点时,级数收敛于 $f(x)$;

当 x 是 $f(x)$ 的间断点时,级数收敛于 $\frac{1}{2}[f(x^-) + f(x^+)]$.

由上述定理可知,只要函数在 $[-\pi, \pi]$ 上至多有有限个第一类间断点,并且不做无限次振动,函数的傅里叶级数在连续点处就收敛于该点的函数值.

例 1　设 $f(x)$ 是周期为 2π 的周期函数(见图 12-2 矩形波),它在 $[-\pi, \pi)$ 上的表达式为

$$f(x) = \begin{cases} -1, & -\pi \leqslant x < 0, \\ 1, & 0 \leqslant x < \pi. \end{cases}$$

将 $f(x)$ 展开成傅里叶级数.

解　所给函数满足收敛定理的条件,它在点 $x = k\pi (k = 0, \pm 1, \pm 2, \cdots)$ 处不连续,在其他点处连续,从而由收敛定理可知 $f(x)$ 的傅里叶级数收敛,并且当 $x = k\pi$ 时级数收敛于

$$\frac{1}{2}[f(x^-) + f(x^+)] = \frac{1}{2}(-1 + 1) = 0,$$

当 $x \neq k\pi$ 时级数收敛于 $f(x)$.

傅里叶系数计算如下:

$$a_n = \frac{1}{\pi} \int_{-\pi}^{\pi} f(x) \cos nx \, dx$$

$$= \frac{1}{\pi} \int_{-\pi}^{0} (-1) \cos nx \, dx + \frac{1}{\pi} \int_{0}^{\pi} 1 \cdot \cos nx \, dx = 0 \, (n = 0, 1, 2, \cdots) \, ;$$

$$b_n = \frac{1}{\pi} \int_{-\pi}^{\pi} f(x) \sin nx \, dx = \frac{1}{\pi} \int_{-\pi}^{0} (-1) \sin nx \, dx + \frac{1}{\pi} \int_{0}^{\pi} 1 \cdot \sin nx \, dx$$

$$= \frac{1}{\pi} \left[\frac{\cos nx}{n} \right] \Big|_{-\pi}^{0} + \frac{1}{\pi} \left[-\frac{\cos nx}{n} \right] \Big|_{0}^{\pi} = \frac{1}{n\pi} [1 - \cos n\pi - \cos n\pi + 1] = \frac{2}{n\pi} [1 - (-1)^n]$$

$$= \begin{cases} \dfrac{4}{n\pi}, & n = 1, 3, 5, \cdots, \\ 0, & n = 2, 4, 6, \cdots. \end{cases}$$

于是 $f(x)$ 的傅里叶级数展开式为

$$f(x) = \frac{4}{\pi} \left[\sin x + \frac{1}{3} \sin 3x + \cdots + \frac{1}{2k-1} \sin(2k-1)x + \cdots \right]$$

$$(-\infty < x < +\infty, x \neq 0, \pm \pi, \pm 2\pi, \cdots).$$

注 若函数 $f(x)$ 只在 $[-\pi, \pi]$ 上有定义,并且满足狄利克雷收敛定理的条件,则我们可以在 $[-\pi, \pi)$ 或 $(-\pi, \pi]$ 外补充函数 $f(x)$ 的定义,使它拓广成周期为 2π 的周期函数 $F(x)$,在 $(-\pi, \pi)$ 内,$F(x) = f(x)$.这种拓广函数定义域的方法称为**周期延拓**.将周期延拓后的函数 $F(x)$ 展开成傅里叶级数,再限制 x 在区间 $(-\pi, \pi)$ 内,便得到了 $f(x)$ 的傅里叶级数展开式.这个级数在区间端点 $x = \pm \pi$ 处收敛于 $\frac{1}{2} [f(\pi^-) + f(-\pi^+)]$.

例2 将函数

$$f(x) = \begin{cases} -x, & -\pi \leqslant x < 0, \\ x, & 0 \leqslant x \leqslant \pi, \end{cases}$$

展开成傅里叶级数.

解 所给函数在区间 $[-\pi, \pi]$ 上满足收敛定理的条件,并且拓广为周期函数时(如图12-4),它在每一点 x 处都连续,因此拓广的周期函数的傅里叶级数在 $[-\pi, \pi]$ 上收敛于 $f(x)$.可以求得傅里叶系数为

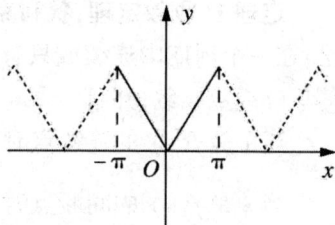

图12-4

$$a_0 = \frac{1}{\pi} \int_{-\pi}^{\pi} f(x) \, dx = \frac{1}{\pi} \int_{-\pi}^{0} (-x) \, dx + \frac{1}{\pi} \int_{0}^{\pi} x \, dx = \frac{2}{\pi} \left[\frac{x^2}{2} \right] \Big|_{0}^{\pi} = \pi \, ;$$

$$a_n = \frac{1}{\pi} \int_{-\pi}^{\pi} f(x) \cos nx \, dx = \frac{1}{\pi} \int_{-\pi}^{0} (-x) \cos nx \, dx + \frac{1}{\pi} \int_{0}^{\pi} x \cos nx \, dx$$

$$= \frac{2}{n^2\pi} (\cos n\pi - 1) = \begin{cases} -\dfrac{4}{n^2\pi}, & n = 1, 3, 5, \cdots, \\ 0, & n = 2, 4, 6, \cdots; \end{cases}$$

$$b_n = \frac{1}{\pi} \int_{-\pi}^{\pi} f(x) \sin nx \, dx = \frac{1}{\pi} \int_{-\pi}^{0} (-x) \sin nx \, dx + \frac{1}{\pi} \int_{0}^{\pi} x \sin nx \, dx$$

$$= -\frac{1}{\pi}\left[-\frac{x\cos nx}{n} + \frac{\sin nx}{n^2}\right]\Big|_{-\pi}^{0} + \frac{1}{\pi}\left[-\frac{x\cos nx}{n} + \frac{\sin nx}{n^2}\right]\Big|_{0}^{\pi} = 0\,(n = 1,2,3,\cdots)\,.$$

于是 $f(x)$ 的傅里叶级数展开式为

$$f(x) = \frac{\pi}{2} - \frac{4}{\pi}\left(\cos x + \frac{1}{3^2}\cos 3x + \frac{1}{5^2}\cos 5x + \cdots\right)(-\pi \leqslant x \leqslant \pi)\,.$$

三、正弦级数和余弦级数

一般地,一个函数的傅里叶级数既含有正弦项又含有余弦项,但是也有一些函数的傅里叶级数只含有正弦项(如例1)或者只含有常数项和余弦项(如例2),产生这种现象与所给函数的奇偶性有密切联系.事实上,设 $f(x)$ 是周期为 2π 的周期函数,则

(1) 当 $f(x)$ 为奇函数时, $f(x)\cos nx$ 是奇函数, $f(x)\sin nx$ 是偶函数,故傅里叶系数为

$$a_n = 0\,(n = 1,2,3,\cdots)\,,$$

$$b_n = \frac{2}{\pi}\int_0^{\pi}f(x)\sin nx\mathrm{d}x\,(n = 1,2,3,\cdots)\,.$$

因此奇函数的傅里叶级数只含有正弦函数的项,即为

$$\sum_{n=1}^{\infty}b_n\sin nx\,, \tag{6}$$

形如(6)式的级数称为**正弦级数**.

(2) 当 $f(x)$ 为偶函数时, $f(x)\cos nx$ 是偶函数, $f(x)\sin nx$ 是奇函数,故傅里叶系数为

$$a_n = \frac{2}{\pi}\int_0^{\pi}f(x)\cos nx\mathrm{d}x\,(n = 0,1,2,\cdots)\,,$$

$$b_n = 0\,(n = 1,2,3,\cdots)\,.$$

因此偶函数的傅里叶级数只含常数项和余弦函数的项,即为

$$\frac{a_0}{2} + \sum_{n=1}^{\infty}a_n\cos nx\,, \tag{7}$$

形如(7)式的级数称为**余弦级数**.

例3　将周期函数 $f(x) = |\sin x|$ 展开成傅里叶级数.

解　所给函数满足收敛定理的条件,它在整个数轴上连续,因此 $f(x)$ 的傅里叶级数处处收敛于 $f(x)$.

可以将 $f(x)$ 看作是周期为 2π 的偶函数,所以 $b_n = 0\,(n = 1,2,3,\cdots)$,而

$$a_0 = \frac{2}{\pi}\int_0^{\pi}\sin x\mathrm{d}x = \frac{4}{\pi}\,;$$

$$a_1 = \frac{2}{\pi}\int_0^{\pi}\sin x\cos x\mathrm{d}x = 0\,;$$

$$a_n = \frac{2}{\pi}\int_0^{\pi}f(x)\cos nx\mathrm{d}x = \frac{2}{\pi}\int_0^{\pi}\sin x\cos nx\mathrm{d}x$$

$$= \frac{2}{\pi}\int_0^{\pi}\frac{1}{2}\left[\sin(n+1)x - \sin(n-1)x\right]\mathrm{d}x$$

$$= \begin{cases} -\dfrac{4}{(4k^2-1)\pi}, & n = 2k, \\ 0, & n = 2k+1, \end{cases} \quad (k = 1,2,3,\cdots)\,.$$

所以 $f(x)$ 的傅里叶级数展开式为

$$f(x) = \frac{4}{\pi}\left(\frac{1}{2} - \sum_{k=1}^{\infty}\frac{1}{4k^2-1}\cos 2kx\right)$$

$$= \frac{4}{\pi}\left(\frac{1}{2} - \frac{1}{3}\cos 2x - \frac{1}{15}\cos 4x - \frac{1}{35}\cos 6x - \cdots\right)(-\infty < x < +\infty).$$

在实际应用中,有时还需要把定义在区间 $[0,\pi]$ 上的函数 $f(x)$ 展开成正弦级数或余弦级数.设函数 $f(x)$ 在定义区间 $[0,\pi]$ 上且满足狄利克雷收敛定理的条件,我们在开区间 $(-\pi,0)$ 内补充函数 $f(x)$ 的定义,得到定义在 $(-\pi,\pi]$ 上的函数,使得它在 $(-\pi,\pi)$ 上成为奇函数(偶函数).这种拓广函数定义域的过程叫作**奇延拓**(**偶延拓**).

(1)奇延拓.令

$$F(x) = \begin{cases} f(x), & 0 < x \leqslant \pi, \\ 0, & x = 0, \\ -f(-x), & -\pi < x < 0, \end{cases}$$

则 $F(x)$ 在 $(-\pi,\pi)$ 上是奇函数.

(2)偶延拓.令

$$F(x) = \begin{cases} f(x), & 0 \leqslant x \leqslant \pi, \\ f(-x), & -\pi < x < 0, \end{cases}$$

则 $F(x)$ 在 $(-\pi,\pi)$ 上是偶函数.

将上述作了奇(偶)延拓得到的函数 $F(x)$ 在 $(-\pi,\pi]$ 上展开成正弦(余弦)级数,再限制在 $(0,\pi]$ 上,便得到 $f(x)$ 的正弦(余弦)级数展开式.

例 4 将函数 $f(x) = x + 1 (0 \leqslant x \leqslant \pi)$ 分别展开成正弦级数和余弦级数.

解 先求正弦级数.为此对函数 $f(x)$ 进行奇延拓,则

$$b_n = \frac{2}{\pi}\int_0^\pi f(x)\sin nx\, dx = \frac{2}{\pi}\int_0^\pi (x+1)\sin nx\, dx$$

$$= \frac{2}{\pi}\left[-\frac{x\cos nx}{n} + \frac{\sin nx}{n^2} - \frac{\cos nx}{n}\right]\Bigg|_0^\pi$$

$$= \frac{2}{n\pi}(1 - \pi\cos n\pi - \cos n\pi) = \begin{cases} \dfrac{2}{\pi}\cdot\dfrac{\pi+2}{n}, & n = 1,3,5,\cdots, \\ -\dfrac{2}{n}, & n = 2,4,6,\cdots. \end{cases}$$

则函数的正弦级数展开式为

$$x + 1 = \frac{2}{\pi}\left[(\pi+2)\sin x - \frac{\pi}{2}\sin 2x + \frac{1}{3}(\pi+2)\sin 3x - \frac{\pi}{4}\sin 4x + \cdots\right](0 < x < \pi).$$

在端点 $x = 0$ 及 $x = \pi$ 处,级数的和显然为零,它不代表原来函数 $f(x)$ 的值.

再求余弦级数.为此对函数 $f(x)$ 进行偶延拓,则

$$a_0 = \frac{2}{\pi}\int_0^\pi (x+1)\, dx = \pi + 2;$$

$$a_n = \frac{2}{\pi}\int_0^\pi f(x)\cos nx\, dx = \frac{2}{\pi}\int_0^\pi (x+1)\cos nx\, dx$$

$$= \frac{2}{\pi} \left[\frac{(x+1)\sin nx}{n} + \frac{\cos nx}{n^2} \right] \Big|_0^\pi$$

$$= \frac{2}{n^2\pi}(\cos n\pi - 1) = \begin{cases} 0, & n = 2,4,6,\cdots, \\ -\dfrac{4}{n^2\pi}, & n = 1,3,5,\cdots. \end{cases}$$

则函数的余弦级数展开式为

$$x + 1 = \frac{\pi}{2} + 1 - \frac{4}{\pi}\left(\cos x + \frac{1}{3^2}\cos 3x + \frac{1}{5^2}\cos 5x + \cdots\right)(0 \leqslant x \leqslant \pi).$$

四、一般周期函数的傅里叶级数

前面我们所讨论的周期函数都是以 2π 为周期的,但是实际问题中所遇到的周期函数,它的周期不一定是 2π ,比如前面提到的矩形波(见图 12-2).那么,怎样把周期为 $2l$ 的周期函数 $f(x)$ 展开成三角级数呢?

要解决的问题:我们希望能把周期为 $2l$ 的周期函数 $f(x)$ 展开成三角级数,为此我们先利用变量代换把周期为 $2l$ 的周期函数 $f(x)$ 变换为周期为 2π 的周期函数.

令 $x = \dfrac{l}{\pi}t$,则 $t = \dfrac{\pi x}{l}$,区间 $-l \leqslant x \leqslant l$ 变为 $-\pi \leqslant t \leqslant \pi$,设函数

$$f(x) = f\left(\frac{l}{\pi}t\right) = F(t) ,$$

则 $F(t)$ 是以 2π 为周期的函数,这是因为

$$F(t + 2\pi) = f\left[\frac{l}{\pi}(t + 2\pi)\right] = f\left(\frac{l}{\pi}t + 2l\right) = f\left(\frac{l}{\pi}t\right) = F(t) .$$

于是当 $F(t)$ 满足收敛定理的条件时, $F(t)$ 可展开成傅里叶级数

$$F(t) = \frac{a_0}{2} + \sum_{n=1}^\infty (a_n\cos nt + b_n\sin nt) ,$$

其中

$$a_n = \frac{1}{\pi}\int_{-\pi}^\pi F(t)\cos nt \mathrm{d}t\,(n = 0,1,2,\cdots) ,$$

$$b_n = \frac{1}{\pi}\int_{-\pi}^\pi F(t)\sin nt \mathrm{d}t\,(n = 1,2,3,\cdots) ,$$

从而有如下定理:

定理 2 设周期为 $2l$ 的周期函数 $f(x)$ 满足收敛定理的条件,则它的傅里叶级数展开式为

$$f(x) = \frac{a_0}{2} + \sum_{n=1}^\infty \left(a_n\cos\frac{n\pi x}{l} + b_n\sin\frac{n\pi x}{l}\right)(x \in C) ,$$

其中

$$a_n = \frac{1}{l}\int_{-l}^l f(x)\cos\frac{n\pi x}{l}\mathrm{d}x\,(n = 0,1,2,\cdots) ,$$

$$b_n = \frac{1}{l}\int_{-l}^l f(x)\sin\frac{n\pi x}{l}\mathrm{d}x\,(n = 1,2,3,\cdots) .$$

$$C = \{x \mid f(x) = \frac{1}{2}[f(x^{-}) + f(x^{+})]\}.$$

当 $f(x)$ 为奇函数时,则

$$f(x) = \sum_{n=1}^{\infty} b_n \sin \frac{n\pi x}{l} (x \in C),$$

其中 $b_n = \frac{2}{l} \int_0^l f(x) \sin \frac{n\pi x}{l} dx (n = 1, 2, 3, \cdots)$;

当 $f(x)$ 为偶函数时,则

$$f(x) = \frac{a_0}{2} + \sum_{n=1}^{\infty} a_n \cos \frac{n\pi x}{l} (x \in C),$$

其中 $a_n = \frac{2}{l} \int_0^l f(x) \cos \frac{n\pi x}{l} dx (n = 0, 1, 2, \cdots)$.

例 5 设 $f(x)$ 是周期为 10 的周期函数,它在 $[-5, 5)$ 上的表达式为

$$f(x) = \begin{cases} 0, & -5 \leq x < 0, \\ 3, & 0 \leq x < 5, \end{cases}$$

将 $f(x)$ 展开成傅里叶级数.

解 这里 $l = 5$,且 $f(x)$ 满足收敛定理的条件,则

$$a_n = \frac{1}{5} \int_{-5}^0 0 \cdot \cos \frac{n\pi x}{5} dx + \frac{1}{5} \int_0^5 3 \cdot \cos \frac{n\pi x}{5} dx$$

$$= \left[\frac{3}{n\pi} \sin \frac{n\pi x}{5} \right] \Big|_0^5 = 0 (n = 1, 2, 3, \cdots),$$

$$a_0 = \frac{1}{5} \int_{-5}^5 f(x) dx = \frac{1}{5} \int_0^5 3 dx = 3,$$

$$b_n = \frac{1}{5} \int_0^5 3 \cdot \sin \frac{n\pi x}{5} dx = \frac{3}{5} \left[-\frac{5}{n\pi} \cos \frac{n\pi x}{5} \right] \Big|_0^5$$

$$= \frac{3}{n\pi} (1 - \cos n\pi) = \begin{cases} \dfrac{6}{n\pi}, & n = 1, 3, 5, \cdots, \\ 0, & n = 2, 4, 6, \cdots. \end{cases}$$

于是

$$f(x) = \frac{3}{2} + \frac{6}{\pi} (\sin \frac{\pi x}{5} + \frac{1}{3} \sin \frac{3\pi x}{5} + \frac{1}{5} \sin \frac{5\pi x}{5} + \cdots).$$

这里 $x \in (-5, 0) \cup (0, 5)$,当 $x = 0$, ± 5 时,级数收敛于 $\frac{3}{2}$.

例 6 把 $f(x) = x$ 在 $(0, 2)$ 内展开成:(1)正弦级数;(2)余弦级数.

解 (1)为了把 $f(x)$ 展开成正弦级数,对 $f(x)$ 进行奇延拓,则

$$a_n = 0 (n = 0, 1, 2, \cdots),$$

$$b_n = \frac{2}{2} \int_0^2 x \sin \frac{n\pi x}{2} dx = -\frac{4}{n\pi} \cos n x = \frac{4}{n\pi} (-1)^{n+1} (n = 1, 2, 3, \cdots).$$

所以当 $x \in (0, 2)$ 时,由收敛定理得

$$f(x) = x = \sum_{n=1}^{\infty} \frac{4}{n\pi}(-1)^{n+1} \sin \frac{n\pi x}{2}$$

$$= \frac{4}{\pi}\left(\sin \frac{\pi x}{2} - \frac{1}{2}\sin \frac{2\pi x}{2} + \frac{1}{3}\sin \frac{3\pi x}{2} + \cdots\right).$$

当 $x = 0,2$ 时,右边级数收敛于 0.

(2) 为了把 $f(x)$ 展开成余弦级数,对 $f(x)$ 进行偶延拓,则

$$b_n = 0(n = 1,2,\cdots)\ ,\ a_0 = \int_0^2 x\mathrm{d}x = 2\ ,$$

$$a_n = \frac{2}{2}\int_0^2 x\cos \frac{n\pi x}{2}\mathrm{d}x = \frac{4}{n^2\pi^2}(\cos n\pi - 1)$$

$$= \frac{4}{n^2\pi^2}[(-1)^n - 1](n = 1,2,3,\cdots).$$

因此,当 $x \in (0,2)$ 时,由收敛定理得

$$f(x) = x = 1 - \frac{8}{\pi^2}\sum_{n=1}^{\infty} \frac{1}{(2n-1)^2}\cos \frac{(2n-1)\pi x}{2}$$

$$= 1 - \frac{8}{\pi^2}\left(\cos \frac{\pi x}{2} - \frac{1}{3^2}\cos \frac{3\pi x}{2} + \frac{1}{5^2}\cos \frac{5\pi x}{2} + \cdots\right).$$

习题 12-5

1.试将下列周期为 2π 的周期函数 $f(x)$ 展开成傅里叶级数:

(1) $f(x) = \begin{cases} 0, & -\pi \leqslant x < 0, \\ \mathrm{e}^x, & 0 \leqslant x < \pi; \end{cases}$ 　　(2) $f(x) = \begin{cases} x, & -\pi \leqslant x < 0, \\ 0, & 0 \leqslant x < \pi; \end{cases}$

(3) $f(x) = |x|(-\pi \leqslant x < \pi)$;　　(4) $f(x) = \mathrm{e}^{2x}(-\pi \leqslant x < \pi)$;

(5) $f(x) = \sin^4 x(-\pi \leqslant x \leqslant \pi)$.

2.将下列函数 $f(x)$ 展开成傅里叶级数:

(1) $f(x) = x^2(-\pi < x < \pi)$;　　(2) $f(x) = \cos \frac{x}{2}(-\pi \leqslant x \leqslant \pi)$;

(3) $f(x) = \frac{\pi - x}{2}(0 < x < 2\pi)$;　　(4) $f(x) = ax^2 + bx + c(0 < x < 2\pi)$.

3.将函数 $f(x) = \begin{cases} 0, & -2 \leqslant x < 0, \\ k, & 0 \leqslant x < 2 \end{cases}$ 展开成傅里叶级数.

4.将函数 $f(x) = 2 + |x|(-1 \leqslant x \leqslant 1)$ 展开成傅里叶级数.

5.将函数 $f(x) = \begin{cases} 1 - x, & 0 < x \leqslant 2, \\ x - 3, & 2 < x < 4 \end{cases}$ 在 $(0,4)$ 内展开成余弦级数.

6.将函数 $M(x) = \begin{cases} \dfrac{px}{2}, & 0 \leqslant x < \dfrac{l}{2}, \\ \dfrac{p(l-x)}{2}, & \dfrac{l}{2} \leqslant x \leqslant l \end{cases}$ 展开成正弦级数.

7.将函数 $f(x) = \begin{cases} \cos x, & 0 \le x < \dfrac{\pi}{2}, \\ 0, & \dfrac{\pi}{2} \le x \le \pi \end{cases}$ 分别展开成正弦级数和余弦级数.

8.设 $f(x)$ 是以 2π 为周期的连续函数,且 $f(x) = \dfrac{a_0}{2} + \sum_{n=1}^{\infty} (a_n \cos nx + b_n \sin nx)$ 可逐项积

分,试证明: $\dfrac{1}{\pi} \int_{-\pi}^{\pi} f^2(x) \mathrm{d}x = \dfrac{a_0^2}{2} + \sum_{n=1}^{\infty} (a_n^2 + b_n^2)$,其中 a_n, b_n 为 $f(x)$ 的傅里叶系数.

总习题十二

1.选择题:

(1) 设常数 $k > 0$,则级数 $\sum_{n=1}^{\infty} (-1)^n \dfrac{k+n}{n^2}$ 的敛散性为(   ).

A.发散   B.绝对收敛

C.条件收敛   D.收敛或发散与 k 的值有关

(2) 若级数 $\sum_{n=1}^{\infty} a_n (x-1)^n$ 在 $x = -1$ 处收敛,则此级数在 $x = 2$ 处(   ).

A.发散   B.绝对收敛

C.条件收敛   D.收敛性不能确定

(3) 设 a 为常数,则级数 $\sum_{n=1}^{\infty} \left[\dfrac{\sin na}{n^2} - \dfrac{1}{\sqrt{n}} \right]$ (   ).

A.发散   B.绝对收敛

C.条件收敛   D.收敛或发散与 a 的值有关

(4) 设 $0 \le a_n < \dfrac{1}{n} (n = 1, 2, \cdots)$,则下列级数中肯定收敛的是(   ).

A. $\sum_{n=1}^{\infty} a_n$ B. $\sum_{n=1}^{\infty} (-1)^n a_n$ C. $\sum_{n=1}^{\infty} \sqrt{a_n}$ D. $\sum_{n=1}^{\infty} (-1)^n a_n^2$

(5) 级数 $\sum_{n=1}^{\infty} (-1)^n (1 - \cos \dfrac{a}{n})$,其中常数 $a > 0$,则级数(   ).

A.发散   B.绝对收敛

C.条件收敛   D.收敛或发散与 a 的值有关

(6) 设常数 $\lambda > 0$,且级数 $\sum_{n=1}^{\infty} a_n^2$ 收敛,则级数 $\sum_{n=1}^{\infty} (-1)^n \dfrac{|a_n|}{\sqrt{n^2 + \lambda}}$ (   ).

A.发散   B.绝对收敛

C.条件收敛   D.收敛或发散与 λ 的值有关

(7) 设 $u_n = (-1)^n \ln(1 + \dfrac{1}{\sqrt{n}})$,则级数(   ).

A. $\sum_{n=1}^{\infty} u_n$ 和 $\sum_{n=1}^{\infty} u_n^2$ 都收敛   B. $\sum_{n=1}^{\infty} u_n$ 和 $\sum_{n=1}^{\infty} u_n^2$ 都发散

C. $\sum_{n=1}^{\infty} u_n$ 收敛而 $\sum_{n=1}^{\infty} u_n^2$ 发散   D. $\sum_{n=1}^{\infty} u_n$ 发散而 $\sum_{n=1}^{\infty} u_n^2$ 收敛

(8) 下列各选项正确的是(　　).

A.若 $\sum_{n=1}^{\infty} u_n^2$ 和 $\sum_{n=1}^{\infty} v_n^2$ 都收敛,则 $\sum_{n=1}^{\infty} (u_n + v_n)^2$ 收敛

B.若 $\sum_{n=1}^{\infty} u_n$ 和 $\sum_{n=1}^{\infty} v_n$ 均发散,则 $\sum_{n=1}^{\infty} (u_n + v_n)$ 发散

C.若 $\sum_{n=1}^{\infty} u_n$ 发散,则 $u_n \geqslant \dfrac{1}{n}$

D.若 $\sum_{n=1}^{\infty} u_n$ 收敛,且 $u_n \geqslant v_n (n = 1, 2, \cdots)$,则 $\sum_{n=1}^{\infty} v_n$ 收敛

2.填空题:

(1) 级数 $\sum_{n=1}^{\infty} \dfrac{(\ln 3)^n}{2^n}$ 的和为＿＿＿＿＿＿＿＿;

(2) 幂级数 $\sum_{n=1}^{\infty} \dfrac{x^n}{\sqrt{n+1}}$ 的收敛域是＿＿＿＿＿＿＿＿;

(3) 幂级数 $\sum_{n=1}^{\infty} \dfrac{n}{2^n + (-3)^n} x^{2n-1}$ 的收敛半径为＿＿＿＿＿＿＿＿;

(4) 设幂级数 $\sum_{n=0}^{\infty} a_n x^n$ 的收敛半径为 3,则幂级数 $\sum_{n=0}^{\infty} n a_n (x-1)^{n+1}$ 的收敛区间为＿＿＿＿＿＿＿＿;

(5) 设 $f(x) = \begin{cases} 2, & -1 < x \leqslant 0, \\ x^3, & 0 < x \leqslant 1 \end{cases}$ 是周期为 2 的周期函数,则 $f(x)$ 的傅里叶级数在 $x = 1$ 处收敛于＿＿＿＿＿＿＿＿;

(6) 设 $f(x)$ 是周期为 2π 的周期函数,且 $f(x) = \begin{cases} -1, & -\pi < x \leqslant 0, \\ 1 + x^2, & 0 < x \leqslant \pi, \end{cases}$ 则 $f(x)$ 的傅里叶级数在 $x = \pi$ 处收敛于＿＿＿＿＿＿＿＿;

(7) 设函数 $f(x) = \pi x + x^2 (-\pi < x < \pi)$ 的傅里叶级数展开式为

$$\frac{a_0}{2} + \sum_{n=1}^{\infty} (a_n \cos nx + b_n \sin nx) ,$$

则其中系数 b_3 的值为＿＿＿＿＿＿＿＿;

(8) 设 $x^2 = \sum_{n=0}^{\infty} a_n \cos nx (-\pi \leqslant x \leqslant \pi)$,则其中系数 a_2 的值为＿＿＿＿＿＿.

3.判断下列级数的敛散性:

(1) $\sum_{n=1}^{\infty} \dfrac{(n+1)}{n^{n+1}}$;   (2) $\sum_{n=1}^{\infty} \sin n^2$;

(3) $\sum_{n=1}^{\infty} \dfrac{1}{n} \ln \dfrac{n+1}{n}$;   (4) $\sum_{n=1}^{\infty} \left(\dfrac{1}{n^{n^2+1}} - 1 \right)$;

(5) $\sum\limits_{n=1}^{\infty} \sin \dfrac{\pi}{2^n}$;　　　　　　(6) $\sum\limits_{n=1}^{\infty} \left(\dfrac{n}{3n-1}\right)^{2n-1}$;

(7) $\sum\limits_{n=1}^{\infty} \dfrac{1}{(\ln\ln n)^{\ln n}}(n>1)$;　　(8) $\sum\limits_{n=1}^{\infty} \dfrac{1}{a^n+b}(a>0,b>0)$.

4.已知级数 $\sum\limits_{n=1}^{\infty} a_n^2$ 和 $\sum\limits_{n=1}^{\infty} b_n^2$ 都收敛,试证明级数 $\sum\limits_{n=1}^{\infty} a_n b_n$ 绝对收敛.

5.设 $a_1=2$, $a_{n+1}=\dfrac{1}{2}\left(a_n+\dfrac{1}{a_n}\right)(n=1,2,\cdots)$,试证明级数 $\sum\limits_{n=1}^{\infty} \left(\dfrac{a_n}{a_{n+1}}-1\right)$ 收敛.

6.判断下列级数是否收敛,若收敛,是条件收敛还是绝对收敛?

(1) $\sum\limits_{n=1}^{\infty} (-1)^n \dfrac{n^2}{e^n}$;　　　　　　(2) $\sum\limits_{n=1}^{\infty} (-1)^n \dfrac{\sin \dfrac{\pi}{n+1}}{3^{n+1}}$;

(3) $\sum\limits_{n=1}^{\infty} (-1)^n \left(1-\cos \dfrac{1}{n}\right)$;　　(4) $\sum\limits_{n=1}^{\infty} (-1)^n \dfrac{\ln(n+1)}{n+1}$.

7.将下列函数展开成 x 的幂级数:

(1) $f(x)=\arctan \dfrac{1+x}{1-x}$;　　　　(2) $f(x)=\dfrac{1}{4}\ln \dfrac{1+x}{1-x}+\dfrac{1}{2}\arctan x-x$;

(3) $f(x)=\ln(1-x-2x^2)$;　　　　(4) $f(x)=\begin{cases} \dfrac{1+x^2}{x}\arctan x, & x \neq 0, \\ 1, & x=0. \end{cases}$

8.将函数 $f(x)=\dfrac{1}{6-x}$ 展开成 $x-2$ 的幂级数.

9.求下列幂级数的收敛区间,并求其和函数:

(1) $\sum\limits_{n=1}^{\infty} \dfrac{1}{n2^n} x^{n+1}$;　　　　　　(2) $\sum\limits_{n=1}^{\infty} (-1)^n \left[1+\dfrac{1}{n(2n-1)}\right] x^{2n}$.

10.求幂级数 $\dfrac{x^4}{2 \cdot 4}+\dfrac{x^6}{2 \cdot 4 \cdot 6}+\dfrac{x^8}{2 \cdot 4 \cdot 6 \cdot 8}+\cdots (-\infty<x<+\infty)$ 的和函数.

11.求下列数项级数的和:

(1) $\sum\limits_{n=0}^{\infty} \dfrac{(-1)^n(n^2-n+1)}{2^n}$;　　(2) $\sum\limits_{n=2}^{\infty} \dfrac{1}{(n^2-1)2^n}$;

(3) $\sum\limits_{n=1}^{\infty} n\left(\dfrac{1}{2}\right)^{n-1}$;　　　　　　(4) $\sum\limits_{n=0}^{\infty} \dfrac{(-1)^n}{2n+1}$.

12.求下列幂级数的收敛域:

(1) $\sum\limits_{n=1}^{\infty} \dfrac{(x-3)^n}{n3^n}$;　　　　　　(2) $\sum\limits_{n=1}^{\infty} \dfrac{1}{3^n+(-2)^n} \dfrac{x^n}{n}$.

13.设函数 $f(x)=\begin{cases} e^x, & -\pi \leq x<0, \\ 1, & 0 \leq x \leq \pi. \end{cases}$ 将其展开成傅里叶级数.

14.设函数 $f(x)=\begin{cases} x, & 0 \leq x<\dfrac{l}{2}, \\ l-x, & \dfrac{l}{2} \leq x \leq l. \end{cases}$ 将其分别展开成正弦级数和余弦级数.

第十三章　MATLAB 的微积分基本运算

在科学技术快速发展的今天,计算机技术得到迅速发展.计算机的出现归功于数学家的奠基性工作,计算机的发展又为数学的发展提供了威力无比的武器和工具,从而彻底改变了长期以来数学仅靠一支笔、一张纸的传统,使数学的应用在广度及深度两方面都达到了前所未有的程度,深刻地影响了数学的发展进程和思维模式,同时也使数学技术成为现今高科技的一个重要组成部分和突出标志.

《今日数学及其应用》一文中指出:"精确定量思维是对 21 世纪科技人员共同的素质要求.所谓定量思维就是指人们从实际问题中提炼数学问题,抽象化为数学模型,用数学计算求出此模型的解或近似解,然后回到现实中进行检验,必要时修改模型使之更切合实际,最后编制解决问题的软件包,以便得到更广泛的方便的应用."

在当前众多数学应用软件中,MATLAB 是一个应用广泛、功能强大的软件.在 70 年代后期,Cleve Morler 博士开发了 MATLAB.1984 年,Cleve Morler 和 Jack Little 成立 Math Works 公司,正式把 MATLAB 推向市场,并对 MATLAB 进行深入开发,MATLAB 已经发展成为适合多学科的、功能强大的大型软件.在欧美等高校,MATLAB 已经成为线性代数、自动控制理论、数理统计、数字信号处理、动态仿真等高级课程的基本教学工具,同时被研究单位和工业部门广泛应用,使科学研究和解决各种具体问题的效率大大提高.MATLAB 提供了专业水平的数值计算、符号计算和图形可视化等功能,它几乎可以解决实际应用中出现的绝大多数数值计算问题,如数据分析、曲线拟合、数值分析等.MATLAB 软件不仅能够进行简单的数值计算,还能进行求导、积分、解方程、求特征值和特征向量等符号计算,并且 MATLAB 的图形功能强大,既包括对二维和三维数据可视化、图像处理、动画制作等高层次的绘图命令,也包括可以完全修改图形局部及编制完整图形界面等低层次的绘图命令.

MATLAB 作为数学软件用于解决高等数学中一些计算问题和绘图问题,给学生一种全新的感觉,激发起学习的兴趣,加深对所学知识的理解,使学生对数学发展现状及应用有切实的体会.本章我们主要介绍微积分中相关的 MATLAB 命令及其使用方法.

第一节　MATLAB 绘图

强大的绘图功能是 MATLAB 的特点之一,MATLAB 提供了一系列的绘图函数,用户不需要过多地考虑绘图的细节,只需要给出一些基本参数就能得到所需图形.本节介绍二维和三维图形的绘图函数及其使用方法.

一、二维绘图

在 MATLAB 中,最基本而且应用最为广泛的绘图函数为 plot,利用它可以在二维平面上绘制出不同的曲线.其调用格式如下:

plot(x,y) 其中 x,y 为长度相同的向量,存储 x 坐标和 y 坐标.

例 1　绘制函数 $f(x) = 2e^{-0.5x}\sin x$ 在 $[0,2\pi]$ 上的图像.

解　MATLAB 命令如下

x=0:pi/100:2*pi;

y=2*exp(-0.5*x).*sin(x);

plot(x,y)

命令运行后会打开一个图形窗口,在其中绘制出函数的图像如图 13-1 所示.

例 2　绘制函数

$$\begin{cases} x = t\cos3t, \\ y = t\sin^2t \end{cases}$$

在 $t \in [-\pi,\pi]$ 上的图像.

解　这是以参数形式给出的曲线方程,只要给定参数向量,再分别求出 x,y 向量即可输出曲线,MATLAB 命令如下

t=-pi:pi/100:pi;

x=t.*cos(3*t);

y=t.*sin(t).^2;

plot(x,y)

命令运行后会打开一个图形窗口,在其中绘制出参数方程的图像如图 13-2 所示.

以上提到 plot 函数的自变量 x,y 为长度相同的向量,这是最常见、最基本的用法.实际应用中还有一些变化.plot 函数可以包含若干组向量对,每一组可以绘制出一条曲线.其调用格式如下:

plot(x1,y1,x2,y2,…,xi,yi) 其中 xi,yi 为长度相同的向量,存储第 i 条曲线的横坐标和纵坐标.

例 3　将 $y = \sin x, y = \cos x$ 在 $[0,2\pi]$ 上的图像画在同一图形窗口上.

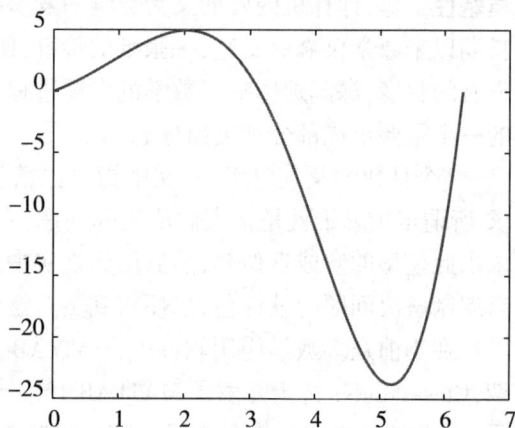

图 13-1

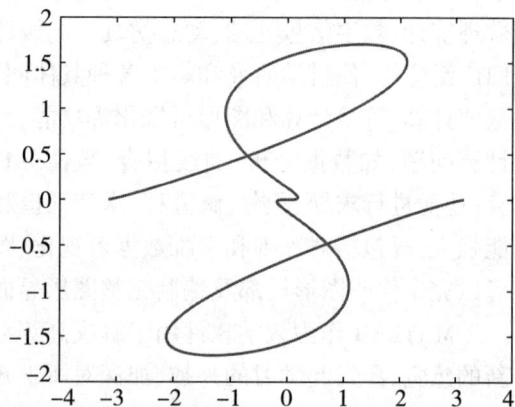

图 13-2

解　MATLAB 命令如下

x = linspace(0,2 * pi,100);

plot(x,sin(x),x,cos(x))

运行结果如图 13-3 所示.

当输入参数有矩阵形式时,配对的 x,y 按对应的列元素为横坐标和纵坐标绘制曲线,曲线条数等于矩阵的列数.

例 4　在同一图形窗口画出三个函数 $y = 2x, y = \cos x, y = \sin x$ 的图像,自变量范围为 $-3 \leqslant x \leqslant 3$.

解　MATLAB 命令如下

x = linspace(-3,3,100);

y1 = 2 * x;

y2 = cos(x);

y3 = sin(x);

x = [x;x;x]′;

y = [y1;y2;y3]′;

plot(x,y)

运行结果如图 13-4 所示.

MATLAB 提供了一些绘图选项,用于确定所绘曲线的线型、颜色和数据点标记符号.这些选项如表 13-1 所示.

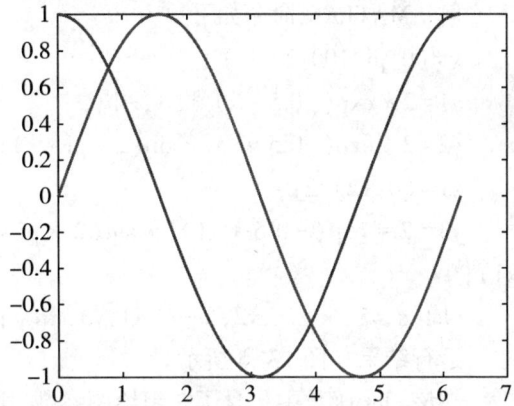

图 13-3

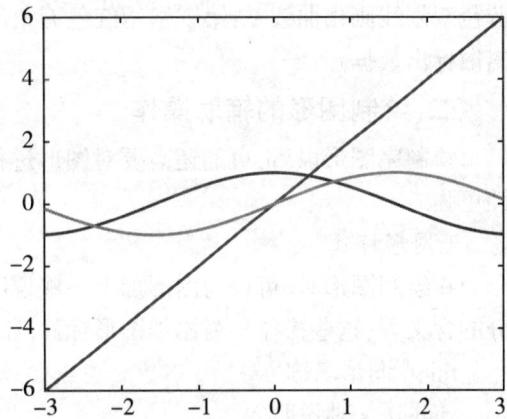

图 13-4

表 13-1

线型	颜色	标记符号	
- 实线	b 蓝色	. 点	s 方块
: 虚线	g 绿色	o 圆圈	d 菱形
-. 点划线	r 红色	× 叉号	∨ 朝下三角符号
-- 双划线	c 青色	+ 加号	∧ 朝上三角符号
—	m 品红	* 星号	<朝左三角符号
	y 黄色	—	>朝右三角符号
	k 黑色	—	p 五角星
	w 白色	—	h 六角星

例 5　用不同的线型和颜色在同一图形窗口内绘制曲线 $y = 2e^{-0.5x}\sin(2\pi x)$ 及其包络线 $y = 2e^{-0.5x}, y = -2e^{-0.5x}$.

解　MATLAB 命令如下

$x = (0:pi/100:2*pi)'$;

$y1 = 2*exp(-0.5*x)*[1,-1]$;

$y2 = 2*exp(-0.5*x).*sin(2*pi*x)$;

$x1 = (0:12)/2$;

$y3 = 2*exp(-0.5*x1).*sin(2*pi*x1)$;

plot$(x,y1,'k:',x,y2,'b--',x1,y3,'rp')$;

运行结果如图 13-5 所示.

在该 plot 函数中包含了 3 组绘图参数,第一组用黑色虚线画出两条包络线;第二组用蓝色双划线画出曲线 y ;第三组用红色五角星离散标出数据点.

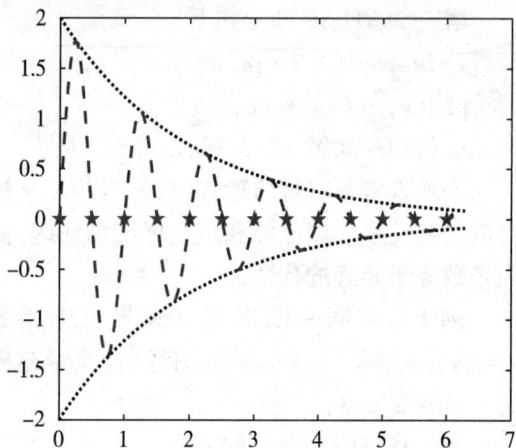

图 13-5

二、绘制图形的辅助操作

绘制完图形以后,可能还需要对图形进行一些辅助操作,以使图形意义更加明确,可读性更强.

1.图形标注

在绘制图形时,可以为图形加上一些说明,如图形的名称、坐标轴说明以及图形某一部分的含义等,这些操作称为添加图形标注.有关图形标注函数的调用格式如下:

title('图形名称')

xlabel('x 轴说明')

ylabel('y 轴说明')

text$(x,y,$'图形说明')

legend('图例 1','图例 2', …)

其中,title、xlabel 和 ylabel 函数分别用于说明图形和坐标轴的名称.text 函数是在坐标点 (x,y) 处添加图形说明.legend 函数用于绘制曲线所用线型、颜色或数据点标记图例,图例放置在空白处,用户还可以通过鼠标移动图例,将其放到所希望的位置.除 legend 函数外,其他函数同样适用于三维图形,在三维图形中对 z 坐标轴说明用 zlabel 函数.

2.坐标控制

在绘制图形时,MATLAB 可以自动根据要绘制曲线数据的范围选择合适的坐标刻度,使得曲线能够尽可能清晰地显示出来.所以,一般情况下,用户不必选择坐标轴的刻度范围.但是,如果用户对坐标轴的刻度范围不满意,可以利用 axis 函数对其重新设定.其调用格式如下:

axis([xmin xmax ymin ymax zmin zmax])

如果只给出前四个参数,则按照给出的 x、y 轴的最小值和最大值选择坐标系范围,绘制出合适的二维曲线.如果给出了全部参数,则绘制出三维图形.

axis 函数的功能丰富,其常用的用法有:

axis equal:纵、横坐标轴采用等长刻度

axis square:产生正方形坐标系(默认为矩形)

axis auto：使用默认设置

axis off：取消坐标轴

axis on：<u>显示坐标轴</u>

给坐标加网格线可以用 grid 命令来控制，grid on/off 命令控制是否画网格线，不带参数的 grid 命令在两种之间进行切换．

给坐标加边框用 box 命令控制，和 grid 一样用法．

3.图形保持

一般情况下，每执行一次绘图命令，就刷新一次当前图形窗口，而图形窗口原有图形将不复存在，如果希望在已经存在的图形上再继续添加新的图形，可以使用图形保持命令 hold．可用 hold on/off 命令控制保持原有图形或刷新原有图形，不带参数的 hold 命令在两者之间进行切换．

4.图形窗口分割

在实际应用中，经常需要在一个图形窗口中绘制若干个独立的图形，这就需要对图形窗口进行分割．分割后的图形窗口由若干个绘图区组成，每一个绘图区可以建立独立的坐标系并绘制图形．同一图形窗口下的不同图形称为子图．MATLAB 提供了 subplot 函数用来将当前窗口分割成若干个绘图区，每个区域代表一个独立的子图，也是一个独立的坐标系，可以通过 subplot 函数激活某一区，该区为活动区，所发出的绘图命令都作用于该活动区域．其调用格式如下：

subplot(m,n,p)

该函数把当前窗口分成 m×n 个绘图区，绘图区有 m 行，每行 n 个，区号按行优先编号．其中第 p 个区为当前活动区．每一个绘图区允许以不同的坐标系单独绘制图形．

例6　在同一个坐标系中画出两个函数 $y = \cos 2x, y = \sin x \sin 6x$ 的图像，自变量范围 $0 \le x \le \pi$，函数 $y = \cos 2x$ 用红色星号，函数 $y = \sin x \sin 6x$ 用蓝色实线，并加图名、坐标轴、图形、图例标注．

解　MATLAB 命令如下

x = 0：pi/50：pi；

y1 = cos(2 * x)；

y2 = sin(x). * sin(6 * x)；

plot(x,y1,´r * ´,x,y2,´b-´)

grid on

title(" 曲线 y1 = cos(2x) 与 y2 = sin(x) sin(6x)")；

xlabel("x 轴")

ylabel("y 轴")

text(0.1,0.9,´y1 = cos(2x)´)；

text(0.1,0,´y2 = sin(x) sin(6x)´)

legend(´y1 = cos(2x)´,´y2 = sin(x) sin(6x)´)

运行结果如图 13-6 所示．

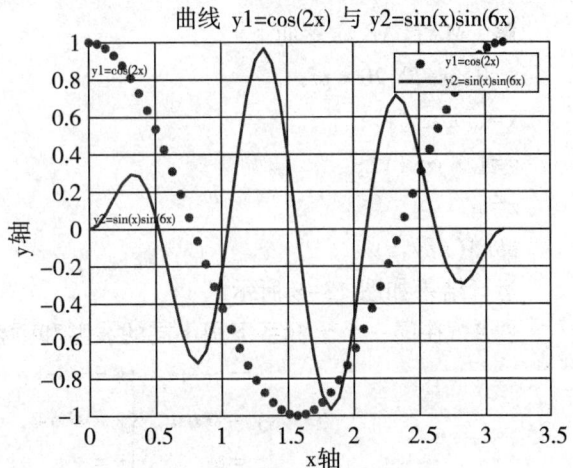

图 13-6

例7　将 $y = x + \sin x, y = \sin x/x, y = x^2$ 画在同一图形窗口的三个不同的坐标系中．

解　MATLAB 命令如下

x = -2:0.2:2;

y1 = x+sin(x);

y2 = sin(x)./x;

y3 = x.^2;

subplot(2,2,1)

plot(x,y1,′m*′)

title(′y=x+sinx′)

subplot(2,2,2),

plot(x,y2,′rp′)

title(′y=sinx/x′)

subplot(′position′,[0.2,0.05,0.6,0.45])

plot(x,y3)

title(′y=x^2′)

运行结果如图 13-7 所示.

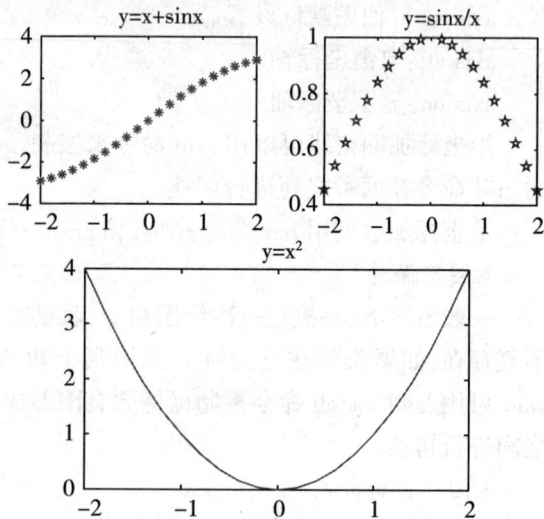

图 13-7

三、三维绘图

下面介绍在 MATLAB 中绘制三维曲线和曲面的命令和方法. 在 MATLAB 中,plot3 函数用于绘制三维曲线图. 它与命令 plot 相同,其调用格式如下:

plot3(x,y,z)　　x,y,z 可以为向量或矩阵.

例8　绘制三维曲线的图像.

$$\begin{cases} x = t\sin t, \\ y = t\cos t, \ (0 \leqslant t \leqslant 20\pi). \\ z = t, \end{cases}$$

解　MATLAB 命令如下

t = 0:pi/20:20*pi;

x = t.*sin(t);

y = t.*cos(t);

z = t;

plot3(x,y,z)

图 13-8

运行结果如图 13-8 所示.

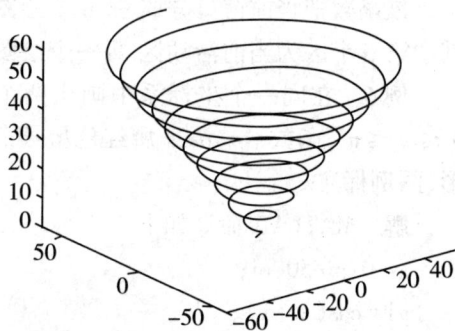

例9　在同一个坐标系下用不同的线型和颜色绘制如下两个函数的图像.

$$\begin{cases} x = t\sin t, \\ y = t\cos t, \\ z = t; \end{cases} \quad \begin{cases} x = t\sin t, \\ y = t\cos t, \ (0 \leqslant t \leqslant 10\pi). \\ z = -t, \end{cases}$$

解　MATLAB 命令如下

t = 0:pi/20:10*pi;

x = t.*sin(t);

y = t.*cos(t);

z1 = t;

z2 = -t;

plot3(x, y, z1, 'r-')

hold on

plot3(x, y, z2, 'b*')

运行结果如图 13-9 所示.

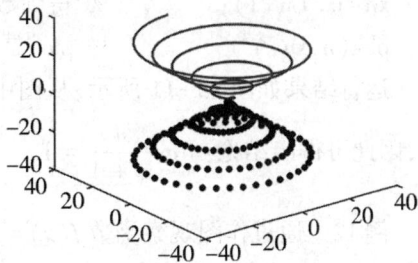

MATLAB 提供了非常方便的绘制空间曲面图形的命令,在绘制三维空间曲面图形时,首先要做数据准备.例如生成一个"网格点矩阵".函数 meshgrid 就是用来生成 $x-y$ 平面上的小矩形定点坐标值的矩阵,也称为网格点矩阵.而三维曲面图形常用 surf 命令来绘制,其调用格式如下:

surf(x, y, z) 用来绘制一个三维曲面图形.

例 10　画出函数 $z = x\mathrm{e}^{-(x^2+y^2)}$, $-2 \leqslant x, y \leqslant 2$ 的图像.

解　MATLAB 命令如下

t = -2:0.1:2;

[x, y] = meshgrid(t);

z = x.*exp(-x.^2-y.^2);

surf(x, y, z)

运行结果如图 13-10 所示.

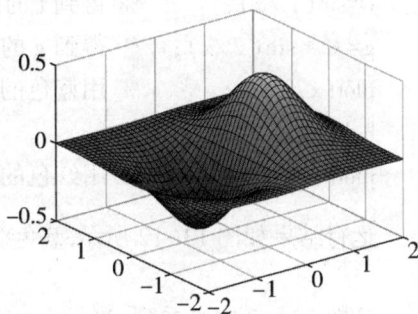

图 13-9

图 13-10

习题 13-1

使用 MATLAB 绘制下列函数的图像:

1. $y = \sin x^2$ 在区间 $[0, 10]$ 上的图像;

2. $r = \mathrm{e}^{\cos\theta} - 2\cos 4\theta + \left(\sin\dfrac{\theta}{12}\right)^5$;

3. 在同一个画布上,同时绘制 $y_1 = x_1\sin x_1$, $y_2 = x_2\cos x_2 + \sin x_2$ 两函数的图像,呈左右排列;

4. $\begin{cases} x = \cos t \cdot \alpha(1 - \sin t), \\ y = \sin t \cdot \alpha(1 - \sin t). \end{cases}$

第二节　求　极　限

一、理解极限概念

数列极限是指,当 n 无限增大时, u_n 与某常数无限接近或 u_n 趋向于某一定值,就图形而言,其点列以某一平行于 y 轴的直线为渐近线.

例 11　通过作图观察数列 $\left\{\dfrac{n}{n+1}\right\}$, 当 $n \to \infty$时的变化趋势.

解　MATLAB 命令如下

n=1:100;

xn=n./(n+1);　　　　　% 得到数列的前 100 项

plot(n,xn,'r')　　　　　% plot 是二维图形作图命令

运行结果如图 13-11 所示,从图中可以看出,随着 n 的增大,点列与直线 $y=1$ 无限接近,因此可得出结论: $\lim\limits_{n\to\infty}\dfrac{n}{n+1}=1$.

例 12　通过作图观察函数 $f(x)=\sin\dfrac{1}{x},g(x)=x\sin\dfrac{1}{x}$,当 $x\to0$ 时的变化趋势.

解　MATLAB 命令如下

x=-1:0.01:1;

f=sin(1./x);　　　　% 得到 f 的函数值

g=x.*sin(1./x);　　% 得到 g 的函数值

plot(x,f,'b')　　　　% 用蓝色的线画出 f 的图像

hold on

plot(x,g,'r')　　　　% 用红色的线画出 g 的图像

运行结果如图 13-12 所示.蓝色线表示函数 $f(x)=\sin\dfrac{1}{x}$,红色线表示 $g(x)=x\sin\dfrac{1}{x}$.

从图 13-12 中可看到,当 $x\to0$ 时, $\sin\dfrac{1}{x}$ 在 -1 和 1 之间无限次振荡,极限不存在;而 $x\sin\dfrac{1}{x}$ 随着 $|x|$ 的减小,振幅越来越小,趋近于 0,因此 $\lim\limits_{x\to0}x\sin\dfrac{1}{x}=0$.

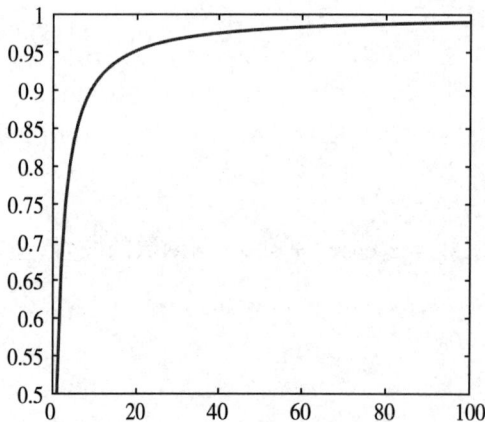

图 13-11

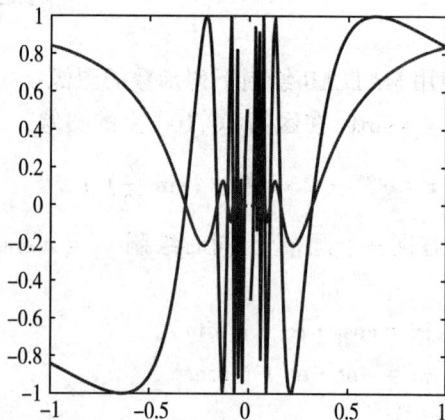

图 13-12

二、用 MATLAB 求函数极限

求极限运算的对象为函数,MATLAB 称为符号表达式,用 MATLAB 求函数极限首先要建立符号表达式,然后才可以利用 MATLAB 符号数学工具箱提供的函数进行运算.建立符号变量命令 sym 和 syms 的调用格式如下:

x=sym('x')　　建立符号变量.

syms x y z,建立多个符号变量 x,y,z,注意各符号变量之间必须用空格隔开.

limit 命令的具体使用格式如表 13-2 所示.

表 13-2

命令格式	表达式	说明
$\text{limit}(f,x)$	$\lim\limits_{x\to 0}f(x)$	对 x 求趋近于 0 的极限
$\text{limit}(f,x,a)$	$\lim\limits_{x\to a}f(x)$	对 x 求趋近于 a 的极限
$\text{limit}(f,x,a,'right')$	$\lim\limits_{x\to a^+}f(x)$	对 x 求从右趋近于 a 的极限
$\text{limit}(f,x,a,'left')$	$\lim\limits_{x\to a^-}f(x)$	对 x 求从左趋近于 a 的极限

例 13　求极限

$$\lim_{x\to 0}\frac{\sqrt{1+\tan x}-\sqrt{1+\sin x}}{x\sin^2 x}.$$

解　MATLAB 命令如下

syms x

limit((sqrt(1+tan(x))-sqrt(1+sin(x)))/(x*sin(x)^2))

运行结果为

ans =

1/4

即

$$\lim_{x\to 0}\frac{\sqrt{1+\tan x}-\sqrt{1+\sin x}}{x\sin^2 x}=\frac{1}{4}.$$

注　如果符号表达式 f 中只有一个变量 x,x 可以省略,当 $a=0$ 时 0 也可以省略.

例 14　求极限 $\lim\limits_{x\to\infty}\left(1+\dfrac{1}{x}\right)^x$.

解　MATLAB 命令如下

syms x

limit((1+1/x)^x,x,inf)

运行结果为

ans =

exp(1)

即

$$\lim_{x\to\infty}\left(1+\frac{1}{x}\right)^x=\mathrm{e}.$$

例 15　求单侧极限 $\lim\limits_{x\to 1^+}\dfrac{1}{1-\mathrm{e}^{\frac{x}{1-x}}},\lim\limits_{x\to 1^-}\dfrac{1}{1-\mathrm{e}^{\frac{x}{1-x}}}.$

解　MATLAB 命令如下

syms x

limit(1/(1-exp(x/(1-x))),x,1,'right')

运行结果为

ans =

1

即

$$\lim_{x \to 1^+} \frac{1}{1 - e^{\frac{x}{1-x}}} = 1.$$

syms x

limit(1/(1-exp(x/(1-x))),x,1,'left')

运行结果为

ans =

0

即

$$\lim_{x \to 1^-} \frac{1}{1 - e^{\frac{x}{1-x}}} = 0.$$

例 16 先画图观察, 再求极限

$$\lim_{x \to 0} \frac{1}{x} \sin \frac{1}{x}.$$

解 先画图观察极限情况, MATLAB 命令如下

rightx = 0.01 : -0.0002 : 0.00001 ;

righty = 1./rightx. * sin(1./rightx) ;

leftx = -0.01 : 0.0002 : -0.00001 ;

lefty = 1./leftx. * sin(1./leftx) ;

plot(rightx, righty, leftx, lefty)

运行结果如图 13-13 所示, 可以看出,

在 x 趋于 0 的过程中, $\frac{1}{x} \sin \frac{1}{x}$ 趋于无穷,

极限不存在.

计算极限的 MATLAB 命令如下

syms x

limit(1/x * sin(1/x),x,0)

运行结果为

ans =

NaN

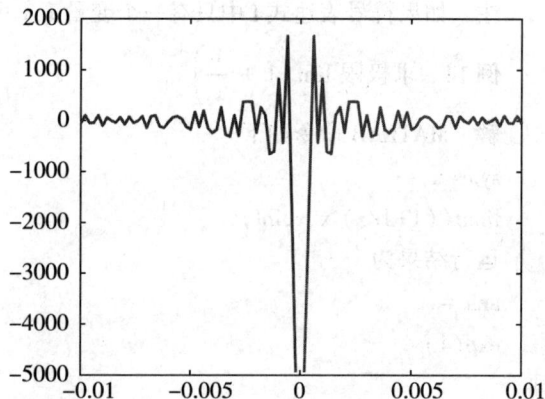

图 13-13

习题 13-2

使用 MATLAB 求下列极限：

1. $\lim\limits_{x\to 0}\dfrac{1-\cos^2 x}{x\sin x}$；

2. $\lim\limits_{x\to 0}\dfrac{e^x-e^{\sin x}}{x-\sin x}$；

3. $\lim\limits_{x\to \frac{\pi}{2}^+}(\sec x-\tan x)$；

4. $\lim\limits_{x\to \infty}\left(\dfrac{3-2x}{2-2x}\right)^x$；

5. $\lim\limits_{x\to 1}\arccos\dfrac{\sqrt{3x+\ln x}}{2}$.

第三节 求 导 数

用 MATLAB 软件求函数导数的命令是 diff，其调用格式如表 13-3 所示.

表 13-3

命令格式	表达式	说明
diff(f)	$f'(x)$	求对 x 的一阶导数
diff(f,n)	$f^{(n)}(x)$	求对 x 的 n 阶导数
diff(f(x,y),x)	$\dfrac{\partial f}{\partial x}$	求对 x 的一阶偏导数
diff(f(x,y),x,n)	$\dfrac{\partial^n f}{\partial x^n}$	求对 x 的 n 阶偏导数
diff(diff(f(x,y),x),y)	$\dfrac{\partial^2 f}{\partial x\partial y}$	先对 x 再对 y 求偏导数
jacobian(f(x,y),g(x,y),[x y])	$\begin{bmatrix}\dfrac{\partial f}{\partial x} & \dfrac{\partial f}{\partial y}\\[2mm] \dfrac{\partial g}{\partial x} & \dfrac{\partial g}{\partial y}\end{bmatrix}$	求雅克比矩阵

例 17 已知 $y=x\arcsin\dfrac{x}{2}+\sqrt{4-x^2}$，求 y'，y''.

解 求 y' 的 MATLAB 命令如下

```
syms x
y = x * asin( x/2)+sqrt(4-x^2);
```

diff(y,x)

运行结果为

ans =

asin(x/2) - x/(4 - x^2)^(1/2) + x/(2 * (1 - x^2/4)^(1/2))

即

$$y' = \arcsin\frac{x}{2} - \frac{x}{\sqrt{4 - x^2}} + \frac{x}{2\sqrt{1 - \dfrac{x^2}{4}}}.$$

求 y'' 的 MATLAB 命令如下

syms x

y = x * asin(x/2)+sqrt(4-x^2);

diff(y,x,2)

运行结果为

ans =

x^2/(8 * (1 - x^2/4)^(3/2)) - x^2/(4 - x^2)^(3/2) - 1/(4 - x^2)^(1/2) + 1/(1 - x^2/4)^(1/2)

即

$$y'' = \frac{1}{\sqrt{1 - \dfrac{x^2}{4}}} + \frac{x^2}{8\left(1 - \dfrac{x^2}{4}\right)^{\frac{3}{2}}} - \frac{1}{\sqrt{4 - x^2}} - \frac{x^2}{(4 - x^2)^{\frac{3}{2}}}.$$

例 18 已知参数方程 $\begin{cases} x = 2e^t + 1, \\ y = e^{-t} - 1, \end{cases}$ 求 $\dfrac{dy}{dx}$.

解 求 MATLAB 命令如下

syms t

dxdt = diff(2 * exp(t)+1); % x 对 t 的导数

dydt = diff(exp(-t)-1); % y 对 t 的导数

dydx = dydt/dxdt   % y 对 x 的导数

运行结果为

dydx =

-exp(-2 * t)/2

即

$$\frac{dy}{dx} = -\frac{e^{-2t}}{2}.$$

例 19 设 $u = \sqrt{x^2 + y^2 + z^2}$，求 $\dfrac{\partial u}{\partial x}$.

解 求 MATLAB 命令如下

syms x y z

diff((x^2+y^2+z^2)^(1/2),x)

运行结果为

ans =

x/(x^2 + y^2 + z^2)^(1/2)

即

$$\frac{\partial u}{\partial x} = \frac{x}{\sqrt{x^2 + y^2 + z^2}}.$$

例 20　设 $z = x\ln(xy)$,求所有二阶偏导数.

解　求 $\dfrac{\partial^2 z}{\partial x^2}$ 的 MATLAB 命令如下

syms x y

diff(x * log(x * y),x,2)

运行结果为

ans =

1/x

即

$$\frac{\partial^2 z}{\partial x^2} = \frac{1}{x}.$$

求 $\dfrac{\partial^2 z}{\partial y^2}$ 的 MATLAB 命令如下

diff(x * log(x * y),y,2)

运行结果为

ans =

-x/y^2

即

$$\frac{\partial^2 z}{\partial y^2} = -\frac{x}{y^2}.$$

求 $\dfrac{\partial^2 z}{\partial x \partial y}$ 的 MATLAB 命令如下

diff(diff(x * log(x * y),x),y)

运行结果为

ans =

1/y

即

$$\frac{\partial^2 z}{\partial x \partial y} = \frac{1}{y}.$$

例 21　设 $f(x,y,z) = x^2 + 3y^2 + 2z^2 + xy + 3x - 2y - 6z$,求 $f(x,y,z)$ 在点 $(0,0,0)$ 的梯度.

解　梯度 **grad**$f(x,y,z) = f_x \vec{i} + f_y \vec{j} + f_z \vec{k}$.

MATLAB 命令如下

syms x y z i j k

```
f=x^2+3 * y^2+2 * z^2+x * y+3 * x-2 * y-6 * z;        % 函数的符号表达式
p=jacobian(f,[x y z])                                %计算 f 关于 x,y,z 的偏导数
x=0;
y=0;
z=0;
pval=eval(p);                                        %计算偏导数在点(0,0,0)的值
grad=sum(pval.*[i j k])                              %返回梯度值
```

运行结果为

grad =

3 * i - 2 * j - 6 * k

即梯度为

$$\mathbf{grad}\, f(x,y) = 3\vec{i} + 2\vec{j} - 6\vec{k}.$$

习题 13-3

用 MATLAB 求下列导数或偏导数：

1. $y = \ln \dfrac{\sin \frac{1}{2}(x - \frac{\pi}{4})}{\sin \frac{1}{2}(x + \frac{\pi}{4})}$;

2. $y = (1 - x^2)\tan x \ln x$;

3. $y = \sqrt{x^2 - a^2} - a\arccos \dfrac{a}{x}(a > 0, x > 0)$;

4. $y = \cot \sqrt[3]{1 + x^2}$, 求 $y'|_{x=0}$;

5. $y = x^3 \ln x$, 求 $y^{(4)}$;

6. $z = x^2 \sin(xy)$;

7. $\begin{cases} x = \arctan t, \\ y = \ln(1 + t^2). \end{cases}$

第四节　求　极　值

用 MATLAB 软件求函数极值的命令为 fminbnd，其调用格式如下：

fminbnd(f,x1,x2) 求函数 f 在区间[x1,x2]上的极小值点，其中 f 可以是函数名，也可以是函数表达式．

例 22　求函数 $y = x + \sqrt{1 - x}$ 的极值．

解　为了能够容易地找到极值点，先画出该函数的曲线图，MATLAB 命令如下

```
x=-1:0.01:1;
y=x+sqrt(1-x);
```

plot(x,y)

运行结果如图 13-14 所示.

从图中可以看出,函数有极大值,由于 fminbnd 是求极小值点的,因此必须将函数取反号.MATLAB 命令如下

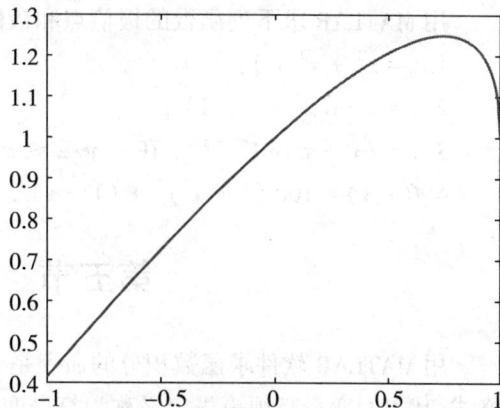

图 13-14

f='−x−sqrt(1−x)';

xmax=fminbnd(f,−1,1)

ymax=xmax+sqrt(1−xmax)

运行结果为

xmax =

　　0.7500

ymax =

　　1.2500

即最大值点为 $x = 0.75$,最大值 $y = 1.25$.

例 23　一房地产公司有 50 套公寓要出租.当月租金定为 1 000 元时,公寓会全部租出去.当月租金每增加 50 元时,就会多一套公寓租不出去.而租出去的公寓每月需花费 100 元的维修费.试问房租定为多少元可获得最大收入?

解　设每套月房租为 x 元,则租不出去的房子套数为

$$\frac{x-1\,000}{50} = \frac{x}{50} - 20,$$

租出去的房子套数为

$$50 - \left(\frac{x}{50} - 20\right) = 70 - \frac{x}{50},$$

租出去的每套房子获利 $x - 100$ 元,故总利润为

$$y = \left(70 - \frac{x}{50}\right)(x - 100) = -\frac{x^2}{50} + 72x - 7\,000.$$

本题要求极大值点,因此应用 fminbnd 命令时,必须将函数反号.MATLAB 命令如下

xmax=fminbnd('x.^2/50−72*x+7000',0,2000)

ymax=−xmax^2/50+72*xmax−7000

运行结果为

xmax =

1.8000e+03

ymax =

5.7800e+04

即 $x = 1800$ 为唯一的极大值点,这个极大值点就是最大值点,即当每套房月租金定在 1800 元时,可获得最大收入,最大收入为 57800 元.

习题 13-4

用 MATLAB 求下列函数的极值点和最值：

1. $y = x^3 + x^2 + 1$；

2. $y = x\sin(x^2 - x - 1)$；

3. $y = (x + \pi)e^{|\sin(x+\pi)|}$，在 $-\pi/2 \leqslant x \leqslant \pi/2$；

4. $f(x,y) = 100(y - x^2)^2 + (1 - x)^2$.

第五节　求　积　分

用 MATLAB 软件求函数积分的命令是 int，下表列出了求不定积分和定积分命令的使用格式，其中的变量必须事先定义称为符号变量. 命令格式如表 13-4 所示.

表 13-4

命令格式	表达式	说明
int(f)	$\int f(x)\,\mathrm{d}x$	默认自变量为 x
int(f,v)	$\int f(v)\,\mathrm{d}v$	v 为积分变量
int(f,a,b)	$\int_a^b f(x)\,\mathrm{d}x$	a,b 为积分区间
int(f,v,a,b)	$\int_a^b f(v)\,\mathrm{d}v$	a,b 为积分区间，v 为积分变量
int(int(f(x,y),y,y1(x),y2(x)),x,a,b)	$\int_a^b \mathrm{d}x \int_{y_1(x)}^{y_2(x)} f(x,y)\,\mathrm{d}y$	二次积分

例 24　求不定积分 $\int \dfrac{1 + \ln x}{x}\mathrm{d}x$.

解　求该积分的 MATLAB 命令如下

syms x n

f=(1+log(x))/x;

int(f,x)

运行结果为

ans =

(log(x)*(log(x) + 2))/2

即

$$\int \frac{1 + \ln x}{x}\mathrm{d}x = \frac{\ln x(\ln x + 2)}{2}.$$

注　在用 MATLAB 软件求不定积分时，不自动添加积分常数 C.

例 25　求定积分 $\int_{\frac{1}{2}}^{2}(1 + x - \dfrac{1}{x})\mathrm{e}^{x+\frac{1}{x}}\mathrm{d}x$.

解　求该定积分的 MATLAB 命令如下

syms x

int((1+x−1/x) * exp(x+1/x),1/2,2)

运行结果为

ans =

(3 * exp(5/2))/2

即

$$\int_{\frac{1}{2}}^{2}\left(1 + x - \frac{1}{x}\right)e^{x+\frac{1}{x}}dx = \frac{3}{2}e^{\frac{5}{2}}.$$

例 26　求二重积分 $\iint\limits_{D} xy d\sigma$，其中 D 是由抛物线 $y^2 = x$ 与直线 $y = x - 2$ 围成的区域.

解　画出积分区域 D，边界曲线的交点为 $(1,-1)$ 和 $(4,2)$，先计算 x 积分，后计算 y 积分，二重积分可化为二次积分 $\int_{-1}^{2} dy \int_{y^2}^{y+2} xy dx$，求该二次积分的 MATLAB 命令如下

syms x y

int(int(x * y,x,y^2,y+2),y,−1,2)

运行结果为

ans =

45/8

即

$$\iint\limits_{D} xy d\sigma = \frac{45}{8}.$$

例 27　计算反常积分 $\int_{2}^{4} \dfrac{x}{\sqrt{|x^2 - 9|}} dx$．

解　计算该反常积分的 MATLAB 命令如下

syms x

int(x/sqrt(abs(x^2-9)),x,2,4)

运行结果为

ans =

5^(1/2) + 7^(1/2)

即

$$\int_{2}^{4} \frac{x}{\sqrt{|x^2 - 9|}} dx = \sqrt{5} + \sqrt{7}.$$

例 28　讨论反常积分 $\int_{2}^{4} \dfrac{1}{(x - 2)^3} dx$．

解　计算该反常积分的 MATLAB 命令如下

syms x

int(1/(x−2)^3,x,2,4)

运行结果为

ans =

Inf

即反常积分 $\int_2^4 \dfrac{1}{(x-2)^3} \mathrm{d}x$ 发散.

习题 13-5

使用 MATLAB 求下列积分:

1. $\int_{\frac{1}{e}}^{e} |\ln x| \mathrm{d}x$;

2. $\int \cos^2 \sqrt{x} \, \mathrm{d}x$;

3. $\int x^2 \sqrt{25 - x^2} \, \mathrm{d}x$;

4. $\int \sin(\ln x) \mathrm{d}x$

5. $\int_0^1 \mathrm{d}x \int_{2x}^{x^2+1} xy \mathrm{d}y$;

6. $\iint\limits_{D} \sin(y^2) \mathrm{d}x \mathrm{d}y$,其中 D 是由 $x = 0$,$y = 1$ 及 $y = x$ 所围成的闭区域.

第六节　求　级　数

求级数的和需要用符号表达式 symsum 命令,其调用格式如下:

symsum(f, n, n1, n2)

其中,f 是符号表达式,表示一个级数的通项;n 是级数自变量,如果给出的级数中只含有一个变量,则在函数调用时可以省略 n;n1 和 n2 分别是求和的开始项和末项.

例 29　求级数 $1 + \dfrac{1}{3} + \dfrac{1}{5} + \dfrac{1}{7} + \cdots + \dfrac{1}{101}$ 的部分和.

解　先用数值计算方法求值. MATLAB 命令如下

n = 1 : 2 : 101;

s = sum(1./n)

运行结果为

s =

2.9477

由于数值计算中使用了浮点类型数据,至多只能保留 16 位有效数字,因此结果并不很精确.若利用符号求和指令,则可以求出精确的结果.MATLAB 命令如下

syms n

s = symsum(1/(2 * n+1) ,0,50)

运行结果为

s =

324325306525219110255115157732144603304439/
110027467159390003025279917226039729050575

例 30　求级数 $\sum\limits_{n=1}^{\infty} \dfrac{1}{n^6}$.

解　求该级数的 MATLAB 命令如下

syms n

symsum(1/n^6,1,inf)

运行结果为

ans =

pi^6/945

即

$$\sum_{n=1}^{\infty} \frac{1}{n^6} = \frac{\pi^6}{945}.$$

MATLAB 提供了 taylor 函数将函数展开为幂级数,其调用格式如下:

taylor(f,v,n,v,a)

该函数将函数 f 按变量 v 展开为泰勒级数,展开到第 n 项(即变量 v 的 n−1 次幂)为止;n 的默认值为 6;当 v 默认时,将表示对 syms 定义的符号变量泰勒展开;参数 a 指定将函数 f 在自变量 v=a 处展开,a 的默认值是 0.

例 31　求函数 $f(x) = \ln x$ 在 $x = 2$ 处的 7 阶泰勒展开式.

解　求该级数的 MATLAB 命令如下

syms x

f=log(x);

taylor(f,x,′ExpansionPoint′,2,′Order′,7)

运行结果为

ans =

x/2 + log(2) − (x − 2)^2/8 + (x − 2)^3/24 − (x − 2)^4/64 + (x − 2)^5/160 −
(x − 2)^6/384 − 1

即

$$f(x) = \ln 2 - 1 + \frac{x}{2} - \frac{(x-2)^2}{8} + \frac{(x-2)^3}{24} - \frac{(x-2)^4}{64} + \frac{(x-2)^5}{160} - \frac{(x-2)^6}{384}.$$

习题 13−6

用 MATLAB 判断下列级数的敛散性并求和:

1. $\sum\limits_{n=1}^{\infty} \dfrac{1}{n}$;

2. $\sum\limits_{n=1}^{\infty} \dfrac{1}{n^2}$;

3. $\displaystyle\sum_{n=1}^{\infty} \ln\left(1 + \frac{1}{n^2}\right)$;

4. $\displaystyle\sum_{n=1}^{\infty} \frac{2n-1}{2^n}$;

5. $\displaystyle\sum_{n=1}^{\infty} \left[\frac{1}{n(n+1)} - \frac{1}{3^n}\right]$;

6. $\displaystyle\sum_{n=1}^{\infty} (-1)^{n-1} \frac{n}{n+1}$;

7. $\displaystyle\sum_{n=1}^{\infty} \frac{1}{\sqrt{n(n^2+1)}}$.

第七节　求代数方程的解

代数方程是指未涉及微积分运算的方程,相对比较简单.在 MATLAB 符号数学工具箱中,用符号表达式表示的代数方程求解可由函数 solve 实现,其命令格式如表 13-5 所示.

表 13-5

命令格式	说明
S = solve(eqn,var)	求解方程 eqn,自变量为 var
Y = solve(eqns,vars)	求解方程组 eqns,自变量为 vars
S = solve(eqn,var,Name,Value)	求解方程 eqn,自变量为 var,选项 Name,Value

在 MATLAB 中,多项式由一个行向量表示,它的系数按降序排列.例如,输入多项式 $x^4 - 12x^3 + 25x + 116$,只需输入行向量 p = [1 -12 0 25 116] 即可.需要注意的是,在输入行向量时,必须包括具有零系数的项.因为除非特别地说明,MATLAB 无法知道哪一项系数为零.给出这种形式的多项式系数向量后,用函数 roots 找出一个多项式的根.

MATLAB 命令如下

p = [1 -12 0 25 116];

r = roots(p)

运行结果为

r =

11.7473 + 0.0000i

2.7028 + 0.0000i

−1.2251 + 1.4672i

−1.2251 − 1.4672i

例 32　求解代数方程 $ax^2 + bx + c = 0$.

解　求解该代数方程的 MATLAB 命令如下

```
syms a b c x;
s=a*x^2+b*x+c;
solve(s)
```
运行结果为
```
ans =
-(b + (b^2 - 4*a*c)^(1/2))/(2*a)
-(b - (b^2 - 4*a*c)^(1/2))/(2*a)
```
即代数方程的解为

$$x_1 = -\frac{b + \sqrt{b^2 - 4ac}}{2a}, \ x_2 = -\frac{b - \sqrt{b^2 - 4ac}}{2a}.$$

例 33　求解非线性方程组 $\begin{cases} x^2 - xy + y = 3, \\ x^2 - 4x + 3 = 0 \end{cases}$ 的解.

解　求解该方程组的 MATLAB 命令如下
```
syms x y;
eqns=[x^2+x*y+y==3  x^2-4*x+3==0]
[x y]=solve(eqns,[x y])
```
运行结果为
```
x =
1
3
y =
1
-3/2
```
即方程组有两个解

$$x_1 = 1, y_1 = 1; x_2 = 3, y_2 = -\frac{3}{2}.$$

注　输出结果是一个 Cell 结构,里面含有两个变量 x 和 y.

除了 solve 命令,对于单变量方程,也可以用 MATLAB 命令 fzero 求解方程在指定点附近的根,具体调用格式如下
```
X= fzero(fun,x0)
```
求函数 fun 在 x0 附近的根. 其中 fun 可以用函数定义,也可以直接写成表达式.

例 34　求方程 $x^3 - x^2 - 1 = 0$ 在 $x = 1.5$ 附近的实根.

解　求解该方程的 MATLAB 命令如下
```
f=@(x)x^3-x^2-1;
x=fzero(f,1.5)
```
运行结果为
```
x =
1.4656
```
在本题中,@符号的功能是得到函数 $x^3 - x^2 - 1$ 的句柄,并将该句柄赋给 f.@符号后面

的(x)表示指定 x 作为变量.所谓函数句柄,就是一个数值,它是系统用来直接调用函数的工具.

习题 13-7

用 MATLAB 计算下列代数方程:

1. $(\sin^2 x)\mathrm{e}^{-0.1x} - 0.5|x| = 0$

2. $\begin{cases} x^2 + ax^2 + 6b + 3y^2 = 0 \\ y = a + x + 3 \end{cases}$

3. $\begin{cases} 5y + 2z^2 = 17 \\ x^2 + 3y + z^3 = 2 \\ x^3 + 2z + 9 = 2/4 \end{cases}$

4. $\begin{cases} x^2 + y^2 - 1 = 0 \\ 0.75x^3 - y + 0.9 = 0 \end{cases}$

5. $\begin{cases} x^2 \mathrm{e}^{-xy^2} + \mathrm{e}^{-x/2}\sin(xy) = 0 \\ x^2 + y^2 \mathrm{e}^{x+y} = 0 \end{cases}$

6. $\begin{cases} x^2 + 2x + 1 = 0 \\ x + 3z = 4 \\ x + y + z = 1 \end{cases}$

第八节　求解微分方程

在 MATLAB 中,用大写字母 D 来表示微分,如:Dy 表示 $\dfrac{\mathrm{d}y}{\mathrm{d}x}$,D2y 表示 $\dfrac{\mathrm{d}^2 y}{\mathrm{d}(t^2)}$,D3y 表示 $\dfrac{\mathrm{d}^3 y}{\mathrm{d}(t^3)}$,依次类推.D2y+Dy+x-10=0 表示微分方程 $y'' + y' + x - 10 = 0$.Dy(0) = 3 表示 $y'(0) = 3$.在符号数学工具箱中,求解微分方程的符号解由函数 dsolve 实现,函数 dsolve 把 D 后面的字母当作因变量.命令格式如表 13-6 所示.

表 13-6

命令格式	说明
S = dsolve(eqn)	解微分方程 eqn,其中 eqn 是一个符号方程.用 diff 和 == 表示微分方程.例如,diff(y,x) == y 表示方程 dy/dx = y.通过指定 eqn 作为这些方程的向量来解微分方程组
S = dsolve(eqn,cond)	用初始条件或边界条件求解微分方程 eqn
S = dsolve(_,Name,Value)	使用由一个或多个名称、值对参数指定的附加选项

例 35 求微分方程 $\dfrac{\mathrm{d}y}{\mathrm{d}t} = \dfrac{t^2 + y^2}{2t^2}$ 的通解.

解 求解该方程的 MATLAB 命令如下

syms y(t) ;

eqn = diff(y,t) = = (t^2+y^2)/t^2/2;

s = dsolve(eqn)

运行结果为

s =

−t * (1/(C1 + log(t)/2) − 1)

即该微分方程的解为

$$y = -\, t\left(\frac{1}{C_1 + \dfrac{\log t}{2}} - 1 \right).$$

例 36 求微分方程 $\dfrac{\mathrm{d}^2 y}{\mathrm{d}(t^2)} = ay$ 的通解.

解 求解该方程的 MATLAB 命令如下

syms y(t) a

eqn = diff(y,t,2) = = a * y;

ySol(t) = dsolve(eqn)

运行结果为

ySol(t) =

C1 * exp(−a^(1/2) * t) + C2 * exp(a^(1/2) * t)

即该微分方程的通解为

$$y = C_1 \mathrm{e}^{-t\sqrt{a}} + C_2 \mathrm{e}^{t\sqrt{a}}.$$

例 37 求微分方程 $\dfrac{\mathrm{d}y}{\mathrm{d}t} = 2xy^2$ 的通解和当 $y(0) = 1$ 时的特解.

解 求解该方程的 MATLAB 命令如下

syms y(x)

eqn = diff(y,x) = = 2 * x * y^2;

cond = y(0) = = 1;

ySol(t) = dsolve(eqn)

ySolspec(t) = dsolve(eqn,cond)

运行结果为

ySol(t) =

−1/(x^2 + C1)

ySolspec(t) =

−1/(x^2 − 1)

即微分方程的通解为

$$y = -\, \frac{1}{x^2 + C_1},$$

特解为

$$y = -\frac{1}{x^2 - 1}.$$

例 38 求微分方程 $\dfrac{\mathrm{d}^2 y}{\mathrm{d}(t^2)} = a^2 y$ 的通解和当 $y(0) = b, y'(0) = 1$ 时的特解.

解 求解该方程的 MATLAB 命令如下

syms y(t) a b

eqn = diff(y,t,2) = = a^2 * y;

Dy = diff(y,t);

cond = [y(0) = = b, Dy(0) = = 1];

ySol(t) = dsolve(eqn, cond)

运行结果为

ySol(t) =

(exp(a * t) * (a * b + 1))/(2 * a) + (exp(-a * t) * (a * b - 1))/(2 * a)

即微分方程的特解为

$$y = \frac{\mathrm{e}^{at}(1 + ab)}{2a} + \frac{\mathrm{e}^{-at}(ab - 1)}{2a}.$$

例 39 求微分方程组 $\begin{cases} \dfrac{\mathrm{d}y}{\mathrm{d}t} = z, \\ \dfrac{\mathrm{d}z}{\mathrm{d}t} = -y \end{cases}$ 的解.

解 求解该方程的 MATLAB 命令如下

syms y(t) z(t)

eqns = [diff(y,t) = = z, diff(z,t) = = -y];

S = dsolve(eqns);

S.z

S.y

运行结果为

S.z =

C2 * cos(t) - C1 * sin(t)

S.y =

C1 * cos(t) + C2 * sin(t)

即方程组的通解为

$$\begin{cases} z = C_2\cos t - C_1\sin t, \\ y = C_1\cos t + C_2\sin t. \end{cases}$$

习题 13-8

用 MATLAB 求下列微分方程的通解和满足初始条件的特解:

1. $y' - 3y = 8, y\big|_{x=0} = 2$;

2. $y'' - 10y' + 9y = e^{2x}, y\big|_{x=0} = 1, y'\big|_{x=0} = 0$.

总习题十三

1.求下列函数的极限：

(1) $\lim\limits_{x \to +\infty} \dfrac{a^x - 1}{x}$;

(2) $\lim\limits_{x \to 2} \dfrac{\ln(x^2 - 3)}{x^2 - 3x + 2}$;

(3) $\lim\limits_{x \to +\infty} \dfrac{x^2 + \ln x}{x \ln x}$;

(4) $\lim\limits_{x \to 0} \dfrac{\tan x}{2x}$;

(5) $\lim\limits_{x \to 0} \dfrac{\sin 4x}{\sin 3x}$;

(6) $\lim\limits_{x \to +\infty} x \ln\left(1 + \dfrac{2}{x}\right)$.

2.求下列函数的导数或微分：(写出命令和结果)

(1) $y = \arcsin\sqrt{x}$,求 y' ；

(2) $y = \ln x$,求 y''' ；

(3) $y = \dfrac{1 + \sin^2 x}{\cos x}$,求 y' ；

(4) $y = \dfrac{1}{x} + \dfrac{1}{x^2} + \dfrac{1}{\sqrt[3]{x^2}}$,求 y' ；

(5) $y = (1 + \sqrt{x})(2 + \sqrt[3]{x})(3 + \sqrt[4]{x})$,求 y' ；

(6) $y = \dfrac{\tan x}{x}$,求 $\mathrm{d}y$ ；

(7) $y = \dfrac{\sqrt{x + 1} - \sqrt{x + 2}}{\sqrt{x + 1} - \sqrt{x + 2}}$,求 $\mathrm{d}y$ ；

(8) $y = e^x(x^2 - 2x + 2)$,求 $\mathrm{d}y$.

3.求下列函数的极值：(要求写出输入及结果,可通过计算机的结果画出草图)

(1) $y = (x^2 - 1)^2 \sin x - 1$ ；

(2) $y = \sqrt{2x - x^2}$.

4.求下列积分：

(1) $\displaystyle\int \dfrac{x^7}{x^4 + 2} \mathrm{d}x$ ；

(2) $\displaystyle\int \dfrac{1}{x^3} e^{\frac{1}{x}} \mathrm{d}x$ ；

(3) $\displaystyle\int \frac{1}{\sin^2 x \cos^2 x}\mathrm{d}x$;

(4) $\displaystyle\int \frac{\mathrm{e}^x}{1 + \mathrm{e}^{2x}}\mathrm{d}x$;

(5) $\displaystyle\int_3^4 \frac{x^2 + x - 6}{x + 3}\mathrm{d}x$;

(6) $\displaystyle\int_1^2 \frac{\sqrt{x^2 - 1}}{x}\mathrm{d}x$;

(7) $\displaystyle\int_1^{+\infty} \frac{1}{x^2(x^2 + 1)}\mathrm{d}x$;

(8) $\displaystyle\int_0^{+\infty} \mathrm{e}^{-x}\sin x\,\mathrm{d}x$.

5.求下列级数和数列的和:

(1) 求幂级数 $\displaystyle\sum_{n=1}^{\infty} nx^{n-1}$ 的收敛区间及和函数;

(2) 求幂级数的 $\displaystyle\sum_{n=1}^{\infty} \frac{2n-1}{2^n}x^{2n-2}$ 的和函数.

(3) A 国年 GDP 增长率为 8%,2005 年 GDP 总额为 2.2 万亿美元.B 国 GDP 增长率为 3.5%,2005 年 GDP 总额为 12.1 万亿美元.问假设将来 2 个国家都按此速度发展,2025 年末 A 国和 B 国的 GDP 和从 2005 年开始的累积 GDP 各是多少?

6.求下列微分方程的解:

(1) 已知微分方程

$$\frac{\mathrm{d}^2 y}{\mathrm{d}(x^2)} + 4\frac{\mathrm{d}y}{\mathrm{d}x} + 29y = 0,$$

求其特解.

(2) 求微分方程 $y'' - 2y' + 5y = \sin 2x$ 的通解.

(3) 解微分方程组

$$\begin{cases} y_1' = y_2 y_3, \\ y_2' = -y_2 y_3, \\ y_3' = -0.51 y_1 y_2, \\ y_1(0) = 0, y_2(0) = 1, y_1(0) = 1. \end{cases}$$

(4) 设位于坐标原点的甲舰向位于 x 轴上点 A(1,0)处的乙舰发射导弹,导弹头始终对准乙舰. 如果乙舰以最大的速度 v_0(是常数)沿平行于 y 轴的直线行驶,导弹的速度是 $5v_0$,导弹运行的曲线方程满足:$(1 - x)y'' = \dfrac{1}{5}\sqrt{1 + y^2}$,初始条件是 $y(0) = 0, y'(0) = 0$,求导弹运行的曲线,并作出图形.

参考答案

习题 8-1

1.D.

2.1.

3. $\overrightarrow{MA} = -\dfrac{1}{2}(a+b)$ ；　$\overrightarrow{MB} = \dfrac{1}{2}(a-b)$ ；　$\overrightarrow{MC} = \dfrac{1}{2}(a+b)$ ；　$\overrightarrow{MD} = \dfrac{1}{2}(b-a)$.

4. $M\left(0, 0, \dfrac{14}{9}\right)$.

5. $|\overrightarrow{AB}| = 2$；$\cos\alpha = -\dfrac{1}{2}$ ，$\cos\beta = \dfrac{1}{2}$ ，$\cos\gamma = -\dfrac{\sqrt{2}}{2}$ ；

　　$\alpha = \dfrac{2\pi}{3}, \beta = \dfrac{\pi}{3}, \gamma = \dfrac{3\pi}{4}$.

6. $\overrightarrow{M_1M_2} = (3, 3, 3)$ ，$-5\overrightarrow{M_1M_2} = (-15, -15, -15)$.

7. $e_a = \dfrac{1}{\sqrt{14}}(1,2,3)$ ，$e_a = -\dfrac{1}{\sqrt{14}}(1,2,3)$.

8.略.

9.略.

10. $A = (-2, 2, 4)$.

11. $a = 13i + 7j + 15k$，$a_y = 7$，在 z 轴上的分向量为 $15z$.

习题 8-2

1.(1) C;　　(2) B.

2.(1) 0,(3,2,-13);　　(2) 10,(4,12,4).

3. $\angle AMB = \dfrac{\pi}{3}$.

4. $-\dfrac{3}{2}$.

5.(3,6,-9)或-(3,6,-9).

6. $\mathbf{Prj}_b a = \dfrac{9}{5}$.

7. $\sqrt{14}$.

习题 8-3

1.(1) B；　(2) D；　(3) B.

2.(1) 单叶双曲面；　(2) $y = x^2 + z^2 + 1$.

3.球心在点 $M_0(1, -2, 0)$，半径为 $R = \sqrt{5}$ 的球面.

4.球心在点 $M_0\left(-\dfrac{2}{3}, -1, -\dfrac{4}{3}\right)$，半径为 $R = \dfrac{2}{3}\sqrt{29}$ 的球面.

5.$z^4 = 5(x^2 + y^2)$.

6.绕 x 轴：$4x^2 - 9(y^2 + z^2) = 36$，绕 y 轴：$4(x^2 + z^2) - 9y^2 = 36$.

7.略.

8.略.

9.xOy 平面上的椭圆 $\dfrac{x^2}{4} + \dfrac{y^2}{9} = 1$ 绕 x 轴旋转一周；

$\quad$ xOy 平面上的双曲线 $x^2 - y^2 = 1$ 绕 x 轴旋转一周.

10.略.

11.略.

习题 8-4

1.(1) B；　(2) C.

2.方程组中第一个方程表示母线平行于 z 轴的圆柱面，其准线是 xOy 面上的圆，圆心在原点 O，半径为 1.方程组中第二个方程表示一个母线平行于 y 轴的柱面，由于它的准线是 zOx 面上的直线，因此它是一个平面.方程组就表示上述平面与圆柱面的交线.

3.母线平行于 x 轴的柱面方程为 $3y^2 - z^2 = 16$；

$\quad$ 母线平行于 y 轴的柱面方程为 $3x^2 + 2z^2 = 16$.

4.$\begin{cases} x^2 + 2y^2 - 2y = 0, \\ z = 0. \end{cases}$

5.(1) $\begin{cases} x = \dfrac{3}{\sqrt{2}}\cos t, \\ y = \dfrac{3}{\sqrt{2}}\cos t, (0 \leqslant t \leqslant 2\pi); \\ z = 3\sin t. \end{cases}$
$\qquad$ (2) $\begin{cases} x = 1 + \sqrt{3}\cos\theta, \\ y = \sqrt{3}\sin\theta, (0 \leqslant \theta \leqslant 2\pi). \\ z = 0. \end{cases}$

6.$\begin{cases} x^2 + y^2 = a^2, \\ z = 0, \end{cases}$ $\qquad \begin{cases} y = a\sin\dfrac{z}{b}, \\ x = 0, \end{cases}$ $\qquad \begin{cases} x = a\cos\dfrac{z}{b}, \\ y = 0. \end{cases}$

7.在 xOy 面上的投影为：$x^2 + y^2 \leqslant 4$，在 zOx 面上的投影为：$x^2 \leqslant z \leqslant 4$，在 yOz 面上的投影为：$y^2 \leqslant z \leqslant 4$.

习题 8-5

1.（1）$\arccos \dfrac{\sqrt{66}}{33}$;　　（2）$\left(-\dfrac{5}{3}, \dfrac{2}{3}, \dfrac{2}{3}\right)$.

2. $x - 2y + 3z - 8 = 0$.

3. $14x + 9y - z - 15 = 0$.

4. $-y - 3z = 0$.

5. $2x + 9y - 6z - 121 = 0$.

6.（1）yOz 面；　　　　　（2）平行于 xOz 面的平面；

　（3）平行于 z 轴的平面；　　（4）通过 z 轴的平面.

7. $\dfrac{1}{3}, \dfrac{2}{3}, \dfrac{2}{3}$.

8. $x + y - 3z + 1 = 0$.

9. $(1, -1, 3)$.

10. $3\sqrt{13}$.

习题 8-6

1. D.

2.（1）$\dfrac{\pi}{3}$;　　（2）平行.

3. $\varphi = \dfrac{\pi}{4}$.

4. $\dfrac{x-1}{2} = \dfrac{y+2}{-3} = \dfrac{z-4}{1}$.

5. $\dfrac{x-1}{-2} = \dfrac{y-1}{1} = \dfrac{z-1}{3}$, $\begin{cases} x = 1 - 2t, \\ y = 1 + t, \\ z = 1 + 3t. \end{cases}$ （t 为任意常数）

6. $16x - 14y - 11z - 65 = 0$.

7. $8x - 9y - 22z - 59 = 0$.

8. $\varphi = 0$.

9. $x - y + z = 0$.

10. $\dfrac{3}{2}\sqrt{2}$.

总习题八

1.（1）① $\cos\alpha = \dfrac{3}{5\sqrt{2}}, \cos\beta = \dfrac{-4}{5\sqrt{2}}, \cos\gamma = \dfrac{1}{\sqrt{2}}$;　$\pm\left(\dfrac{3}{5\sqrt{2}}, \dfrac{-4}{5\sqrt{2}}, \dfrac{1}{\sqrt{2}}\right)$;

　　② $5, \dfrac{\pi}{4}$;　③ $\dfrac{15}{2}$;　④ $3x - 4y + 5z = 0$;　⑤ $\dfrac{x+3}{3} = \dfrac{y+1}{-4} = \dfrac{z-1}{5}$.

（2）① 圆锥面；　② 抛物面；　③ 双曲柱面；　④ 圆锥面.

2.(1) B；　　(2) D；　　(3) D；　　(4) C；　　(5) C；

　　(6) C；　　(7) B；　　(8) C；　　(9) A.

3.$(-10,5,5)$.

4.$z = x^2 + y^2 - 1(0 \leqslant z \leqslant 1)$.

5.证明略；$c = 5a + b$.

6.$z = 1$.

7.$(14,10,2)$.

8.$4(z - 1) = (x - 1)^2 + (y + 1)^2$.

9.$x + 8y + 6z + 11 = 0$.

10.不平行，不垂直.

11.$\begin{cases} x + y = x^2 + y^2, \\ z = 0; \end{cases}$　$\begin{cases} 2x^2 + z^2 + 2xz - 4x - 3z + 2 = 0, \\ y = 0; \end{cases}$

$\begin{cases} 2y^2 + z^2 + 2yz - 4y - 3z + 2 = 0, \\ x = 0. \end{cases}$

习题 9-1

1.(1) 0；　　(2) 0；　　(3) e；　　(4) $\dfrac{x^2(1 - y)}{1 + y}$.

2.(1) $\{(x,y) \mid y^2 - 2x + 1 > 0\}$；

　　(2) $\{(x,y) \mid x + y > 0, x - y > 0\}$；

　　(3) $\{(x,y) \mid x > 0, y \geqslant 0, x^2 \geqslant y\}$；

　　(4) $\{(x,y,z) \mid r^2 < x^2 + y^2 + z^2 \leqslant R^2\}$.

3.(1) 1；　　(2) $\dfrac{3}{2}$；　　(3) $\dfrac{1}{2}$；　　(4) -2；　　(5) 6；　　(6) 1.

4.略.

5.$\{(x,y) \mid x^2 + y^2 = 1\}$.

6.略.

习题 9-2

1.(1) $2\cos 1 - \sin 1$；　　(2) 2；　　(3) $e^{xyz}(1 + 3xyz + x^2y^2z^2)$.

2.$\left. \dfrac{\partial z}{\partial x} \right|_{\substack{x=1 \\ y=2}} = 8$，$\left. \dfrac{\partial z}{\partial y} \right|_{\substack{x=1 \\ y=2}} = 7$.

3.$\dfrac{\pi}{4}$.

4.$x^2 + y^2 = 0, f_x(0,0) = f_y(0,0) = 0$；

　　$x^2 + y^2 \neq 0, f_x(x,y) = \dfrac{y(-x^2 + y^2)}{(x^2 + y^2)^2}, f_y(x,y) = \dfrac{x(x^2 - y^2)}{(x^2 + y^2)^2}$.

5.$f_{xx}(0,0,1) = 2, f_{xz}(1,0,2) = 2, f_{yz}(0,-1,0) = 0, f_{zzx}(2,0,1) = 0$.

6.$\dfrac{\partial^3 z}{\partial x^2 \partial y} = 4e^x y^3$，$\dfrac{\partial^3 z}{\partial x \partial y^2} = 12e^x y^2$.

7.略.

习题 9-3

1.（1）$x^y\left[(y+1)\mathrm{d}x+x\ln x\mathrm{d}y\right]$；

（2）$\dfrac{1}{3}\mathrm{d}x+\dfrac{2}{3}\mathrm{d}y$；

（3）$-(x^2+y^2+z^2)^{-\frac{3}{2}}(x\mathrm{d}x+y\mathrm{d}y+z\mathrm{d}z)$.

2.（1）D；　（2）A.

3. $\mathrm{e}^2\mathrm{d}x+2\mathrm{e}^2\mathrm{d}y$.

4. $2xy\mathrm{d}x+(x^2+2y)\mathrm{d}y$.

5. $\left(\dfrac{x}{y}\right)^{z-1}\left(\dfrac{z}{y}\mathrm{d}x-\dfrac{x}{y^2}\mathrm{d}y+\dfrac{x}{y}\ln\dfrac{x}{y}\mathrm{d}z\right)$.

6. 2.95.

7. 这个矩形的对角线的长减少大约 5 cm.

习题 9-4

1. $\dfrac{\partial z}{\partial x}=\mathrm{e}^{xy}\left[y\sin(x+y)+\cos(x+y)\right],\dfrac{\partial z}{\partial y}=\mathrm{e}^{xy}\left[x\sin(x+y)+\cos(x+y)\right]$.

2. $\dfrac{\partial z}{\partial x}=y(3x^2+4xy+3x^2y+y^2+2xy^2),\dfrac{\partial z}{\partial y}=x(3y^2+4xy+3xy^2+x^2+2x^2y)$.

3. $\dfrac{\partial u}{\partial x}=2x(1+2x^2\sin^2y)\mathrm{e}^{x^2+y^2+x^4\sin^2y},\dfrac{\partial u}{\partial y}=2(y+x^4\sin y\cos y)\mathrm{e}^{x^2+y^2+x^4\sin^2y}$.

4. $\mathrm{e}^{\sin t-2t^3}(\cos t-6t^2)$.

5. $\dfrac{3(1-4t^2)}{\sqrt{1-(3t-4t^3)^2}}$.

6. $\dfrac{\mathrm{e}^x(1+x)}{1+x^2\mathrm{e}^{2x}}$.

7. $\dfrac{\partial z}{\partial x}=\mathrm{e}^{-u}(v\cos v-u\sin v),\dfrac{\partial z}{\partial y}=\mathrm{e}^{-u}(u\cos v+v\sin v)$.

8.略.

9.略.

习题 9-5

1.B.

2. $-\dfrac{1}{3z}(x\mathrm{d}x+2y\mathrm{d}y)$.

3. $\dfrac{(2-z)^2+x^2}{(2-z)^3}$.

4. $\dfrac{z(z^4-2xyz^2-x^2y^2)}{(z^2-xy)^3}$.

5. $\dfrac{y[1 + z\cos(xyz)]}{e^z - xy\cos(xyz)}, \dfrac{x[1 + z\cos(xyz)]}{e^z - xy\cos(xyz)}$.

6. $\dfrac{\partial u}{\partial x} = \dfrac{\sin v}{e^u(\sin v - \cos v) + 1}, \dfrac{\partial u}{\partial y} = \dfrac{-\cos v}{e^u(\sin v - \cos v) + 1},$

$\dfrac{\partial v}{\partial x} = \dfrac{\cos v - e^u}{u[e^u(\sin v - \cos v) + 1]}, \dfrac{\partial v}{\partial y} = \dfrac{\sin v + e^u}{u[e^u(\sin v - \cos v) + 1]}$.

7.略.

8.略.

习题 9-6

1. $\dfrac{x - 1}{2} = \dfrac{y - 1}{1} = \dfrac{z - 1}{4}$.

2.C.

3.切线方程: $\dfrac{x - \left(\dfrac{\pi}{2} - 1\right)}{1} = \dfrac{y - 1}{1} = \dfrac{z - 2\sqrt{2}}{\sqrt{2}}$,

法平面方程: $x + y + \sqrt{2}z - 4 - \dfrac{\pi}{2} = 0$.

4. $\dfrac{3}{\sqrt{22}}$.

5.略.

习题 9-7

1. $\dfrac{1}{3}$.

2.C.

3.由方向导数与梯度关系:取得最大方向导数的方向即为梯度方向,最大的方向导数 $|\mathbf{grad}\, f(x_0, y_0)|$ 即为梯度的模.

(1) $\sqrt{2}$;   (2) 相应的方向即向量 $\mathbf{i} + \mathbf{j}$ 的方向.

4. $\dfrac{6\sqrt{14}}{7}$.

5.两个偏导数均不存在;沿任一方向的方向导数存在.

习题 9-8

1.(1) B   (2) A

2.极小值 0.

3.极小值 $-\dfrac{8}{9}\sqrt{3}$.

4.极小值 $-\dfrac{e}{2}$.

5.极小值-5;极大值31.

6.极小值$27a^3$.

7.$\left(1,-\dfrac{1}{2},\dfrac{1}{2}\right)$.

8.长、宽、高均为$\sqrt[3]{2}$时,用料最省.

9.最大值为$\dfrac{\sqrt{6}}{36}a^3$.

总习题九

1.(1) 无关;　　(2) 连续;

(3) $f[1,f(x,y)]=3\cdot1+2\cdot f(x,y)=3+2(3x+2y)=6x+4y+3$;

(4) $\begin{cases} x+y>0 \\ 1-x^2-y^2\geqslant0 \end{cases} \Rightarrow \{(x,y)\mid x^2+y^2\leqslant1,x+y>0\}$;

(5) 0;　　　　(6) $f_1'+yf_2'$.

2.(1) C; (2) B; (3) B; (4) D; (5) D; (6) B.

3. $\lim\limits_{(x,y)\to(0,0)}(x+y)\sin\dfrac{1}{xy}=0.$

4.函数$f(x,y)$在$(0,0)$处不连续,全微分不存在,函数在该点偏导数存在.

5.(1) $\dfrac{\partial z}{\partial x}=\sin(x+y)+x\cos(x+y)$;

(2) $\dfrac{\partial^2 z}{\partial x^2}=\cos(x+y)+\cos(x+y)+x[-\sin(x+y)]=2\cos(x+y)-x\sin(x+y)$;

(3) $\dfrac{\partial^2 z}{\partial x\partial y}=\cos(x+y)-x\sin(x+y)$;

(4) $\dfrac{\partial z}{\partial y}=x\cos(x+y)$;

(5) $\dfrac{\partial^2 z}{\partial y^2}=-x\sin(x+y)$;

(6) $\dfrac{\partial^2 z}{\partial y\partial x}=\cos(x+y)-x\sin(x+y)$.

6. $\dfrac{\partial z}{\partial x}=-\dfrac{F_x'(x,y,z)}{F_z'(x,y,z)}=\dfrac{yz\cos(xyz)+y}{e^z-xy\cos(xyz)}$, $\dfrac{\partial z}{\partial y}=-\dfrac{F_y'(x,y,z)}{F_z'(x,y,z)}=\dfrac{xz\cos(xyz)+x}{e^z-xy\cos(xyz)}$.

7. $\mathrm{d}z=\dfrac{\partial z}{\partial x}\mathrm{d}x+\dfrac{\partial z}{\partial y}\mathrm{d}y=(f_1'\cdot e^x+f_2'\cdot y)\mathrm{d}x+(f_2'\cdot x+f_3'\cdot\cos y)\mathrm{d}y$.

8. $\dfrac{\partial z}{\partial x}=\dfrac{\partial f}{\partial x}+\dfrac{\partial f}{\partial u}\cdot\dfrac{\partial u}{\partial x}=2x+F'(u)\cdot(2x)=2x[1+F'(x^2-y^2)]$;

$\dfrac{\partial z}{\partial y}=\dfrac{\partial f}{\partial y}+\dfrac{\partial f}{\partial u}\cdot\dfrac{\partial u}{\partial y}=3y^2+F'(u)\cdot(-2y)=3y^2-2yF'(x^2-y^2)$.

9. $\dfrac{\partial z}{\partial x} = -\dfrac{F_x{}'(x,y,z)}{F_z{}'(x,y,z)} = \dfrac{zf_1{}'}{1 - xf_1{}' - f_2{}'}$; $\dfrac{\partial z}{\partial y} = -\dfrac{F_y{}'(x,y,z)}{F_z{}'(x,y,z)} = \dfrac{-f_2{}'}{1 - xf_1{}' - f_2{}'}$.

10.切平面方程为 $x + 4y + 6z = \pm 21$.

11.广告费用 0.75 万元,报纸费用 1.25 万元,销售收入最大.

习题 10-1

1. $\displaystyle\iint\limits_{D}\mu(x,y)\,\mathrm{d}x\mathrm{d}y$.

2.(1) $\displaystyle\iint\limits_{D}\ln(x + y)\,\mathrm{d}\sigma \geqslant \iint\limits_{D}[\ln(x + y)]^2\mathrm{d}\sigma$;

  (2) $\displaystyle\iint\limits_{D}\ln(x + y)\,\mathrm{d}\sigma \leqslant \iint\limits_{D}[\ln(x + y)]^2\mathrm{d}\sigma$.

3.(1) $2 \leqslant I \leqslant 8$;(2) $36\pi \leqslant I \leqslant 100\pi$.

习题 10-2

1.(1) $\displaystyle\int_0^4\mathrm{d}x\int_x^{2\sqrt{x}}f(x,y)\,\mathrm{d}y$ 或 $\displaystyle\int_0^4\mathrm{d}y\int_{\frac{1}{4}y^2}^{y}f(x,y)\,\mathrm{d}x$;

  (2) $\displaystyle\int_0^1\mathrm{d}x\int_{\sqrt{1-x^2}}^{\sqrt{4-x^2}}f(x,y)\,\mathrm{d}y + \int_1^2\mathrm{d}x\int_0^{\sqrt{4-x^2}}f(x,y)\,\mathrm{d}y$ 或 $\displaystyle\int_0^1\mathrm{d}y\int_{\sqrt{1-y^2}}^{\sqrt{4-y^2}}f(x,y)\,\mathrm{d}x + \int_1^2\mathrm{d}y$ $\displaystyle\int_0^{\sqrt{4-y^2}}f(x,y)\,\mathrm{d}x$.

2.(1) $\displaystyle\int_0^4\mathrm{d}x\int_{\frac{x}{2}}^{\sqrt{x}}f(x,y)\,\mathrm{d}y$;   (2) $\displaystyle\int_0^1\mathrm{d}y\int_{e^y}^{e}f(x,y)\,\mathrm{d}x$;

  (3) $\displaystyle\int_0^1\mathrm{d}x\int_x^1 f(x,y)\,\mathrm{d}y$;   (4) $\displaystyle\int_1^2\mathrm{d}x\int_{\frac{1}{x}}^{\sqrt{x}}f(x,y)\,\mathrm{d}y$.

3. $\dfrac{1}{4}$.

4.(1) $\dfrac{8}{3}$;   (2) $-\dfrac{3}{2}\pi$;   (3) $\dfrac{13}{6}$;   (4) $\dfrac{6}{55}$.

5. 6π .

6.(1) $\dfrac{\pi a^4}{8}$;   (2) $\pi(e^4 - 1)$;   (3) $\dfrac{\pi}{4}(2\ln 2 - 1)$.

7.(1) $\dfrac{3\pi a^4}{4}$;   (2) $\dfrac{1}{6}a^3[\sqrt{2} + \ln(1 + \sqrt{2})]$.

8.(1) $\dfrac{9}{4}$;   (2) $\dfrac{2\pi}{3}(b^3 - a^3)$.

9. $\dfrac{3}{32}\pi a^4$

习题 10-3

1.(1) $\int_0^1 dx \int_0^{1-x} dy \int_0^{xy} f(x,y,z) dz$;   (2) $\int_{-1}^1 dx \int_{-\sqrt{1-x^2}}^{\sqrt{1-x^2}} dy \int_{x^2+y^2}^1 f(x,y,z) dz$.

2.(1) $\dfrac{1}{364}$;   (2) $\dfrac{1}{2}(\ln2 - \dfrac{5}{8})$;   (3) 0.

3.(1) $\dfrac{7\pi}{12}$;   (2) 8π .

4.(1) $\dfrac{4\pi}{5}$;   (2) $\dfrac{7\pi a^4}{6}$.

5.(1) $\dfrac{1}{8}$;   (2) $\dfrac{\pi}{10}$.

6.(1) $\dfrac{32\pi}{3}$;   (2) $\dfrac{\pi}{6}$.

习题 10-4

1. $2a^2(\pi - 2)$.

2. $\sqrt{2}\pi$.

3. $\bar{x} = \dfrac{3}{5}x_0, \bar{y} = \dfrac{3}{8}y_0$.

4. $I_x = \dfrac{1}{3}ab^3, I_y = \dfrac{1}{3}ba^3$.

总习题十

1.(1) 连续;   (2) $f(0,0)$;   (3) $\int_1^t f(x)(x-1) dx$, $f(t)(t-1)$.

2.(1) C;   (2) D.

3.(1) $\dfrac{\pi}{2} - 1$;   (2) $\dfrac{R^3(\pi - \dfrac{4}{3})}{3}$;   (3) $\dfrac{37\pi}{4}$.

4. $\dfrac{4}{3}$.

5. $I = \dfrac{368\mu}{105}$.

6. $\dfrac{1}{48}$.

习题 11-1

1.(1) $\bar{x} = \dfrac{1}{M}\int_L x\mu(x,y) ds$, $\bar{y} = \dfrac{1}{M}\int_L y\mu(x,y) ds$;

(2) $I_x = \int_L y^2\mu(x,y) ds$, $I_y = \int_L x^2\mu(x,y) ds$.

2.(1) $2\pi^2 a^3(1 + 2\pi^2)$;   (2) $\sqrt{2}$;   (3) $2\pi a^{2n+1}$;

(4) $\dfrac{256a^3}{15}$;   (5) $2a^2$.

习题 11-2

1. $-fr$.

2.(1) 2;   (2) $-\dfrac{\pi}{2}a^3$;   (3) $-\dfrac{56}{15}$;   (4) $-\dfrac{1}{20}$;   (5) 10.

3.(1) $\dfrac{34}{3}$;   (2) 11;   (3) $\dfrac{32}{3}$.

习题 11-3

1.(1) $\dfrac{81\pi}{2}$;   (2) 1;   (3) $\dfrac{5}{64} \times 3^6 \pi$;   (4) -2π .

2. $e^\pi - 1$.

3. 略.

4. 236.

5.(1) $x^3 y + 4x^2 y^2 - 12e^y + 12ye^y$;   (2) $\dfrac{1}{2}x^2 + 2xy + \dfrac{1}{2}y^2$.

习题 11-4

1.(1) 4π ;   (2) $3\iint\limits_{\Sigma} \mathrm{d}s$.

2.(1) $\dfrac{13\pi}{3}$;   (2) $\dfrac{149\pi}{30}$;   (3) $\dfrac{111\pi}{10}$.

3.(1) $\dfrac{5\sqrt{3}}{6}$;   (2) $\dfrac{2\pi}{15}(6\sqrt{3} + 1)$;   (3) $(\sqrt{3} - 1)\ln 2 + \dfrac{3 - \sqrt{3}}{2}$;   (4) $\pi a^3 (a + 2h)$.

习题 11-5

1.(1) $\dfrac{3\pi}{2}$;   (2) $\dfrac{2\pi R^7}{105}$;   (3) πh .

2. $\dfrac{1}{8}$.

3.(1) $\iint\limits_{\Sigma} \left(\dfrac{3}{5}P + \dfrac{2}{5}Q + \dfrac{2\sqrt{3}}{5}R \right) \mathrm{d}s$;(2) $\iint\limits_{\Sigma} \dfrac{2xP + 2yQ + R}{\sqrt{1 + 4x^2 + 4y^2}} \mathrm{d}s$.

习题 11-6

1.(1) $3a^4$;   (2) $\dfrac{12\pi a^5}{5}$;   (3) 81π ;   (4) $3a^3$.

2.略.

习题 11-7

1.略.

2.(1) $-\sqrt{3}\pi a^2$;　　(2) 9π;　　(4) $2\pi a^3$.

3.(1) $\mathbf{rot}A = 2i + 4j + 6k$;　　(2) $\mathbf{rot}A = i + j$.

总习题十一

1.(1) $12a$;　　(2) 1;　　(3) 0;　　(4) $xF_x' = yF_y'$;　　(5) 0.

2.(1) $\dfrac{2\pi a^3}{3}$;　　(2) π.

3. $y = \sin x(0 \leqslant x \leqslant \pi)$.

4. $\dfrac{1}{2}$.

5.(1) 2π;　　(2) $-\dfrac{\pi}{2}$.

习题 12-1

1.略.

2.(1) 发散;　　(2) 收敛;　　(3) 收敛;　　(4) 发散.

3.(1) 发散;　　(2) 发散;　　(3) 发散;　　(4) 发散;

(5) 收敛;　　(6) 收敛;　　(7) 收敛.

习题 12-2

1.略.

2.(1) 发散;　　(2) 收敛;　　(3) 收敛;　　(4) 发散;

(5) 收敛;　　(6) 收敛;　　(7) 收敛;　　(8) 收敛.

3.(1) 发散;　　(2) 收敛;　　(3) 发散;　　(4) 发散;

(5) 收敛.

4.(1) 收敛;　　(2) 收敛;　　(3) 收敛;　　(4) 收敛.

5.(1) 绝对收敛;　　(2) 绝对收敛;　　(3) 发散;　　(4) 条件收敛;

(5) 条件收敛;　　(6) 绝对收敛;　　(7) 发散;　　(8) 发散.

习题 12-3

1.(1) $R = 1$;　　(2) $R = 2$;　　(3) $R = \dfrac{1}{2}$;　　(4) $R = 1$.

2.(1) $x = 0$;　　(2) $[-5,5)$;　　(3) $(-1,2)$;　　(4) $[-1,3)$;　　(5) $(0,2)$.

3.(1) $s(x) = \dfrac{1}{(1+x)^2}, x \in (-1,1)$;　　(2) $s(x) = \arctan x, x \in (-1,1]$;

(3) $s(x) = \dfrac{1 + x^2}{(1 - x^2)^2}$, $x \in (-1, 1)$;

(4) $s(x) = \begin{cases} 1, & x = 0, \\ \dfrac{4x - 3}{(1 - x)^2} - \dfrac{4}{x}\ln(1 - x), & x \in (-1, 0) \cup (0, 1). \end{cases}$

习题 12-4

1.(1) $f(x) = (1 - x)\ln(1 + x) = x + \displaystyle\sum_{n=2}^{\infty} \dfrac{(-1)^{n-1}(2n - 1)}{n(n - 1)} x^n \ (-1 < x \leqslant 1)$;

(2) $f(x) = \dfrac{x}{1 - x^2} = x + x^3 + x^5 + \cdots + x^{2n-1} + \cdots (-1 < x < 1)$;

(3) $f(x) = e^{x^2} = 1 + x^2 + \dfrac{x^4}{2!} + \cdots + \dfrac{x^{2n}}{n!} + \cdots (-\infty < x < +\infty)$;

(4) $f(x) = \sin^2 x = \displaystyle\sum_{n=1}^{\infty} (-1)^{n-1} \dfrac{(2x)^{2n}}{2(2n)!} (-\infty < x < +\infty)$;

(5) $f(x) = \arctan x = \dfrac{\pi}{4} + \displaystyle\sum_{n=0}^{\infty} \dfrac{(-1)^n}{2n + 1} x^{2n+1} (-1 \leqslant x \leqslant 1)$;

(6) $f(x) = \ln(2 + x - 3x^2) = \ln 2 - \displaystyle\sum_{n=1}^{\infty} \dfrac{1}{n}\left[1 + \left(-\dfrac{3}{2}\right)^n\right] x^n \left(-\dfrac{2}{3} < x \leqslant \dfrac{2}{3}\right)$.

2.(1) $f(x) = a^x = \displaystyle\sum_{n=0}^{\infty} \dfrac{a\,(\ln a)^n}{n!} (x - 1)^n (-\infty < x < +\infty)$;

(2) $f(x) = \dfrac{1}{x^2 + 4x + 3} = \displaystyle\sum_{n=0}^{\infty} (-1)^n\left(\dfrac{1}{2^{n+2}} - \dfrac{1}{2^{2n+3}}\right)(x - 1)^n (-1 < x < 3)$;

(3) $f(x) = \dfrac{1}{x} = \displaystyle\sum_{n=0}^{\infty} (-1)^n (x - 1)^n (0 < x < 2)$.

3. $\cos x = \dfrac{1}{2} \displaystyle\sum_{n=0}^{\infty} (-1)^n \left[\dfrac{\left(x + \dfrac{\pi}{3}\right)^{2n}}{(2n)!} + \sqrt{3}\, \dfrac{\left(x + \dfrac{\pi}{3}\right)^{2n+1}}{(2n + 1)!} \right] (-\infty < x < +\infty)$.

4. $\ln x = \ln 2 + \displaystyle\sum_{n=1}^{\infty} (-1)^{n-1} \dfrac{(x - 2)^n}{n \cdot 2^n} (0 < x \leqslant 4]$,展开式中令 $x = 1$ 可得到 $\ln 2 = \displaystyle\sum_{n=1}^{\infty} \dfrac{1}{n 2^n}$.

5. $\sqrt[5]{240} \approx 2.9926$.

6. $\sin 9° \approx 0.15643$,其误差不超过 10^{-5} .

7. $\ln 2 \approx 0.6931$.

8. $\displaystyle\int_0^1 \dfrac{\sin x}{x} \mathrm{d}x \approx 1 - \dfrac{1}{3 \cdot 3!} + \dfrac{1}{5 \cdot 5!} = 0.9461$.

习题 12-5

1.(1) 提示: $a_n = \dfrac{1}{\pi} \displaystyle\int_0^{\pi} e^x \cos nx \, \mathrm{d}x = \dfrac{1}{\pi}\left[\dfrac{e^x(n\sin nx + \cos nx)}{1 + n^2} \right]\Bigg|_0^{\pi}$

$$= \frac{1}{\pi} \cdot \frac{e^{\pi}(-1)^n - 1}{1 + n^2} (n = 0,1,2,\cdots) ;$$

$$f(x) = \frac{e^{\pi} - 1}{2\pi} + \frac{1}{\pi}\sum_{n=1}^{\infty}\left\{\frac{(-1)^n e^{\pi} - 1}{n^2 + 1}\cos nx + \frac{n[1 - (-1)^n e^{\pi}]}{n^2 + 1}\sin nx\right\} (-\infty < x < +\infty,$$

$$x \neq k\pi, k = 0, \pm 1, \pm 2, \cdots)$$

$(2) f(x) = -\frac{\pi}{4} + \frac{2}{\pi}\sum_{k=1}^{\infty}\frac{1}{(2k-1)^2}\cos(2k-1)x + \sum_{n=1}^{\infty}\frac{(-1)^{n-1}}{n}\sin nx \ (-\infty < x < +\infty;$

$x \neq \pm\pi, \pm 3\pi)$;

$(3) f(x) = \frac{\pi}{2} - \frac{4}{\pi}\sum_{k=1}^{\infty}\frac{1}{(2k-1)^2}\cos(2k-1)x (-\infty < x < +\infty)$;

$(4) f(x) = \frac{e^{2\pi} - e^{-2\pi}}{\pi}\left[\frac{1}{4} + \sum_{n=1}^{\infty}\frac{(-1)^n}{n^2 + 4}(2\cos nx - n\sin nx)\right] (x \neq (2k+1)\pi, k = 0,$

$\pm 1, \pm 2, \cdots)$;

$(5) f(x) = \frac{3}{8} - \frac{1}{2}\cos 2x + \frac{1}{8}\cos 4x (-\pi \leqslant x \leqslant \pi)$.

$2.(1) f(x) = \frac{\pi^2}{3} + 4\sum_{n=1}^{\infty}(-1)^n\frac{\cos nx}{n^2} (-\pi < x < \pi)$;

$(2) f(x) = \cos\frac{x}{2} = \frac{2}{\pi} + \frac{4}{\pi}\sum_{n=1}^{\infty}\frac{(-1)^{n-1}}{4n^2 - 1}\cos nx (-\pi \leqslant x \leqslant \pi)$;

$(3) f(x) = \frac{\pi - x}{2} = \sum_{n=1}^{\infty}\frac{\sin nx}{n}(0 < x < 2\pi)$;

$(4) f(x) = \frac{4}{3}a\pi^2 + b\pi + c + \sum_{n=1}^{\infty}\frac{4a}{n^2}\cos nx - \frac{4\pi a + 2b}{n}\sin nx(0 < x < 2\pi)$.

$3. f(x) = \frac{k}{2} + \frac{2k}{\pi}(\sin\frac{\pi x}{2} + \frac{1}{3}\sin\frac{3\pi x}{2} + \frac{1}{5}\sin\frac{5\pi x}{2} + \cdots + \frac{1}{2n-1}\sin\frac{(2n-1)\pi x}{2} + \cdots)$

$(-\infty < x < +\infty; x \neq 0, \pm 2, \pm 4, \cdots)$.

$4. f(x) = 2 + |x| = \frac{5}{2} - \frac{4}{\pi^2}\sum_{n=0}^{\infty}\frac{\cos(2k+1)\pi x}{(2k+1)^2} (-1 \leqslant x \leqslant 1)$.

$5. f(x) = \frac{8}{\pi^2}\sum_{n=0}^{\infty}\frac{1}{(2n+1)^2}\cos\frac{(2n+1)\pi x}{2}(0 < x < 4)$.

$6. M(x) = \frac{2pl}{\pi^2}(\sin\frac{\pi x}{l} - \frac{1}{3^2}\sin\frac{3\pi x}{l} + \frac{1}{5^2}\sin\frac{5\pi x}{l} - \cdots)(0 \leqslant x \leqslant l)$.

7.正弦级数 $f(x) = \frac{1}{\pi}\left[\sin x + 2\sum_{n=2}^{\infty}\frac{1}{n^2 - 1}(n - \sin\frac{n\pi}{2})\sin nx\right](0 < x \leqslant \pi)$;

余弦级数 $f(x) = \frac{1}{\pi} + \frac{1}{2}\cos x + \frac{2}{\pi}\sum_{k=1}^{\infty}\frac{(-1)^{k-1}}{4k^2 - 1}\cos 2kx(0 \leqslant x \leqslant \pi)$.

8.提示： $f^2(x) = \frac{a_0}{2}f(x) + \sum_{n=1}^{\infty}(a_n f(x)\cos nx + b_n f(x)\sin nx)$,再逐项积分.

总习题十二

1.（1）C；　　（2）B；　　（3）A；　　（4）D；

　（5）B；　　（6）B；　　（7）C；　　（8）A.

2.（1）$\dfrac{2}{2-\ln 3}$；　　（2）$[-1,1)$；　　（3）$\sqrt{3}$；

　（4）$(-2,4)$；　　（5）$\dfrac{3}{2}$；　　　　（6）$\dfrac{\pi^2}{2}$；

　（7）$\dfrac{2\pi}{3}$；　　　　（8）1.

3.（1）收敛；　　（2）发散；　　（3）收敛；　　（4）发散；

　（5）收敛；　　（6）收敛；　　（7）收敛；　　（8）$a>1$ 收敛；$0<a\leqslant 1$ 发散.

4. 提示：$a_n b_n \leqslant \dfrac{1}{2}(a_n^2 + b_n^2)$，利用比较判别法.

5. 提示：$0\leqslant \dfrac{a_n}{a_{n+1}}-1 = \dfrac{a_n - a_{n+1}}{a_{n+1}} \leqslant a_n - a_{n+1}$，利用比较判别法.

6.（1）绝对收敛；（2）绝对收敛；（3）绝对收敛；（4）条件收敛.

7.（1）$\dfrac{\pi}{4} + \displaystyle\sum_{n=0}^{\infty} \dfrac{(-1)^n}{2n+1} x^{2n+1} \ (-1\leqslant x<1)$；

（2）$\displaystyle\sum_{n=1}^{\infty} \dfrac{1}{4n+1} x^{4n+1} \ (-1<x<1)$；

（3）$\displaystyle\sum_{n=1}^{\infty} \dfrac{(-1)^{n+1}-2^n}{n} x^n \ (-\dfrac{1}{2}\leqslant x < \dfrac{1}{2})$；

（4）$1+ \displaystyle\sum_{n=1}^{\infty} \dfrac{(-1)^n 2}{1-4n^2} x^{2n} \ (-1\leqslant x \leqslant 1)$.

8. $\dfrac{1}{4} \displaystyle\sum_{n=0}^{\infty} \dfrac{(x-2)^n}{4^{n+1}} \ (-2<x<6)$.

9.（1）$(-2,2]$，$s(x)=x\ln\dfrac{2}{2-x}$；（2）$(-1,1)$，$s(x)=x\arctan x - \dfrac{1}{2}\ln(1+x^2)$.

10. $s(x)=-\dfrac{x^2}{2}+ \mathrm{e}^{\frac{x^2}{2}}-1$.

11.（1）$\dfrac{22}{27}$；（2）$\dfrac{5}{8}-\dfrac{3}{4}\ln 2$；（3）4；（4）$\dfrac{\pi}{4}$.

12.（1）$[0,6)$；（2）$[-3,3)$.

13. $f(x) = \dfrac{1+\pi - \mathrm{e}^{-\pi}}{2\pi} + \dfrac{1}{\pi} \displaystyle\sum_{n=1}^{\infty} \left\{ \dfrac{1-(-1)^n \mathrm{e}^{-\pi}}{1+n^2}\cos nx + \right.$

$\left. \left[\dfrac{-n+(-1)^n n \mathrm{e}^{-\pi}}{1+n^2} + \dfrac{1}{n}(1-(-1)^n) \right] \sin nx \right\} \ (-\pi<x<\pi)$.

14. $f(x) = \dfrac{4l}{\pi^2} \sum\limits_{k=1}^{\infty} \dfrac{(-1)^{k-1}}{(2k-1)^2} \sin \dfrac{(2k-1)\pi x}{l} \, (0 \leqslant x \leqslant l)$;

$f(x) = \dfrac{l}{4} - \dfrac{2l}{\pi^2} \sum\limits_{k=1}^{\infty} \dfrac{1}{(2k-1)^2} \cos \dfrac{2(2k-1)\pi x}{l} \, (0 \leqslant x \leqslant l)$.

第十三章　MATLAB 的微积分基本运算　略.

反侵权盗版声明

  电子工业出版社依法对本作品享有专有出版权。任何未经权利人书面许可，复制、销售或通过信息网络传播本作品的行为；歪曲、篡改、剽窃本作品的行为，均违反《中华人民共和国著作权法》，其行为人应承担相应的民事责任和行政责任，构成犯罪的，将被依法追究刑事责任。

  为了维护市场秩序，保护权利人的合法权益，我社将依法查处和打击侵权盗版的单位和个人。欢迎社会各界人士积极举报侵权盗版行为，本社将奖励举报有功人员，并保证举报人的信息不被泄露。

举报电话：（010）88254396；（010）88258888

传 真：（010）88254397

E-mail： dbqq@phei.com.cn

通信地址：北京市万寿路南口金家村 288 号华信大厦

     电子工业出版社总编办公室

邮 编：100036